Vom Handwerk der Entomologie

Hans Malicky

Vom Handwerk der Entomologie

Hans Malicky
Lunz am See, Österreich

ISBN 978-3-662-59524-4 ISBN 978-3-662-59525-1 (eBook)
https://doi.org/10.1007/978-3-662-59525-1

Die Deutsche Nationalbibliothek verzeichnet diese Publikation in der Deutschen Nationalbibliografie; detaillierte bibliografische Daten sind im Internet über http://dnb.d-nb.de abrufbar.

Springer Spektrum

Planung/Lektorat: Stefanie Wolf

Springer Spektrum ist ein Imprint der eingetragenen Gesellschaft Springer-Verlag GmbH, DE und ist ein Teil von Springer Nature.
Die Anschrift der Gesellschaft ist: Heidelberger Platz 3, 14197 Berlin, Germany

Inhaltsverzeichnis

1 Zur Einführung und als Ausrede

Diesem Buch kann man alles Mögliche vorwerfen, nur nicht, dass es aus einem Guss ist. Es hat sich im Lauf der Zeit allmählich entwickelt. Zuerst bin ich, noch als Schüler, in einen Entomologenverein gekommen, in dem es überwiegend Käfer- und Schmetterlingsamateure gab, und habe über ihre immense Formenkenntnis gestaunt, habe mich gewundert, wie viel sie kennen und wie wenig sie wissen. Später kam ich als Student unter Universitätsleute und habe Dozenten, Assistenten und Professoren kennengelernt, die selbstverständlich über alle Grundkenntnisse der Zoologie verfügten, aber keine Formenkenntnis hatten, und ich wunderte mich, wie viel sie wissen und wie wenig sie kennen. Für manche von ihnen waren Systematik und Taxonomie eine Beschäftigung für Hausmeister und pensionierte Eisenbahner. Wieder später habe ich für Studenten Einführungskurse in die Praxis der entomologischen Arbeit abgehalten und dabei gelernt, wo es überall hapern kann. Vieles habe ich da und dort aufgeschnappt und gelernt, manches habe ich von niemandem gelernt und bin selber draufgekommen (z. B., wie man eine zweckentsprechende Zeichnung anfertigt oder was man tut, wenn man im Freiland Lichtfang betreibt und es zu regnen anfängt). Dazu kamen im Lauf der Zeit Berge von vollgekritzelten Zetteln, auf denen ich irgend etwas notiert hatte, was mir gerade einfiel, wenn ich mich z. B. beim Lesen von unvollkommenen Zeitschriftenartikeln ärgerte. So wuchs die Idee zu diesem Buch. Ich habe viel aufgeschrieben und das meiste wieder weggestrichen. Die größte Arbeit gab es zum Schluss, nämlich dann, als alles in ein halbwegs einheitliches Gewand gebracht, der Text auf ein Drittel verkürzt werden sollte und Passagen, die drei- oder fünf- oder zehnmal an verschiedenen Stellen in verschiedenen Kapiteln standen, zu reduzieren und auf eine oder zwei Stellen zu konzentrieren waren.

Vieles von dem, was ich in diesem Buch schreibe, mag manchem Leser selbstverständlich und trivial vorkommen. Im Lauf der Zeit hat sich zwar sowohl die Grundlagenkenntnis der Amateure als auch die Formenkenntnis der Universitätsleute deutlich gebessert. Aber andererseits kommen einem in der täglichen Praxis noch immer lästige

H. Malicky, *Vom Handwerk der Entomologie*,
https://doi.org/10.1007/978-3-662-59525-1_1

und leicht vermeidbare Fehlleistungen unter, womöglich solche, die mit den neuen technischen Möglichkeiten oder modischen Strömungen einhergehen. Wenn man nach wie vor allerhand Ungereimtes im Gedruckten lesen muss, scheint es doch nicht überflüssig, wieder einmal den Oberlehrer zu spielen. Man mag mir ein Übermaß an Redundanzen vorwerfen, wenn ein und dasselbe an drei oder mehr Stellen steht. Stimmt. Wenn man etwas nur einmal sagt, vergessen es die Leute: *Du musst es dreimal sagen* steht schon bei Goethe. Nur – wenn man etwas zehnmal sagt, fällt es zu sehr auf (außer bei Politikern).

Es gibt viele Bücher über Anleitungen zur wissenschaftlichen Arbeit: wie man Versuche anstellt, Manuskripte baut und dergleichen. Es gibt viele Aufsätze und Bücher, in denen steht, wie man Insekten sammelt und präpariert. Aber eine Zusammenfassung dessen, was erstens die Amateurentomologen und zweitens die Universitätsleute nicht wissen, aber wissen sollten – die gibt es noch nicht. Dieses Buch wendet sich einerseits an Amateure, andererseits an Universitätsleute, vor allem Studenten. Auch Nicht-Entomologen, also Botanikern, „Schneckologen" usw. ist es keineswegs verboten, es zu lesen. Einem solchen Publikum kann man weise Lehren nur in einem aufgelockerten Stil vorsetzen.

Hier versuche ich, das Handwerkliche der entomologischen Arbeit in den Vordergrund zu stellen. Traditionellerweise muss man sich dieses mühsam selber zusammentragen, denn es wird praktisch nirgends gelehrt. Die „eigentliche" wissenschaftliche Arbeit beginnt aber erst bei einem konkreten Anlassfall: Man fängt ein Insekt, stellt fest, dass es noch unbekannt ist – und was tut man dann?

Ich bin bei Weitem nicht der Erste, der auf die Idee kommt, eine solche Einführung in die faunistisch-taxonomische Arbeit zu schreiben. Alle paar Jahre erscheint irgendwo ein einschlägiger Aufsatz, aber abgesehen von den Büchern, von denen weiter unten die Rede ist, möchte ich doch – auch aus historischem Interesse – an eine Aufsatzreihe erinnern, die mein Landsmann Franz Heikertinger in den Zwanziger- bis Vierzigerjahren des vorigen Jahrhunderts geschrieben hat. Diese Aufsätze, betitelt „Die Schule des Spezialisten", umfassen insgesamt um die 200 Seiten und haben folgende Überschriften: Wie wird man Spezialist?, Wie ordnet der Spezialist Gattungen und Arten nach einem natürlichen System?, Wie baut man eine Bestimmungstabelle?, Was ist zu tun in der Entomologie?, Sollen Aberrationen benannt werden?, Wie beschafft sich der Spezialist die nötige Literatur?, Wie soll eine druckfertige Abhandlung aussehen?, Wie ist ein Manuskript auszustatten?, Wie liest man eine Korrektur?, Wie fertigt man einfache Abbildungen zu entomologischen Arbeiten an?, Welche Aufschreibungen führt der arbeitende Entomologe?, – Liest man diese Aufsätze, dann merkt man unmittelbar, wie viel sich seither geändert hat, nicht nur in den technischen Möglichkeiten und in der Arbeitsweise, sondern auch in der Auffassung der wissenschaftlichen Arbeit. Wer diese alte Literatur aus Interesse lesen möchte, findet sie unter https://www.zobodat.at im Internet.

Die Bücher von Ramon y Cajal, Medawar, Goerttler, Arber, Kliemann, Bässler wenden sich in erster Linie an Universitätsstudenten, aber jene von Abraham, Reitter, Peterson und vom Britischen Museum sind für den Gebrauch von entomologischen Amateuren und Museumsleuten bestimmt. Historisch interessant sind die Aufsatzreihen von Heikertinger. Adam & Czihak und Piechocki & Händel bringen technische Information, und durch die leicht lesbaren Bücher von Krämer können alle, die von der Statistik (einige Leute nennen sie vergleichende Artefaktologie) zu viel erwarten, auf den Boden der Realität heruntergeholt werden.

Das Buch von Ramon y Cajal möchte ich jedermann empfehlen. Ich nehme an, dass es inzwischen neue Auflagen gibt. Der Verfasser, ein berühmter spanischer Neurologe und Nobelpreisträger, beschreibt die Wirklichkeit des forschungsbesessenen Wissenschafters: Woran er denken muss, mit welchen realen Schwierigkeiten er rechnen muss, die von außen kommen (dabei bezieht er sich vor allem auf die Zustände in Spanien zu seiner Zeit, die dem heutigen mitteleuropäischen Leser sehr bekannt vorkommen), und was im Verlauf der Forschungsarbeit alles passieren kann. Seine Ratschläge gehen bis zur Lebensgestaltung und dahin, was für eine Frau er heiraten soll, falls überhaupt. Detaillierte Ratschläge für die wissenschaftliche Arbeit gibt er kaum, wohl aber sagt er immer, worauf man achten soll. Obwohl die mir vorliegende deutsche Übersetzung des Buches schon von 1933 stammt, ist es unverändert lesenswert.

Peter B. Medawar ist auch ein Nobelpreisträger, der ziemlich die gleichen Themen behandelt wie Ramon y Cajal, ebenfalls amüsant zu lesen, aber der Mitteleuropäer von heute bekommt den Eindruck, dass es in der wissenschaftlichen Welt auf den britischen Inseln ziemlich anders zugehen dürfte.

Das Buch von Arber ist eher philosophisch und korrekt wissenschaftlich als unmittelbar ansprechend, und nicht so persönlich und menschlich berührend wie das von Ramon y Cajal. Unmittelbare detaillierte Ratschläge gibt es keine, wohl aber philosophische Überlegungen in komplizierten Sätzen, die nicht einfach zu lesen sind. Unter den dort angeführten Zitaten habe ich eines von Descartes gefunden, das ich abgeschrieben und außen auf die Tür zu meinem Arbeitsraum im Institut geklebt habe:

> „... fournir des frais des expériences dont il auroit besoin, et du reste empêcher que son loisir ne luy fust osté par l'importunité de personne.“

Leider hat es nicht viel genützt, und nicht nur aus dem Grund, dass nur wenige Leute Französisch verstehen.

Das Buch von Goerttler ist amüsant. Obwohl er im Text immer wieder den „jungen Kollegen“ rät, sich kurz zu fassen und in den Manuskripten zu streichen, streichen, streichen, hält er sich selbst nicht an diese Empfehlung. Sehr ausführlich und mit spitzen Bemerkungen gewürzt sind seine Ratschläge, wie man Satzzeichen setzen soll, Tabellen zusammenstreichen soll und dergleichen. Nach jedem Kapitel gibt es eine lange Liste von Zitaten und Aphorismen berühmter Leute, von Georg Christoph Lichtenberg bis Bismarck und Ludwig Thoma. Das Buch wurde schon vor einer Weile geschrieben, sodass verschiedene Ratschläge, z. B. ob man das Manuskript stenografieren, hand- oder maschinschreiben oder diktieren soll, heute überflüssig sind. Vor allem das Lesen der vielen Zitate, die der Verfasser über viele Jahre hin gesammelt haben muss, ist vergnüglich. Nur der Kuriosität halber seien einige hier zitiert:

„Jedes Ding läßt sich von drei Seiten betrachten: von einer wissenschaftlichen, einer juristischen und einer vernünftigen.“ (August Bier)

„Unter die größten Entdeckungen, auf die der menschliche Verstand in den neuesten Zeiten gefallen ist, gehört meiner Meinung nach wohl die Kunst, Bücher zu beurteilen, ohne sie gelesen zu haben." (Georg Christoph Lichtenberg) [– *Und das zu einer Zeit, in der der impact factor noch nicht erfunden war!* – Bemerkung von mir]
Und ein (von mir boshafterweise herausgeklaubtes) Zitat vom Verfasser selbst: „Es ist taktlos, in einem rechts herausgerückten Vorsatz einer Arbeit, die sich mit der Variabilität der Colibakterien oder mit der Abwässerbakteriologie beschäftigt, Goethe zu zitieren. Mich hat es dagegen immer angenehm berührt, wenn ein Doktorand seine Arbeit in Dankbarkeit und Ehrfurcht seinen Eltern oder seinem Lehrer oder seiner geliebten Frau widmete." [*Über Abwasserbiologie oder Escherichia coli?* – Bemerkung von mir].

Das Buch von Kliemann ist eine hervorragende sachliche Einführung in die praktische wissenschaftliche Arbeit und wendet sich eher an die Universitätsleute. Ebenso jenes von Bässler, das eine ausgezeichnete Einführung in die Gedankenwelt der naturwissenschaftlichen Forschung gibt, mit einer klaren Gliederung und einer leicht verständlichen Sprache, eventuell als Akklimatisierung an die Lektüre der Bücher von Popper geeignet.

Karl Popper ist einer der wenigen Philosophen, dessen Bücher auch normale Leute verstehen können und der sich mit der Wirklichkeit auseinandersetzt. Er schreibt zwar nichts über Entomologie, aber Entomologen können viel aus ihnen lernen.

Jenen Lesern, die noch mehr über Kongresse wissen wollen, empfehle ich das Buch von Neuhoff. Dort ist alles viel ausführlicher beschrieben, als ich es auf diesen wenigen Seiten machen kann, und man lernt dort noch viel drastischer, was bei einem Kongress alles schief gehen kann.

Mancher mag an diesem Buch beanstanden, dass die meisten Literaturverweise einige Jahrzehnte alt sind. Aber wie der Titel sagt, geht es hauptsächlich um das Handwerkliche, und das hat sich in den letzten fünfzig Jahren – mit Ausnahme der elektronischen Medien und ihrer Anwendung – fast nicht verändert. Und die neuen digitalen Entwicklungen sind nicht Gegenstand dieses Buches.

Aus Gründen der besseren Lesbarkeit wird in diesem Buch überwiegend das generische Maskulinum verwendet. Dies impliziert immer beide Formen, schließt also die weibliche Form mit ein.

Mein Dank geht an die vielen Kollegen, die mir bei der Arbeit zu diesem Buch geholfen haben (vor allem durch die Überlassung von Bildern), und besonders Willi Sauter und Volker Puthz, die den Manuskriptentwurf durchgesehen und kritisiert haben.

Weiterführende Literatur

Abraham R (1991) Fang und Präparation wirbelloser Tiere. Gustav Fischer Verlag, Stuttgart. ISBN 3-437-20461-0

Adam H, Czihak G (1964) Arbeitsmethoden der makroskopischen und mikroskopischen Anatomie. Gustav Fischer Verlag, Stuttgart

Arber A (1960) Sehen und Denken in der biologischen Forschung. Rowohlts deutsche Enzyklopädie. Rowohlt Taschenbuch, Reinbek

Bässler U (1991) Irrtum und Erkenntnis. Fehlerquellen im Erkenntnisprozeß von Biologie und Medizin. Springer, Berlin. ISBN 3-540-53626-4
British Museum (Natural History) (1974) Insects. Instructions for collectors No. 4a, 5. Aufl. Publication number 705. ISBN 0–565-05705-7
Goerttler V (1965) Vom literarischen Handwerk der Wissenschaft. Verlag Paul Parey, Berlin
Heikertinger F (1924) Wie baut man eine Bestimmungstabelle? Wien Entomol Ztg 41:141–158
Heikertinger F (1926) Wie wird man Spezialist? Wien Entomol Ztg 43:49–68
Heikertinger F (1928) Wie ordnet der Spezialist Gattungen und Arten nach einem natürlichen System? Koleopterol Rundsch 14:24–42, 129–150
Heikertinger F (1929) Was ist zu tun in der Entomologie? Koleopterol Rundsch 14:208–227
Heikertinger F (1930) Sollen Aberrationen benannt werden? Koleopterol Rundsch 15:213–230 (Erstveröffentlichung 1929)
Heikertinger F (1932) Wie beschafft sich der Spezialist die nötige Literatur? Koleopterol Rundsch 18:21–35
Heikertinger F (1934a) Wie ist ein Manuskript auszustatten? Koleopterol Rundsch 20:231–243
Heikertinger F (1934b) Wie soll eine druckfertige Abhandlung aussehen und wie baut man sie? Koleopterol Rundsch 20:15–31
Heikertinger F (1935) Wie liest man eine Korrektur? Koleopterol Rundsch 21:113–122
Heikertinger F (1941) Wie fertigt man einfache Abbildungen zu entomologischen Arbeiten an? Koleopterol Rundsch 27:117–132
Heikertinger F (1944a) Welche Aufschreibungen führt der arbeitende Entomologe? Koleopterol Rundsch 30:151–158
Heikertinger F (1944b) Wie baut man eine Bestimmungstabelle? Koleopterol Rundsch 29:81–103
Kliemann H (1973) Anleitungen zum wissenschaftlichen Arbeiten. Eine Einführung in die Praxis, 8. Aufl. Verlag Rombach, Freiburg. ISBN 3-7930-0935-1
Krämer W (1992) So lügt man mit Statistik, 4. Aufl. Campus, Frankfurt a. M. ISBN 3-593-34433-5
Krämer W (2002) Statistik für die Westentasche. Piper, München. ISBN 3-492-04441-7
Medawar PB (1984) Ratschläge für einen jungen Wissenschaftler. Piper, München. ISBN 3-492-02867-5
Neuhoff V (1995) Der Kongreß. Vorbereitung und Durchführung wissenschaftlicher Tagungen, 3. Aufl. VCH Verlagsgesellschaft, Weinheim. ISBN 3-527-29287-X
Peterson A (1964) Entomological Techniques, 10. Aufl. Entomol. Reprint Spec, Los Angeles, S 435
Piechocki R, Händel J (2007) Makroskopische Präparationstechnik, 5. Aufl. Schweizerbart Verlag. ISBN 978-3-510-65231-0
Popper KR (1979) Ausgangspunkte. Meine intellektuelle Entwicklung. Hoffmann & Campe, Hamburg. ISBN 3-455-08982-8
Popper KR (2002) Alles Leben ist Problemlösen. Piper, München. ISBN 3-492-23624-3
Ramon y Cajal S (1964) Regeln und Ratschläge zur wissenschaftlichen Forschung, 5. Aufl. Ernst Reinhardt Verlag, Basel
Reitter E (1963) Praktische Entomologie. Goecke & Evers Verlag, Krefeld

2 Anspruchsloses für den Anfang

Es ist etwas Schönes, sich im ganzen Insektenreich auszukennen und bei allen Problemen mitreden zu können, bei keinem extremen Spezialvortrag einzuschlafen und jedes Insekt sofort der Gattung oder Familie nach ansprechen zu können. Etwas sehr Schönes, aber Unmögliches. Auch die mit viel Zeit und bestem Gedächtnis ausgestatteten Entomologen erreichen dieses schöne Ziel nie. Drei Viertel aller Tierarten sind Insekten. Wie soll man eine Tiergruppe überblicken, deren Umfang die Million übersteigt, über die jeden Tag fünfundzwanzig Veröffentlichungen erscheinen und in der jedes Jahr achttausend neue Arten bekannt werden? Jeder muss sich, ob er will oder nicht, auf das Mögliche und Realistische beschränken. Das heißt allerdings nicht, dass keine andere Möglichkeit offensteht als nur einige Käfer- oder Schmetterlingsfamilien zu sammeln – das verstehen nämlich viele unter „Spezialisierung".

Es ist gar nicht so einfach, die geeignetsten Arbeitsrichtungen innerhalb der Entomologie auszuwählen. Der Berufsentomologe hat es leichter. Ihm wird eine bestimmte Arbeit aufgetragen, die er, auch wenn sie ihm ganz neu sein sollte, aufgrund seiner Ausbildung durchführen kann. Erleichtert wird sie ihm, weil der Arbeitgeber die nötigen Geräte, Bücher, Zeitschriften und sonstigen Behelfe zur Verfügung stellt. Amateure hingegen sehen sich sehr verschiedenen Situationen gegenüber. Wohnort, Familie, verfügbares Geld, manuelle Geschicklichkeit, Vorliebe für bestimmte Tätigkeiten und verfügbare Freizeit sind nur einige Punkte, die berücksichtigt werden müssen.

Zum allerersten Anfang wird sich die Anlage einer kleinen Sammlung nicht vermeiden lassen. Grundlage jeder entomologischen Arbeit ist die Formenkenntnis. Und nicht nur vom Aussehen her, sondern auch von der Lebensweise her muss man mindestens einige Insekten kennen. Wenn man Lust hat, kann man ein paar Zuchten durchführen, die gar nicht aufwendig und schwer sein müssen und sich auch in jeder Kleinstwohnung verwirklichen lassen. Es gibt sogar Leute, die ihre Raupen oder Blattläuse in einem kleinen Plastikdöschen in der Rocktasche züchten. Dagegen kann auch

H. Malicky, *Vom Handwerk der Entomologie*,
https://doi.org/10.1007/978-3-662-59525-1_2

die sauberkeitswütigste Hausfrau nichts einwenden. Ein Jahr oder zwei, das wäre eine ausreichende Zeit zum Kennenlernen der wichtigsten Insektengruppen. Man sammle am Anfang so viel wie möglich, jedoch nicht mehr, als man in der verfügbaren Zeit zumindest grob versorgen kann. Das Präparieren für die Sammlung nimmt viel Zeit weg. Wie man dabei Zeit spart, lernt man später. Dann aber überlege man, was sich weiter tun lässt.

Was muss man mitbringen? Erstens einen guten Blick für Formen und Strukturen. Zweitens Beschaulichkeit und Muße. Drittens sehr viel Geduld. Es soll vorgekommen sein, dass ein anfänglich begeisterter Sammler nach ein oder zwei Jahren die Sammlerei wieder ganz aufgegeben hat. So ist nicht viel verloren, wenn er erst wenige Bücher und Geräte gekauft hat.

Die meisten Amateure setzen das fort, was sie schon begonnen haben: nämlich den Aufbau einer Sammlung. Nun ist aber die Sammlung allein noch kein wissenschaftliches Ergebnis. Nur wenn sie bestimmte Bedingungen erfüllt, hat sie wissenschaftlichen Wert. Nebenbei bemerkt, auch materiellen, denn für eine schlecht geführte Sammlung wird sich im Bedarfsfalle kein Käufer finden, wenn man sie loswerden will. Oberstes Gebot ist: Jedes einzelne Insekt, das in die Sammlung eingereiht wird, muss unter allen Umständen mit dem Fundort bezeichnet sein. Sehr wichtig ist auch das Funddatum (Tag, Monat und Jahr) und der Name des Sammlers (nicht den des Sammlungsbesitzers!) auf dem Etikett. Ohne Herkunftsangabe ist ein Belegstück für systematische und tiergeografische Zwecke unbrauchbar. Man kann es höchstens für Schulsammlungen, Wanddekorationen und dergleichen verwenden. Das Funddatum gibt Hinweise auf die Biologie der Art. Das Fundjahr kann später für längerfristige Vergleiche wichtig werden. Der Sammlername dient nicht dazu, den Menschen berühmt zu machen, sondern um spätere Nachforschungen möglich zu machen und die Zuverlässigkeit des Fundes zu prüfen. Verschiedene menschliche Schwächen, wie Irrtümer, Verwechslungen, Irreführung aus Ehrgeiz oder Geschäftsinteresse muss man manchmal zur Kenntnis nehmen. Man lernt aber in Fachkreisen sehr schnell die notorisch unzuverlässigen von den seriösen Sammlern zu unterscheiden. Irrtümer unterlaufen jedem, auch den extremsten Pedanten, aber Leuten, bei denen sich Irrtümer häufen, wird man auffallende Funde nicht so leicht glauben.

Das Etikett, die einem Insekt beigefügt wird, ist ein Dokument, das Folgendes sagt: Ich, H.M., habe dieses Insekt am 18. August 1996 bei Eisenstadt gefangen. Die Angabe falscher Orte und Daten oder des falschen Sammlers ist daher Dokumentenfälschung. Sie ist zwar nur ausnahmsweise kriminell und gerichtlich verfolgbar (wenn z. B. ein „billiger“ Schmetterling mit einem falschen Etikett versehen und als ein „teurer“ verkauft wird), aber in der Wissenschaft ist kein Platz für Fälschungen. Fälschung ist auch das Anbringen fremder, vertrauenerweckender Etiketten an andere Belegstücke, das „Nachbezetteln“ alter Sammlungsstücke, die keinen Fundzettel haben und deshalb keinen Abnehmer finden, das „Verbessern“ von Etiketten nach Gutdünken oder aus der unverlässlichen Erinnerung heraus, und dergleichen. Fälschung bleiben sie auch dann, wenn sie nicht in böser Absicht geschehen. Wenn beispielsweise ein Käfer der eigenen Sammlung von Schädlingen zerstört worden ist, es aber das einzige Belegstück von einem bestimmten Ort darstellt, darf man nicht etwa ein Exemplar anderer Herkunft mit dem Original-Zettel versehen. Nur oft genug erwischt man bei einem solchen Verfahren irrtümlich ein Exemplar einer anderen Art, die man nicht unmittelbar unterscheiden kann, aber in dem betreffenden Land gar nicht vorkommt. Man sage nicht, das wäre nicht möglich, weil man diese Tiere in- und auswendig kenne: Alles ist schon vorgekommen.

Ein bejahrter Schmetterlingssammler erzählte mir einmal, dass es in seiner Jugend nicht üblich gewesen sei, Etiketten an die Sammlungsstücke zu heften. Die alten Stücke, die er vor fünfzig Jahren gesammelt, eingetauscht oder gezüchtet habe, seien jetzt ohne Etiketten wertlos. Er ginge daher so vor: Er schlüge im Handbuch nach, wo die betreffende Art vorkäme und schriebe dann einen fiktiven Zettel. Gerade in dieser Sammlung entdeckte ich einen Schmetterling, der die so fabrizierten Zettel „Dalmatien" trug; der alte Sammler hatte das Stück aber falsch bestimmt, und die Art kommt tatsächlich nur in der Türkei vor. Man male sich aus, wie viele falsche Angaben das teure Papier der Zeitschriften füllen und wie viel Rätselraten und überflüssige Nachforschungen sie nach sich ziehen können. Wenn man in seiner Sammlung das eine oder andere Tier antrifft, das keinen Zettel trägt (wie gesagt, jeder irrt und jeder vergisst gelegentlich), dann lasse man es entweder wie es ist, oder gebe einen Zettel dazu, auf dem die Umstände notiert werden, wie sie verantwortbar sind. Zum Beispiel „1963 von Steinmann bekommen, vermutlich aus Spanien" oder „1990 in der Sammlung ohne Zettel gefunden, woher??". Schaden können solche Zettel nicht, vielleicht haben sie gelegentlich einen kleinen Nutzen.

Die Ortsangabe auf den Etiketten ergänze man, wenn nur irgendwie möglich, durch die geografischen Koordinaten (siehe Kapitel Fundortfinden). An sich würden die Koordinaten allein zur Kennzeichnung des Ortes ausreichen, aber in der praktischen Arbeit würde das nicht viel nützen, denn niemand kann sich solche Zahlen merken. Für die Arbeit mit dem Computer hingegen sind sie unverzichtbar.

Vielerlei wird gelegentlich empfohlen, was man außerdem noch auf die Etiketten schreiben soll: Besondere Fundumstände, die Futterpflanze, das Wirtstier, aus dem man einen Parasiten gezüchtet hat, die Fangmethode usw. Alle diese Angaben sind nützlich und empfehlenswert, aber nicht unbedingt nötig. Man kann mehrere Etiketten auf eine Nadel stecken (wenn das Tier genadelt ist und der Platz auf einer nicht ausreicht) oder in das Glas geben (wenn es flüssig konserviert ist). Zu klein sollte man nicht schreiben. Wenn man die Etiketten auf dem Computer schreibt, sollte man keine kleinere als eine 6-Punkt-Schrift wählen.

Die Verwendung von Nummern, die man den Belegstücken beigibt und die mit entsprechenden schriftlichen Aufzeichnungen korrespondieren, ist nur empfehlenswert, wenn sie zusätzlich zum Fundzettel erfolgt. Tiere **nur** mit Nummern zu versehen scheint nur fürs Erste Zeit zu sparen, doch muss man früher oder später doch die ausführlichen Etiketten schreiben. Wenn die dazugehörige Liste verloren geht, kann die Mühe eines ganzen Jahres oder mehr vergebens gewesen sein.

Viele Sammlungsstücke, besonders in Museen, tragen einen ganzen Stapel von Bestimmungszetteln, die einander zum Teil widersprechen. Grundsätzlich sind alle diese

Etiketten daran zu belassen und der eigene Bestimmungszettel ist noch dazuzugeben. So kann man später rekonstruieren, was ein bestimmter Spezialist vor Jahrzehnten unter einem bestimmten Namen verstanden hat, oder man weiß dann noch, welche Exemplare er in der Hand gehabt hat, als er eine bestimmte Angabe machte oder eine Art beschrieb.

Manche Sammler haben die Gewohnheit, eingetauschte fremde Belegstücke mit einem eigenen, neuen Zettel zu versehen und den ursprünglichen zu entfernen. Ob das aus Gründen der Einheitlichkeit geschieht oder aus anderen, ist gleich. Man soll die Original-Etiketten nie entfernen. Man kann ja, wenn man es nicht lassen kann, das eigene Etikett zuoberst stecken, um den einheitlichen Gesamteindruck der Sammlung zu wahren. Für das ursprüngliche Etikett ist an der Nadel immer noch Platz darunter; bei flüssiger Konservierung ist in den Gläschen immer noch Platz.

Dass ich so viel über Sammlungsetiketten geschrieben habe, mag manchen überflüssig erscheinen; das sei doch alles selbstverständlich! Ich kenne sehr viele Sammler und finde an der Etikettierung ihres Materials immer wieder etwas zu bemängeln. An meiner eigenen übrigens auch, um aufrichtig zu sein. Mein neues Material etikettiere ich selbstverständlich, wie es sich gehört. Wenn ich eine neue Ausbeute bekomme, drucke ich zuerst auf dem Computer genügende Mengen von Zetteln, bevor ich die Tiere separiere. Aber das ältere Material ist noch so in der Sammlung, wie ich es in der Vor-Computer-Zeit eingeordnet habe, mit höchst unvollständigen und leider oft auch für andere unverständlichen Notizen. Es ist eine Zeitfrage, wann ich das ordnungsgemäß ergänzen werde. Daher mein dringender Rat: Von allem Anfang an ordentliches Bezetteln erspart später sehr viel mehr Zeit und Arbeit. Vor allem, weil heute jeder seinen Computer hat und die Zettel leicht und schnell drucken kann.

3 Tradition als Grundlage taxonomischer Arbeit

Tradition ist nicht die Konservierung der Asche, sondern die Weitergabe des Feuers.
(Gustav Mahler)

In vielen wissenschaftlichen Disziplinen kann ein Mensch die Arbeit von Null an beginnen. Man braucht ein Laboratorium, einige (oder viele) meist teure Geräte, eine gewisse Anlernzeit – und schon kann man molekulargenetisch arbeiten, Wasseranalysen machen, Lebensmittel untersuchen. Taxonomische Arbeit ist eine Ausnahme. Man braucht dazu Literatur und Vergleichssammlungen, beides ist nicht kurzfristig beschaffbar. Viel Literatur kann man heute im Internet finden, aber bei Weitem nicht alles. Und Insektensammlungen von wissenschaftlichem Wert: Wo gibt es die?? Es gibt Länder mit und ohne taxonomische Tradition, und zwar nicht nur exotische, sondern auch europäische.

Begonnen hat das Ganze vor annähernd 300 Jahren. Am Anfang standen die fürstlichen und kaiserlichen Kuriositätenkabinette, in denen Merkwürdigkeiten jeder Art zusammengetragen wurden, und zwar nur aus Vergnügen daran und ohne praktischen Hintergrund, im Gegensatz zu der rein praxisbetonten vorherigen Beschäftigung mit Naturdingen: Heilkräuter, Goldmacherkunst. Unter den reichen Fürsten gab es etliche von Sammelwut besessene, die Kunstschätze und Kuriositäten angehäuft haben. Zweifellos besser, als wenn sie das Geld für Krieg ausgegeben hätten. Was wäre das Wiener Kunsthistorische Museum ohne den sammelwütigen Kaiser Rudolf den Zweiten, der sich um die Regiererei nicht viel gekümmert hat? Naturgegenstände liefen zuerst unter dem Titel Kuriosa, aber im 18. Jahrhundert kam im Zuge der Aufklärung ein weiteres Interesse dazu: vorher das Vergnügen, wundersame Gegenstände zu betrachten, dann die wundersame Vielfalt als Beweis für das Wunder der Schöpfung, und schließlich aus reinem Interesse für die Sachen selbst. Was wäre das Wiener Naturhistorische Museum ohne die Sammelwut von Kaiser Franz Stephan (Abb. 3.1), dem Gemahl von Maria Theresia, und mehrerer nachfolgender Kaiser und Erzherzöge? Man sammelte nicht

H. Malicky, *Vom Handwerk der Entomologie*,
https://doi.org/10.1007/978-3-662-59525-1_3

Abb. 3.1 Kaiser Franz Stephan inmitten seiner Sammlungen. (Messmer & Kohl, Kaiser Franz I. im Kreise seiner Direktoren: © Naturhistorisches Museum Wien)

nur Versteinerungen, exotische Muscheln, ausgestopfte Affen, sondern auch Bücher. Es erschienen ziemlich viele Bücher über Pflanzen, Tiere und dergleichen, die ebenfalls zum Vergnügen der Leser gedruckt wurden, oder, um dem Ganzen einen respektablen Hintergrund zu geben, zu Ehren Gottes durch die Bewunderung seiner Schöpfung durch reich bebilderte Insektenbücher aus dem 18. Jahrhundert. Im Zeitalter der Aufklärung begannen intensive Bemühungen, sowohl den Inhalt der Kursiositäten als auch die Fülle der Lebenserscheinungen in ein System zu bringen. Das heute gültige Nomenklatursystem mit der binären Nomenklatur (jeder Tiername besteht aus dem Gattungs- und dem Artnamen), das von Linné geschaffen wurde, ein wenig natürliches, aber praktisch umso brauchbareres Schubladen-System, geht auf diese Zeit zurück.

Der Inhalt der Bücher nahm immer wissenschaftlicheres Ausmaß an; es erschienen Abhandlungen in Fortsetzungs- und Zeitschriftenform. Wohl dem Museum, das seit damals kontinuierlich alle Zeitschriften gesammelt hat! Große Expeditionen wurden ausgeschickt, um Tiere, Pflanzen, Gesteine und Gebeine aus aller Welt herbeizuschaffen; und viel Geld wurde aufgewendet, um das alles zu dokumentieren und zu beschreiben.

Im 18. Jahrhundert bestand die Fachliteratur fast nur aus Büchern. Im 19. Jahrhundert entstanden allmählich die regelmäßig erscheinenden entomologischen Zeitschriften. Beschreibungen von Insektenarten aus dieser Zeit genügen heutigen Ansprüchen kaum mehr; die Sammlungen, die ihnen zugrunde lagen, sind meist zerstört. Abbildungen aus jener Zeit helfen vielleicht weiter. Im Laufe des 19. Jahrhunderts entstanden die großen naturhistorischen Museen in Europa, später auch einige in Nordamerika, die einen uneinholbaren Vorsprung in der Welt haben und daher die Zentren taxonomischer Forschung sind und bleiben. Nur sie haben große, alte Sammlungen von Insekten mit dem unentbehrlichen Typenmaterial und große Bibliotheken mit den raren Beständen vollständiger Jahrgänge von Zeitschriften, ohne die eine taxonomische Arbeit nicht möglich ist. Wo Tauben sind, fliegen Tauben zu. Bedeutende neue Privatsammlungen werden aus naheliegenden Gründen an die alten großen Museen gegeben. Die taxonomische Tradition mit Sammlungen, Bibliotheken und geschulten Wissenschaftern ist auf schätzungsweise 50 bis 100 Museen in Europa und Nordamerika konzentriert. Museen dieser Art heute neu zu gründen ist so gut wie unmöglich. Niemand in der Welt hat so viel Geld oder wäre bereit, es für diesen Zweck auszugeben, das Tausende Zeitschriften in Hunderten alten Jahrgängen heute kosten. Theoretisch wäre es möglich, diese Literatur durch das Internet verfügbar zu machen, aber in der Praxis fehlt es in dieser Hinsicht gewaltig.

Taxonomische Tradition hat sich also in erster Linie in Europa und Nordamerika herausgebildet. In anderen Kontinenten krankt jeder taxonomische Beginn am Mangel von solchen Zentren. Einige Museen in Australien, Südamerika und Japan haben dennoch Weltstandard.

Wertvolle Sammlungen brauchen sachgemäße Pflege. Es genügt nicht, irgend jemanden, der irgendeine biologische Ausbildung hat, als Kustos einzustellen. Dafür ist eine Spezialausbildung nötig, die man am besten in der Praxis eines alten, bewährten Museums durchmacht. Darüber hinaus gibt es ja auch das Studium der Museologie. Zu dieser Ausbildung gehört nicht nur die Kenntnis des rein technischen Umgangs mit den Beständen, sondern auch der Kontakt mit der internationalen wissenschaftlichen Gemeinschaft.

In den meisten Entwicklungsländern, aber auch in etlichen europäischen Ländern fehlt jede taxonomische Tradition, und selbst wo frühere Kolonialmächte Museen von Weltstandard hinterlassen haben, haben es die nachfolgenden Nationalstaaten kaum geschafft, deren Bedeutung aufrecht zu erhalten; die taxonomische Arbeit an diesen Museen hat oft qualitativ stark nachgelassen, Bürokratismus und Geldmangel sorgen für den Verfall der Sammlungen und Bibliotheken. Dabei haben viele von diesen meist tropischen Ländern besonders reiche Insektenfaunen. In diesen Ländern selbst ist es kaum möglich, die eigene Fauna zu studieren, und man muss zu diesem Zweck europäische oder amerikanische Museen aufsuchen. Das hat zur Folge, dass auch reiche neue Ausbeuten wieder in Europa und Nordamerika landen.

Manche dieser Länder haben Gesetze erlassen, die das Sammeln von wissenschaftlichem Material oder gar jede wissenschaftliche Tätigkeit von Ausländern verbieten. Der Effekt dieser Verbote ist, wie man aus vielen Beispielen weiß, dass die Ausländer weiterhin sammeln, weil das Verbot praktisch nicht kontrolliert werden kann, sich aber von den Fachkollegen des betreffenden Landes fernhalten, um nicht mit den Behörden Schwierigkeiten zu bekommen. Die Leidtragenden solcher Verbote sind also nicht die Ausländer, sondern die eigenen Wissenschafter.

Der Beginn taxonomischer Arbeit in einem Land, dem die Tradition fehlt, ist äußerst mühsam. Zwar ist das Sammeln von Material leicht, wenn man im Land selbst wohnt und wenn man weiß, wie und wo man zu sammeln hat. Das Konservieren des Materials in Form einer Sammlung ist aber schon sehr schwierig, vor allem in tropischen Ländern, wo es in den Häusern überall von Ameisen wimmelt und z. B. eine Schmetterlingssammlung im europäischen Stil in kürzester Zeit verderben würde, ganz abgesehen von dem warm-feuchten Klima, in dem Trockensammlungen rasch schimmeln und faulen. Die Bestimmung des Materials ist fürs Erste unmöglich. Vergleichssammlungen gibt es in Europa und Nordamerika, und es erfordert großen Geld- und Zeitaufwand, dorthin zu fahren bzw. das Material dorthin zur Bearbeitung zu schicken. Fachzeitschriften sind extrem teuer; Museen in Entwicklungsländern haben dafür nie genug Geld. In ihren manchmal gut bestückten Universitätsbibliotheken findet man zwar eine reiche Auswahl an Handbüchern und Lehrbüchern, aber fast nichts Taxonomisches. Man steht vor der Aufgabe, selber Bestimmungsliteratur herzustellen; das erfordert viele Jahre intensiver und mühseliger Detailarbeit. Ein junger Wissenschafter, der in seinem Beruf Karriere machen will, wird damit keinen Erfolg haben. Äußerer Erfolg und wissenschaftliche Seriosität sind zwei verschiedene Dinge. Zusammenfassende Bestimmungsliteratur ist äußerst spärlich; man muss erst mühsam aus der sehr verstreuten Spezialliteratur die Informationen zusammensuchen, was auch im gut versorgten Europa seine Zeit kostet. Innerhalb der Laufzeit eines der heute üblichen an Forscher vergebenen Projekte von zwei Jahren ist das nicht zu schaffen.

Heutzutage wird uns eingeredet, dass wir uns „vernetzen" sollen. Damit ist gemeint, Kontakt mit Kollegen aus der ganzen Welt und auch Kontakt mit Kollegen anderer Fachrichtungen aufzunehmen. Dieser Ratschlag ist für Wissenschafter entbehrlich, denn das ist für uns seit dreihundert Jahren selbstverständlich.

4 Amateure in Zoologie und Botanik

Denn die Wissenschaft, man weiß es
achtet nicht des Laienfleißes.
(Morgenstern)

Wer ist ein **Amateur**? Das ist jemand, der eine Arbeit leistet, ohne dafür bezahlt zu werden. Nicht zu verwechseln mit **Laien:** Das sind Leute, die von einer Sache weniger verstehen als ein Fachmann. Ein Amateur kann aber sehr wohl ein hervorragender Fachmann sein. Charles Darwin und Gregor Mendel waren Amateure! Darwin hat ein Theologie-Studium absolviert und hätte leicht eine Pfarrerstelle in einem englischen Dorf bekommen können – aber er hat das nicht nötig gehabt, denn er hatte sowieso genug Geld. Gregor Mendel war Augustinermönch in einem Kloster in Brünn und befasste sich aus Interesse und Vorliebe mit Pflanzen und Tieren. **Profis** sind hingegen Leute, die solche Arbeit berufsmäßig machen und dafür bezahlt werden.

In der Zoologie gibt es einige Teilbereiche, auf denen sich mehr Amateure als Berufszoologen tummeln: die Aquarien- und Terrarienkunde, die Vogelkunde und die Insektenkunde. Ganz abgesehen von Jagd und Fischerei, wo auch „Amateure" eine Grundausbildung genießen (müssen). Was auf den folgenden Seiten zu lesen ist, richtet sich aber speziell an die Entomologen, denn die Arbeitsweise der Ornithologen und Aquarianer ist ja einigermaßen anders.

Auch in der Frühzeit der Taxonomie hat es schon viele Amateurforscher gegeben, die große und wichtige Sammlungen aufgebaut haben. Die meisten dieser Amateursammlungen gelangten später an die Museen; man darf ruhig die Behauptung wagen, dass weitaus die meisten und wertvollsten Museumsbestände ursprünglich im Amateurbesitz waren. Diese Tradition hat sich bis heute fortgesetzt und verstärkt. Auch heute noch entstehen Amateursammlungen, die an Umfang und Wert jede Museumssammlung weit übertreffen. Freilich sind das Spezialsammlungen; eine generelle Insektensammlung, die große Museumssammlungen übertreffen würde, kann kein Privatmann mehr zusammenbekommen.

H. Malicky, *Vom Handwerk der Entomologie*,
https://doi.org/10.1007/978-3-662-59525-1_4

Mancherlei Gründe sind es, die jemanden zur Beschäftigung mit Insekten außerhalb der Berufsarbeit bewegen. Mancher ist der Typ des Trophäensammlers: Die größten und buntesten Schmetterlinge und Käfer müssen es sein, die er seiner Sammlung einverleibt, oder er sammelt nur Dinge, die er selber gefangen hat: Einzelstücke, die für ihn einen besonderen Wert haben, weil er ihren Besitz mit der Erinnerung an eigene Erlebnisse verbindet. So wie ein rechter Jäger seine Veranda mit Geweih und Gehörn schmückt, füllt der rechte Insektenjäger seine Schränke in durchaus individueller oder ritualisierter Weise mit sechsbeinigen Trophäen. Ich habe einmal die Sammlung eines sehr berühmten Mannes gesehen, der alles nach dem Datum des Fanges geordnet hat: alle Insekten, von der Ameise bis zum Segelfalter vom selben Tag in einer Lade beisammen. Ein anderer legt gar keinen Wert auf Seltenheit oder Eigenbeute, sondern nur auf Dekoration. Für ihn arbeitet eine ganze Industrie, die für bunte und große Insekten unter Glas oder in Kunstharz für verzierungstechnische Zwecke sorgt. Auch der Raritätensammler ist zu nennen, für den ein Käfer erst interessant wird, wenn sein Marktpreis ein vernünftiges Maß übersteigt. Für ihn arbeitet ein anderer Typ, für den die Entomologie die geduldige Kuh ist, die ihn mit Butter versorgt: der Sammler, der die Insekten nur vom Standpunkt der Verkäuflichkeit ansieht. Alle diese sind ehrenwerte und respektable Zeitgenossen. Jede Beschäftigung mit Naturobjekten außerhalb der Berufsarbeit ist etwas Positives.

Aus der Schar der Trophäen- und Raritätensammler rekrutiert sich das Häuflein der guten Spezialisten; der Dekorationssammler findet oft genug Anlass, die noch unvollkommene Ordnung seiner Objekte durch ernsthaftes Studium zu verbessern, und selbst der geschäftstüchtige Sammler kommt bald darauf, dass sein Material höheren Marktwert erhält, wenn es nach wissenschaftlichen Gesichtspunkten gesammelt und behandelt wird. Aber abgesehen davon, dass der Weg vom Amateur zum Wissenschafter über die buntesten Vorstufen führen kann, ist die Freude und Befriedigung über eine Beschäftigung mit Insekten allein Rechtfertigung genug. Letzten Endes kommt auch der Berufs-Entomologe nicht ohne sie aus, schließlich hat ihn diese zu seinem Beruf geführt.

Dieses Büchlein soll entomologischen Amateuren helfen, die mit ihrer Arbeit der Wissenschaft einen Dienst erweisen wollen. Wer das von vornherein nicht will, wird von der Lektüre nicht profitieren Aber er soll es versuchen, vielleicht wird er bekehrt. Das Büchlein verrät keine „geheimen“ Fundplätze seltener Käfer, kein Trick wird preisgegeben, wie man Libellen besonders schön präparieren kann. Andrerseits ist es auch für den Berufsentomologen geschrieben, denn er hat zwar seine Ausbildung erhalten, die ihm das Rüstzeug für die wissenschaftliche Arbeit geliefert hat, aber eine seriöse Berufsausbildung für die taxonomische Arbeit gibt und gab es so gut wie nirgends.

Die Arbeit der Amateure ist in der Entomologie unverzichtbar. Wie sollen die wenigen Berufsentomologen, denen man für ihre Arbeit einen, wenn auch nicht fürstlichen, Lohn zahlt und die mit Verwaltungs- und Lehrtätigkeit überlastet sind, die Millionenfülle der Insekten bewältigen? Wo selbst in einer, wie man sagt, gut untersuchten und bekannten Insektengruppe wie den Schmetterlingen, trotz zweihundert Jahren Vorarbeit zehntausender Entomologen erst vielleicht die Hälfte der existierenden Arten bekannt ist, wenn man bei einer einfachen Beschreibung und Benennung überhaupt als

„bekannt" sprechen darf? Man hat sogar von Vorschlägen gehört, durch Übereinkommen nur bestimmte Insektengruppen zu erforschen und den Rest einfach zu ignorieren. Das erinnert irgendwie an die Geschichte von einem Duellanten, der seinem vollschlanken Gegner mit Kreide einen Kreis auf den Bauch zeichnete und sagte: Nur das, was hier herein trifft, gilt! Es geht nicht anders: Man kann noch so sehr auf die Hilfe der Amateure verzichten wollen, man ist auf sie angewiesen. Man werfe nur einen Blick in die großen staatlichen Museen: Ihre wertvollsten und größten Insektensammlungen haben sie von fleißigen Amateursammlern geerbt oder gekauft.

Und jetzt kommt das Wesentliche: Hast du als Amateur Interesse, zur Wissenschaft beizutragen? Dann musst du dich an einige Spielregeln halten, die allgemein eingeführt sind. Niemand wird auf die Idee kommen, einen Schrank oder einen Mantel von jemandem anfertigen zu lassen, der das Handwerkliche der Tischlerei oder Schneiderei nicht gelernt hat. Guter Wille und wohlwollende Nachsicht sind zu wenig: Ein Schrank, an dem die Türen nicht passen, ein Mantel, an dem die Knopflöcher vergessen sind, wird niemandem Freude machen.

Dabei ist es gar nicht so schwer, die Knopflöcher zu machen. Nur muss man wissen, wie. Man kann das Handwerk der Wissenschaft genauso erlernen wie jedes andere: entweder gründlich und hauptberuflich oder, mit Beschränkung auf das Einfachere, nebenbei und nach der Do-it-yourself-Methode.

Eine Umfrage

Im Jahr 1977 wurde unter den österreichischen Entomologen eine Umfrage veranstaltet, um konkrete Zahlen über den Anteil der Amateurarbeit zu bekommen. Die Umfrage umfasste eine Fragebogenaktion sowie die Auswertung der Broschüre „Entomologica Austriaca" (1977), in der ungefähr 800 österreichische entomologische Publikationen aus den Jahren 1970 bis 1974 aufgezählt sind (Gepp und Gepp 1977; Malicky 1978a, b).

Auf den Einwand, seit damals habe sich viel geändert und die Schlussfolgerungen seien überholt, und man könne sie nicht auf andere Länder übertragen, kann man nur antworten, dass weitere solche Untersuchungen weder vorher noch nachher und nach meinem Wissen nirgends anderswo unternommen worden sind und solche Einwände nur subjektive Meinungen darstellen. Ich bin der Meinung, dass die Ergebnisse im Wesentlichen sehr wohl auch noch heute gelten. Wer anderer Meinung ist, möge die Untersuchung heute wiederholen.

Die tatsächliche Gesamtzahl der Entomologen schätzten wir auf zirka 400 Amateure und 100 Profis. Vor allem konnten wir nicht alle Amateure erfassen, weil sie uns teilweise unbekannt waren oder auf Anfrage nicht reagiert haben.

Wie man in Tab. 4.1 sieht, sind mehr als zwei Drittel der österreichischen Entomologen Amateure. Ihre Arbeit liegt so gut wie ausschließlich auf taxonomisch-faunistischem Gebiet. Erwartungsgemäß ist ihr Anteil bei den populären Insektengruppen (Schmetterlinge, Käfer) besonders hoch. Aber auch bei unscheinbaren Insekten (Wanzen, Netzflüglern, Hautflüglern)

Tab. 4.1 Ergebnisse der Umfrage

	Amateure	Berufsentomologen
Gesamtzahl der Entomologen	120	71
Arbeitsrichtungen		
– Taxonomisch-faunistisch	112	41
– Bionomie, Ökologie	11	30
– Dokumentation, Lehre	5	24
– Anderes	0	33
Spezialisierung der Entomologen		
(dazu in Klammer: Zahl der Publikationen 1970–74)		
– Urinsekten, Spinnentiere	0 (1)	16 (27)
– Libellen, Steinfliegen usw.	2 (9)	9 (8)
– Heuschrecken, Wanzen, Zikaden	3 (13)	7 (35)
– Köcherfliegen, Netzflügler	6 (26)	4 (65)
– Hautflügler (Bienen, Wespen, Ameisen)	14 (26)	10 (75)
– Fliegen, Mücken	3 (0)	9 (22)
– Schmetterlinge	54 (95)	6 (29)
– Käfer	32 (111)	17 (55)
Publikationen 1970–1974		
– Zahl der Autoren	51	56
– Gesamtzahl der Publikationen	294	416
– Davon taxonomisch-faunistische	291	308
– Andere	3	106
– Durchschnittliche Seitenzahl pro Autor	74	178
Ausbildung der Entomologen		
– Universitäten, Akademien	42	97
– Mittelschulen (AHS, HTL)	39	1
– Nur Pflichtschulen	20	2

ist der Amateuranteil ausgewogen. Arthropodengruppen, für deren Studium besondere, überdurchschnittliche Kenntnisse und teure Geräte notwendig sind (Urinsekten, Spinnentiere) sind hingegen die Domäne der Berufsentomologen.

Zahl und Umfang der wissenschaftlichen Publikationen geben ein Maß für die Leistung. Praktisch jeder Berufsentomologe publiziert irgendwann etwas, aber vielleicht nur jeder dritte oder vierte Amateur gelangt zum Publizieren. Es publizieren also ungefähr gleich viele Amateure wie Berufsentomologen. Die Zahl der taxonomisch-faunistischen Arbeiten ist in beiden Gruppen praktisch gleich. Der Mehranteil von Arbeiten der

Berufsentomologen, der etwa ein Viertel beträgt, entfällt auf andere Arbeitsrichtungen. Hingegen ist die durchschnittliche Seitenzahl der Arbeiten bei den Berufsentomologen ungefähr dreimal so hoch. Mit anderen Worten: Die quantitative Leistungsfähigkeit eines (unbezahlten!) Amateurs beträgt ungefähr ein Drittel der eines dafür bezahlten Wissenschafters.

Solche Zahlen sagen natürlich nichts über die Qualität der Arbeiten, aber aus naheliegenden Gründen muss von einer qualitativen Wertung der Arbeiten Abstand genommen werden. Nur so viel kann man sagen: Von den 800 Publikationen sind nur verschwindend wenige schon auf den ersten Blick als mangelhaft zu erkennen. Diese wenigen stammen aber durchaus nicht nur von Amateuren.

Den Berufen nach gibt es besonders viele Amateure unter AHS-Lehrern, technischen und kaufmännischen Angestellten, Verwaltungsbeamten und Ärzten, hingegen fast keine unter Industriearbeitern und überhaupt keine unter Landwirten. Besonders zu beachten ist, dass 81 % der Amateure Mittelschul- oder Universitätsausbildung haben.

Wie sieht es mit Privatsammlungen aus? Meist kann man sicher sein, dass die besonders wertvollen Privatsammlungen an große Museen kommen, wo sie mehr oder weniger sachgemäß weiter betreut werden. Aber leider sind auch Fälle von bedeutenden Privatsammlungen bekannt, die von den Erben nicht aus der Hand gegeben, aber auch nicht sachgemäß betreut werden. Wenn nach Jahrzehnten ein Gesinnungswandel eintritt, sind von wertvollen Exemplaren nur mehr von Ungeziefer kahlgefressene Nadeln übrig. Das ist in einem Fall wie der Sammlung des Amateurs Longinos Navás (Monserrat 1989; Schmid 1950) besonders schlimm, weil die Beschreibungen dieses Autors sehr zu wünschen übrig ließen und die Identität der Tiere nur durch Typenstudien eruierbar wäre – und die meisten Typen sind inzwischen vom Ungeziefer gefressen worden. So bleiben Hunderte der von ihm beschriebenen Arten undeutbar.

Die meisten Privatsammlungen sind aber nicht von besonders hohem wissenschaftlichem Wert. Was geschieht mit ihnen im Durchschnitt? Auch darüber wurde damals gefragt: Nach dem Umfang der Sammlung; ob schon vorgesehen sei, was mit ihr nach dem Tode des Besitzers geschehen soll, und wohin sie gelangen soll. Es handelte sich um 132 Sammlungen mit einem Gesamtbestand von ca. 2,5 Mio. Insekten, von denen 24 an ein Museum, 6 an ein wissenschaftliches Institut, 5 an andere private Entomologen und 23 an Familienmitglieder gehen sollten. Das bedeutet also, dass, zusammen mit den an Familienmitglieder vererbten Sammlungen, bei denen eine sachgemäße Betreuung nicht unbedingt sichergestellt ist, das Schicksal von 73 % der Privatsammlungen ungeklärt war. Wie viele davon inzwischen in anderen Sammlungen aufgegangen oder verkommen sind, ist unbekannt.

Der Vorschlag wäre naheliegend, regelmäßig eine Erfassung aller Sammlungen im Lande anzustreben. Erfassungen von öffentlichen Sammlungen gibt es längst, aber gerade die Privatsammlungen sind nur zu einem winzigen Anteil erfasst. Grund ist das Misstrauen der Besitzer: Was sind für Überraschungen zu erwarten, wenn das alles im Internet steht? Wenn etwa das Finanzamt erfährt, dass ein Stück präpariertes Insekt drei Euro wert ist und dem Besitzer einer Sammlung von 100.000 Stück Insekten eine Rechnung über

Vermögenssteuer schickt? Oder wenn dem Besitzer bei der Einreise in ein exotisches Land vorgehalten wird, dass es in seiner Sammlung fünfzig Holotypen gäbe, die aus diesem Land stammen und die „zurückgestellt" werden müssen, widrigenfalls …

Neuerdings kommt das Schlagwort „Citizen Science" in den Medien vor. Das bedeutet, dass man irgendwelche Leute, vor allem Schulkinder, z. B. mit bunten Tafeln versorgt, auf denen einige Schmetterlinge zu sehen sind, und sie sollen im Freiland beobachten und die Funde solcher Insekten melden. Das ist gut gemeint und sicherlich eine ausgezeichnete Methode, in Kindern die Vorliebe für Naturobjekte zu wecken. Der wissenschaftliche Wert kann aber in dieser Form nur bescheiden sein. Was bringt es schon, wenn Laien Beobachtungen von Tagpfauenauge und Admiral melden, die sowieso überall häufig sind, wenn die vielen Weißlinge, Scheckenfalter und Perlmutterfalter von Laien kaum zu unterscheiden sind. Immerhin mag dann der oder die eine oder andere „kleben bleiben" und sich zu einem tüchtigen Amateurentomologen entwickeln.

Literatur

Gepp J, Gepp M (1977) Entomologica Austriaca 1970–1974. Berichte der Arbeitsgemeinschaft für ökologische Entomologie Graz, Beiheft 3:1–78

Malicky H (1978a) Amateurwissenschafter und Amateurforschung. Österreichische Hochschulzeitung 30:9

Malicky H (1978b) Entomologie in Österreich. Beilage zum Rundschreiben Nr. 10 der Österreichischen Entomologischen Gesellschaft, S 52

Monserrat JJB (1989) Longinos Navás, científico jesuita. Universidad de Zaragoza, Zaragoza, S 229. ISBN 84-7733-114-6

Schmid F (1950) Les Trichoptères de la collection Navás. Eos 25:305–426

5 Der Aufbau einer Sammlung

Und du sollst in den Kasten tun allerlei Tiere von allem Fleisch, je ein Paar, Männlein und Weiblein, dass sie lebendig bleiben bei dir.
(1. Mose 6,19)

Warum überhaupt sammeln?

Wenn man sich ernsthaft mit einer Tier- oder Pflanzengruppe befasst, muss man wohl oder übel über eine Sammlung verfügen. Arbeitet man an einem Museum, ist die Sammlung schon da, oder man bekommt den dienstlichen Auftrag zum Sammeln. Amateure, die sich mit Insekten befassen, werden um zumindest eine kleine Handsammlung (was von der Fragestellung abhängt) nicht herumkommen. Eine Ausnahme mag die Ornithologie sein: Vögel sind so gut bekannt, dass man sie im Freiland erkennen kann, und neue, noch unbekannte Arten sind, zumindest in Europa, kaum zu entdecken. Vielleicht kann man das mit Libellen auch so machen, aber ich bin da nicht so sicher.

Häufig hört man von Außenstehenden, vor allem von Naturschutzbeflissenen, dass das Töten Zehntausender (womöglich „unschuldiger") Insekten überflüssig sei. Es wird dann auf das Beispiel der Ornithologen verwiesen, die nie einen Vogel töten und mit Fernglas-Beobachtung und Tele-Fotografie ihr Auslangen finden. Dieser Hinweis ist aber nicht stichhaltig. Vögel sind immer größer als Insekten, leichter kenntlich, und vor allem sind sie viel besser bekannt und ihre Artenzahl ist viel geringer. In Europa gibt es ungefähr 900 Vogelarten; aber allein in Deutschand gibt es 800 Wanzenarten, 600 Bienenarten, 300 Köcherfliegenarten, 3000 Schmetterlingsarten und 7000 Käferarten. Die meisten Insekten sind kleiner als ein Zentimeter, sehr viele sogar kleiner als ein Millimeter. Es ist ganz ausgeschlossen, so kleine lebende Tiere im Freiland mit Sicherheit zu identifizieren. Und niemand ist imstande, sich alle Arten auch nur einer einzigen Insektenordnung auswendig zu merken. Abgesehen davon, dass die Bestimmung in den

H. Malicky, *Vom Handwerk der Entomologie*,
https://doi.org/10.1007/978-3-662-59525-1_5

meisten Fällen nur unter dem Mikroskop möglich ist. Niemand lasse sich also durch gut gemeinte, aber sinnlose moralische Vorurteile von der Anlage einer Insektensammlung abhalten. So lange man mit Maß sammelt und nur so viele Insekten tötet, wie man für seine Studien braucht, wird man nichts ausrotten und keine Art in ihrem Bestand schädigen.

Bei vielen Zeitgenossen stößt das Insektensammeln aus ethischen Gründen auf Ablehnung, weil man der Ansicht ist, dass man Tieren kein Leid zufügen soll. Bekannt dafür sind die Veganer, die prinzipiell nichts Tierisches essen, nicht einmal Milch oder Honig. Sie bedenken aber nicht, dass Pflanzen auch Lebewesen sind, die halt nicht schreien, wenn man sie abpflückt und zerschneidet. Schon in vielen Schulen wird heute den Kindern gepredigt, dass das Sammeln von Schmetterlingen ethisch verwerflich sei. Das führt letzten Endes dazu, dass sich weniger junge Menschen für die Natur interessieren, denn nur was man kennt, kann man wirksam schützen und bewahren. Letzten Endes gibt es dann weniger Fachleute, die die Tiere zuverlässig bestimmen können, und allfällige Umweltaktivitäten hängen dann im leeren Raum.

Falls Sie kein Veganer sind und gerne eine Forelle essen: Haben Sie daran gedacht, dass diese Forelle, bis sie ein viertel Kilo schwer war, mindestens eine Million Stück Wasserinsekten gefressen hat? Also weit mehr, als in einer halbwegs größeren Sammlung enthalten sind.

Oft meint man, es genüge, von den Insekten, die man bestimmen will, Fotos zu machen. Das geht aber nur sehr eingeschränkt für wenige Arten. Ein Tagpfauenauge oder einen Schwalbenschwanz kann man leicht nach dem Foto bestimmen, aber wenn man bei Lichtanflügen an der Leinwand die unscheinbaren Motten fotografiert und glaubt, sie so bestimmen zu können, ist das keine ernstzunehmende Vorgangsweise.

Selbstverständlich soll man sich auf das notwendige Sammeln beschränken und nicht überflüssig Insekten töten. Das ist aber eine theoretische Forderung, die z. B. beim Lichtfallenbetrieb nicht befolgt werden kann (siehe Kap. 5, Abschnitt „Lichtfallen").

Einwände gegen das Insektensammeln kommen auch von den Naturschützern. Die Medien sind voll mit Berichten über aussterbende Tier- und Pflanzenarten. Nahezu in jedem Land gibt es „Rote Listen", und in jeder Roten Liste sind etliche Arten als „ausgestorben oder verschollen" ausgewiesen. Die Vorstellung, dass Insektensammler Arten ausrotten, ist sehr populär. Zählt man die „ausgestorbenen" Arten der diversen Roten Listen zusammen, kommt man auf Horrorzahlen. In Wirklichkeit sind die meisten von diesen Arten in den betreffenden Ländern nur seit vielen Jahren nicht mehr gefunden worden. Bei gezielter Nachsuche wären viele davon zu finden, und viele von solchen Arten sind womöglich in den Nachbarländern häufig. *Rhyacophila polonica* ist in Deutschland als stark gefährdet in der Roten Liste (weil sie dort nur sporadisch unmittelbar an der Grenze vorkommt), aber von Polen bis Griechenland ist sie eine der häufigsten Arten.

In vielen Schulen wird den Kindern eingetrichtert, dass man keine Schmetterlinge fangen darf, um sie nicht auszurotten. Das ist sinnlos, denn Schulkinder rotten ganz sicher nichts aus, aber unsere Landschaften sind vielfach schon derart demoliert (durch Intensivgrünland = Jauchewiesen, durch Rasenmäher-Rasen, durch Aufforstung mit Fichtenplantagen, durch kilometerweiten Mais-Dschungel), dass es sowieso fast keine Schmetterlinge mehr gibt. Noch mehr: Mit diesem Argument arbeitet diese Sorte von Naturschützern den Zerstörern in die Hände! Wenn ein wertvoller Lebensraum zugejaucht oder zubetoniert werden soll, wird das von der zuständigen Behörde genehmigt, wenn keine Informationen vorliegen, dass damit etwas Schützenswertes zerstört werden könnte. Und solche Informationen können nur von Personen kommen, die die gefährdeten Arten **kennen.**

Versuchen wir, uns die größenordnungsmäßigen Unterschiede in der Populationsdynamik zwischen Insekten und z. B. Vögeln zu veranschaulichen. Für beide gilt, dass im langjährigen Durchschnitt immer genau zwei Nachkommen einer Paares zur Fortpflanzung kommen, wenn die Populationsgröße konstant bleiben soll. Das bedeutet, dass die Vernichtungsquote umso höher ist, je mehr Nachkommen die Art hat – wohlgemerkt, im längeren Durchschnitt. Wir haben Beispiele dafür, dass die Populationsgröße der Imagines bei Köcherfliegen von einem zum nächsten Jahr um den Faktor 100 größer oder kleiner sein kann. Also beispielsweise gäbe es in einem begrenzten Bereich eine Population von 50 Imagines in einem Jahr und 5000 im nächsten oder umgekehrt. Ein Köcherfliegenweibchen mag, um einen realistischen Durchschnittswert anzunehmen, etwa 200 Eier legen. Dabei dauert die Entwicklung in Mitteleuropa meist ein Jahr. Wenn alle diese überleben, gibt es im nächsten Jahr 200 Imagines anstelle des Ausgangspaares, im zweiten Jahr schon 20.000. In Wirklichkeit sind es aber in der Regel viel weniger, im langjährigen Durchschnitt nur zwei. Das bedeutet, dass unter „normalen" Lebensbedingungen, wie sie in dem von der Art selbst gewählten Lebensraum herrschen, 99 % der Eier, Larven und Puppen zugrunde gehen, gefressen werden oder sonstwie verkommen. Vögel haben viel weniger Nachkommen. Wenn es hoch kommt, liegen in einem Kohlmeisennest acht oder in einem Entennest zwölf Eier, sonst aber weniger, und auch hier überleben im Durchschnitt zwei. Die Vernichtungsrate liegt also bei den Vögeln viel niedriger. Umso größer die Auswirkung, wenn von Menschenhand einige Individuen entfernt werden. Wenn in einem bestimmten Areal zehn Exemplare eines großen Greifvogels leben und sieben davon abgeschossen oder vergiftet werden, dann ist die Population am Ende. Wenn aber auf der gleichen Fläche zehntausend Exemplare eines bestimmten Schmetterlings leben, davon 5000 Weibchen je 200 Eier legen und ein Sammler sieben Stück wegfängt, hat das auf den Bestand nicht den geringsten Einfluss, weil die ganz natürlichen Verluste viel größer sind.

Wenn man sich darüber klar geworden ist, wie die Sammlung aufgebaut sein soll, muss man Sammlungsstücke beschaffen. Das geschieht in erster Linie durch eigene Sammeltätigkeit im Freiland, worauf in Kap. 5 näher eingegangen werden wird. Andere Möglichkeiten sind Tausch, Kauf, Erlangung von Beifängen von anderen Sammlern, Behalten von Dubletten aus Bestimmungssendungen.

Man vergesse nie: Insektensammlungen sind Kulturgut ebenso wie eine Gemäldesammlung, wenn sie auch keinen so hohen Marktwert haben.

Kauf

Der Kauf von Insekten für die Sammlung ist in manchen Fällen eine günstige Gelegenheit, an Material heranzukommen. Manche Firmen beschäftigen Sammler in fernen Ländern, sodass man undeterminierte Originalausbeuten für einen Pauschalpreis erwerben kann. Wenn man dazu in der Lage ist, kann man auch selber solche Sammler beschäftigen, indem man Kollegen bittet, Insekten, die sie selber nicht sammeln, für einen mitzunehmen. Das kommt viel billiger, als wenn man selber in entfernte Länder reisen und dort sammeln würde. Vor allem bei vielen Schmetterlingen und Käfern ist Kauf für die Sammlung üblich, und bei besonders beliebten Gruppen gibt es feste Preise. Der Handel mit gewissen Insekten, die zu verrückten Preisen angeboten werden, gehört aber nicht zu den seriösen wissenschaftlichen Tätigkeiten. Wer für einen begehrten Schmetterling ein paar tausend Euro ausgibt, ist selbst schuld. Umgekehrt kann aber der Verkauf von solchen Tieren ein wichtiger Beitrag zur Finanzierung von Sammelreisen sein. Die vielen Insektenbörsen, von denen man durch entomologische Zeitschriften oder durchs Internet erfährt, sind eine gute Gelegenheit, solche Leute kennenzulernen.

Tausch

Für den Tausch gilt Ähnliches. Durch Tausch mit anderen Sammlern oder mit Museen kann man wertvolles Material bekommen. Das beruht natürlich auf Gegenseitigkeit; Großzügigkeit lohnt sich auf alle Fälle. Man gibt, was man entbehren kann, und bekommt, was man braucht. Bei manchen Schmetterlings- und Käfersammlern wird der Tausch auf der Basis von Händler-Preislisten ausgeübt, aber da Heuschrecken, Steinfliegen oder Läuse keinen Handelswert haben, fällt das bei den meisten Insekten weg, und man vereinbart alles auf individueller Basis.

Beifänge

Eine besonders gute Möglichkeit, Material zu bekommen, ist der Austausch von Beifängen. Viele Entomologen sind bereit, für Kollegen andere Insekten mitzusammeln, die sie selber nicht brauchen, erwarten aber natürlich dasselbe umgekehrt. Auf diese Weise habe ich viele wertvolle Köcherfliegen für meine Sammlung bekommen, die Kollegen, die Schmetterlinge, Käfer, Steinfliegen, Eintagsfliegen, Bienen usw. sammeln, für mich mitgenommen haben, oft aus Ländern, die für mich unerreichbar sind. Andrerseits nehme ich auf meinen Sammelreisen viele andere Insekten mit und verteile sie an die Kollegen. Vor allem die Lichtfangmethode ist für diesen Zweck äußerst ertragreich.

Meistens fängt man mit dieser Methode, die nur begrenzt selektiv ist, große Mengen von Insekten, bei denen man meist gar nicht weiß, wer sich dafür interessiert – etwa Dipteren in großer Zahl, von denen man normalerweise nicht einmal die Familienzugehörigkeit weiß. Solche Beifänge sollte man nicht wegwerfen, sondern, gut verpackt und bezettelt, einem Museum übergeben. Dort besteht eine gewisse (geringe) Chance, dass einmal ein Spezialist vorüberkommt und das anschaut.

Dubletten aus Bestimmungssendungen

Wenn man in der Kenntnis einer Insektengruppe einigermaßen vorgeschritten ist, also zu einem Spezialisten geworden ist, bekommt man immer wieder Materialsendungen mit der Bitte um Determination. Man sollte solche Bitten nach Möglichkeit nicht abschlagen. Ich habe oft in Bestimmungssendungen, die gar nichts Besonderes versprachen, die überraschendsten Tiere gefunden. Häufig darf man in solchen Fällen das ganze Material behalten, wenn man eine Liste abliefert. Aber auch dann, wenn der Eigentümer die Rücksendung wünscht, kann der Determinator Dubletten für die eigene Sammlung behalten. Das gilt auch für Material aus Museen; in diesem Falle muss man eine Vereinbarung treffen, was und wie viel man behalten darf. Üblicherweise verlangt man für eine solche Bestimmungsarbeit keine Entschädigung. Wenn aber die Bestimmung von Material praktischen Zwecken dient und Geld dafür zur Verfügung steht, etwa für Gutachten für Bau- oder Kraftwerksfirmen, dann soll man sich nicht scheuen, eine angemessene Vergütung in Rechnung zu stellen, wobei man sich an den Tarifsätzen für Zivilingenieure orientieren kann. Es handelt sich ja um eine hochqualifizierte Arbeit, bei der falsche Bescheidenheit nicht angebracht ist.

Eigene Sammeltätigkeit

In diesem Buch gehe ich auf einige weitere allgemein bekannte Sammelmethoden (z. B. Malaise-Fallen, Sieben von Bodenstreu oder Baummulm, Baumkronen-Vernebeln usw.) nicht näher ein, weil es genug Bücher und Aufsätze gibt, in denen das ausführlich genug geschieht und weil ich dafür zu wenig eigene Erfahrung habe. Ich gebe aber für einige Methoden, die in den üblichen Büchern schlecht oder gar nicht behandelt werden, ausführliche Hinweise. Grundsätzlich ist es für den Anfänger günstig, sich bei erfahrenen Kollegen nach Methoden und Geräten zu erkundigen. Wie man an solche Kollegen herankommt, ist im Kap. 10 Informationsbeschaffung beschrieben. Hat man selbst eine gewisse Praxis, kann man auch daran denken, die Methoden und Geräte zu verbessern. Der Fortschritt der Technik ist dabei hilfreich.

Fangnetze

In Witzblättern werden Entomologen mit Schmetterlingsnetz und Botanisiertrommel abgebildet. Das Fangnetz ist nach wie vor ein wichtiger Bestandteil des Entomologen-Inventars. Botanisiertrommeln sind heute unbekannt und gesuchte Raritäten für Sammler von alten Gebrauchsgegenständen.

Fangnetz ist allerdings nicht gleich Fangnetz. Je nach dem genauen Zweck muss es verschieden gebaut sein. Durchmesser der Öffnung, Stärke des Bügels, Stärke des Netzstoffes, Weichheit oder Steifheit und Luftdurchlässigkeit des Netzstoffes, Länge des Stieles können sehr verschieden sein, je nachdem, ob man kleine, flinke Fliegen von Blumen wegfangen will, große, scheue Libellen auf Distanz erbeuten will, oder empfindliche, zarte Tiere von der Vegetation abstreifen will. Besonders starke Ausführungen des Netzes werden als „Kätscher" oder „Kescher" bezeichnet (Abb. 5.1) Für das Sammeln im Wasser nimmt man einen weitmaschigen Stoff, der das Wasser gut durchlässt. Im konkreten Falle frage man also erfahrene Praktiker der betreffenden Insektengruppe.

Für bestimmte Fragestellungen hat sich ein Autokätscher bewährt. Das ist ein großes Netz, das auf dem Dach eines Autos so befestigt wird, dass die Öffnung nach vorne weist. Fährt man langsam bei entsprechendem Wetter eine bestimmte Strecke, dann kann man eine repräsentative Probe des gerade vorhandenen „Luftplanktons" einsammeln.

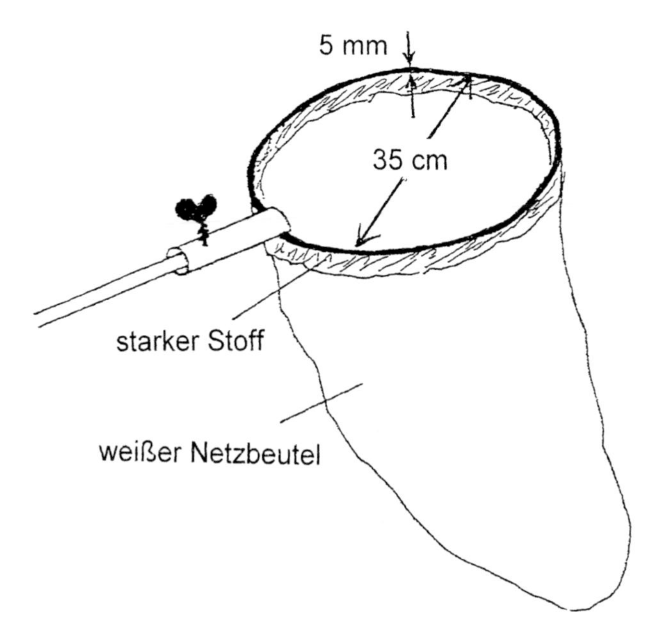

Abb. 5.1 Ein robuster Kätscher

Bodenfallen

Bodenfallen, auch unter dem Namen „Barber-Fallen“ bekannt, sind Becher, die man an erfolgversprechenden Stellen so in den Boden eingräbt, dass der obere Rand gleich der Bodenoberfläche liegt, sodass die auf dem Boden laufenden Insekten hineinfallen. Je nach erstrebtem Fangzweck wird in den Becher ein Köder gelegt, oder, bei Exposition über längere Zeit, gibt man ein geeignetes Konservierungsmittel hinein. Dabei wird an Stellen, wo es nicht regnet (z. B. in Höhlen) oder wo man ein kleines Dach darüber aufbaut, häufig Äthylenglykol verwendet. Wenn es aber hineinregnen kann, verwendet man besser verdünntes Formaldehyd. Solche Fallen werden für faunistische Zwecke, aber besonders auch für ökologische Fragestellungen verwendet.

Emergenzfallen

Emergenzfallen (Abb. 5.2, 5.3, 5.4) werden häufig für Produktionsstudien und andere quantitative Untersuchungen verwendet, eignen sich aber auch für rein faunistische oder taxonomische Untersuchungen. Sie fangen die aus einer bestimmten Fläche, z. B. einer Wiese, einem Bach, einem Tümpel oder einer Baumrinde schlüpfenden Insekten ab.

Abb. 5.2 Eine Emergenzfalle für seichte Gewässer oder für offenes Gelände

Abb. 5.3 Zwei schwimmende Emergenzfallen für tiefe Gewässer

Abb. 5.4 Ein Glashaus als Emergenzfalle für kleine Bäche

Man erkundige sich nach den Vor- und Nachteilen der verschiedenen Modelle. Eine Zeitlang hatte man gedacht, man könne Emergenzfallen für die Bestimmung der Sekundärproduktion von Gewässern oder Wiesen verwenden, aber es hat sich herausgestellt, dass sie für diese Fragestellung nicht geeignet sind. Ich habe einmal verschiedene Typen von Schlüpffallen vergleichend untersucht und gewaltige Unterschiede zwischen den verschiedenen Fallentypen gefunden (Malicky 2002b, c).

Pheromonfallen

In den letzten Jahrzehnten sind Pheromonfallen populär geworden, mit denen man vor allem das Auftreten von Schädlingen leichter und einfacher registrieren kann als mit Lichtfallen, weil sie selektiv arbeiten. So verlässlich, wofür man sie am Anfang hielt, sind sie aber nicht. Man kann zwar gezielt Pheromonköder aushängen, was beispielsweise bei den Sesiidae (Glasflügler) mit den im Handel erhältlichen Pheromonen recht erfolgreich ist, aber Pheromonfallen sind nur bei bestimmten Fragestellungen erfolgversprechend, für Übersichtszwecke aber nicht. Vor allem muss man bedenken, dass mit einem bestimmten Pheromon, dessen Beschaffung mühsam ist, im Prinzip nur die Männchen einer bestimmten Art angelockt werden. Wenn man also die gesamte Fauna eines bestimmten Standortes kennenlernen will, sind Pheromonfallen unbrauchbar. Für den Fang ganz bestimmter Insekten sind sie aber hervorragend geeignet. Sesiidae sind ohne Pheromone nur sehr mühsam zu finden, aber mit Pheromon-Anlockung sind in den letzten Jahren sogar in Mitteleuropa mehrere neue Arten entdeckt worden.

Malaise-Fallen

Die nach dem Erfinder benannten Malaise-Fallen bestehen aus einer Sperrwand aus dünnem Stoff oder Plastikfolie, die so aufgestellt ist, dass fliegende Insekten anprallen und dann automatisch in ein daran befestigtes Fanggefäß fallen. Solche Fallen kann man mit viel Erfolg z. B. an Waldrändern so aufstellen, dass die genannte Fläche im Gegenlicht zur Sonne steht. Oft werden Malaise-Fallen über Bächen aufgestellt, wo die Adulten von Wasserinsekten, aber auch andere Insekten, entlang des Baches auf- und abfliegen. Der Fang kann manchmal sehr reich, aber bei anderen Gelegenheiten minimal sein. Man muss es selber ausprobieren. Fangzelte, die ebenso im Gelände aufgestellt werden und die kein Auffanggefäß haben, sondern manuell abgesammelt werden (Abb. 5.5), arbeiten nach demselben Prinzip. Das Fangergebnis hängt aber extrem von der Art der Aufstellung im Gelände ab. Wenn etwa eine Gebüschreihe unmittelbar hinter dem Gerät entfernt wird, fällt der Fang schlagartig auf null ab. Für bestimmte Fragestellungen sind Malaise-Fallen sehr nützlich, aber für allgemein faunistische Zwecke sind sie ziemlich unbrauchbar (Hausmann 1993).

Abb. 5.5 Zwei Fangzelte für den Tagfang

Siebetechnik

Für Käfersammler und Untersucher von Bodeninsekten ist die Siebemethode das Um und Auf ihrer Sammlerei. Beschreibungen gibt es in jedem Käferbuch. Man nimmt ein grobes Sieb, an dem unten ein großer Sack hängt, und siebt Bodenstreu, Baummulm und ähnliche Substrate durch. Das grobe Material bleibt zurück, und die Insekten fallen in den Sack, aus dem sie entweder gleich oder erst zu Hause in aller Ruhe ausgelesen werden können. Da das eine mühsame Arbeit mit großem Zeitaufwand ist, hat man zu Hause einen sogenannten Berlese-Apparat zur automatischen Auslese stehen, der aus einem großen Trichter mit darüber liegendem Sieb besteht. Darüber lässt man eine Glühbirne leuchten, vor der (und wegen der zunehmenden Austrocknung) die Insekten hinunterkrabbeln und durch das Sieb in ein Gefäß fallen, das z. B. mit Alkohol beschickt ist.

Vernebeln von Baumkronen

Eine ziemlich brutale Methode, Insekten aus Baumkronen zu sammeln (vor allem in den Tropen, wo andere Methoden in dichten Wäldern kaum brauchbar sind), ist das Vernebeln der Kronen durch Versprühen von Insektiziden. Alles, was auf diesem Baum sitzt, wird rasch getötet und fällt auf die Tücher, die man vorher rings um den Baum ausgebreitet hat.

Lichtfang

Der Lichtfang ist eine überaus leistungsfähige Universalmethode für den Fang von Insekten und weitgehend geeignet, mit geringem Aufwand eine gute Übersicht über die Insektenfauna eines Ortes zu bekommen. In dieser Hinsicht kann er durch keine andere Methode ersetzt werden. Wir haben zwar nach wie vor keine Ahnung, warum so viele Insekten an künstliche Lichtquellen fliegen, aber dass sie es tun, ist unbestritten. Freilich fliegen bei Weitem nicht alle Insekten das Licht an. Die meisten nachtfliegenden Schmetterlinge, Köcherfliegen, Fliegen und Mücken, Hymenopteren, Zikaden usw. tun es, obwohl es aber deutliche art- und gruppenmäßige Unterschiede gibt: Buprestidae (Prachtkäfer) fliegen fast nie ans Licht, Elateridae (Schnellkäfer) hingegen sehr reichlich. Es ist also eine Methode wie jede andere und liefert keine absolut gültigen, wohl aber praktisch sehr brauchbare Ergebnisse.

Unklar ist noch, ob sich Insekten an künstliche Lichtquellen „gewöhnen" können. Als zu Beginn der Fünfzigerjahre des 20. Jahrhunderts im Zeichen des nahenden Wirtschaftswunders überall entlang der Straßen Tankstellen aus dem Boden schossen, erwiesen sich diese mit ihrer Lichtflut in den ersten zwei bis drei Jahren ihres Bestehens als unerschöpfliche Fundgrube für Schmetterlingssammler, sodass die lohnendste Nachtexkursion etwa eine Autofahrt zwischen Wien und Wiener Neustadt mit Halt an allen Tankstellen war. Diese Massenanflüge haben aber bald abgenommen, und heute gibt es so gut wie keinen Anflug mehr an den Tankstellen. Was ist geschehen? Es gibt zwei mögliche Erklärungen. Entweder wurden diese Arten im Bereich der Tankstellen ausgerottet (z. B. weil Fledermäuse und Singvögel sie als reiche Beute erkannten), oder die Arten haben sich durch Selektion daran „gewöhnt" und fliegen nicht mehr ans Licht. Ich nehme an, dass beides zutreffen kann. Die Zerstörung von Lebensräumen in der Umgebung der Tankstellen hat aber sicher eine viel größere Auswirkung.

Die Literatur über den Lichtfang ist unübersehbar. Man kann eine künstliche Lichtquelle im Gelände und dahinter eine weiße Leinwand aufstellen (Abb. 5.6), oder diese darunter legen, oder einen weißen Gaze-Zylinder um sie herum aufstellen („Leuchtturm", Abb. 5.7, 5.8) und die anfliegenden Tiere wegfangen. Jeder hat dabei seine Erfahrung, und es sind unzählige verschiedene Typen von solchen Geräten beschrieben worden. Nur als Beispiel seien die Arbeiten von Lödl (1984, 1987) und Nowinszky (2003) genannt. Gemeinsam ist all diesen Geräten, dass der Sammler selber dabei sein muss und aus den anfliegenden Insekten jene aktiv herausfangen muss, die er braucht.

Ich habe mich immer wieder über eine stereotype Verhaltensweise von Schmetterlingssammlern gewundert, wenn es beim Lichtfang zu regnen anfängt. Da wird alles in großer Hast zusammengepackt, ins Fahrzeug verstaut, und die Heimfahrt wird fluchtartig angetreten. Das alles, obwohl man seit Langem weiß, dass sich Schmetterlinge und andere Insekten vom Regen nicht stören lassen. Wind und Kälte stören viel mehr! Warum stellt man nicht von vornherein ein Dach auf?

Abb. 5.6 Für den Lichtfang aufgestellte Leinwand; vor sie wird eine Lampe gestellt

Abb. 5.7 Ein Leuchtturm bei Tag. Die Lampe befindet sich innen

Abb. 5.8 Der Leuchtturm in der Nacht bei starkem Insektenanflug

Manche tun es ja. Grillparty-Zelte sind praktisch und wirksam, aber nur in ebenem Gelände brauchbar. Schmetterlingsleute stellen aber ihr Licht bevorzugt hoch oben auf einem Hang auf, wo der Anflug besser ist. Aber nicht in jedem Gelände kann man ein so großes Zelt aufbauen, ganz abgesehen vom schwierigen Transport im Gelände. Wenn es groß genug ist, braucht man für den Transport ein Geländeauto (Diehl 2001).

Ich habe für die Arbeit in den Tropen einen Regenschutz konstruiert, der sich bewährt hat, aber noch wenig bekannt ist (Malicky 2002a). (Abb. 5.9) Er besteht aus einer Plastikfolie, wie man sie in jedem landwirtschaftlichen Lagerhaus billig kaufen kann und die zum Abdecken von Misthaufen, Autos und dergleichen gedacht ist. Mein Dach ist 3 mal 4 m groß. Diese Folie besteht aus einem festen Gewebe aus Kunststoff, das mit einem anderen Kunststoff beschichtet ist. Es ist ziemlich reißfest und leicht. Die Folie wiegt ungefähr ein Kilo und kann auf ein kleines Päckchen zusammengefaltet werden.

Abb. 5.9 Ein Leuchtturm mit einem Regendach (siehe Text)

Der Rand ist verstärkt und mit Metallösen versehen, durch die man die notwendigen Schnüre ziehen kann. Als Schnur verwende ich dabei eine feste, geflochtene Perlonschnur von ungefähr 2 mm Dicke, die sehr reißfest und glatt ist. Die Glätte sorgt dafür, dass die Knoten sicher halten und gleichzeitig leicht zu lösen sind. Eine rote Schnur empfiehlt sich, weil sie im Dunkeln besser sichtbar ist, wenn man sie aus dem Gestrüpp herausholen will. Man nehme eine möglichst große Spule davon mit, weil man nicht weiß, wieviel Schnur man im Gelände brauchen wird. Für das Aufhängen des Daches braucht man einen Fixpunkt in mindestens fünf Metern Höhe. Wenn ein Baum dort steht, ist das kein Problem. Ist keiner dort, muss man eine Stange suchen oder besser eine zusammensteckbare feste Zeltstange mitnehmen, die man mit der Schnur und einigen Zeltheringen verspannt. Aber wie bekommt man das Dach auf die Stange oder den Baum hinauf? Hinaufklettern ist nicht jedermanns Sache, und ein dressiertes Äffchen hat man auch nicht mit. Man kann einen beliebigen glatten, schweren Gegenstand verwenden, aber ich verwende eine Flasche aus glattem Polyäthylen mit engem Hals und ohne Schultern, mit ungefähr einem halben Liter Inhalt. Sie ist leicht und gut zu transportieren, und an Ort und Stelle fülle ich sie mit Wasser von einem Bach; ist kein solcher in der Nähe, muss man etwas Wasser mitnehmen. Diese Wurfflasche ist also mit Wasser gefüllt und um den Hals mit einer langen, festen Schnur angebunden. Dann versucht man, sie über eine Astgabel oder einen anderen hoch gelegenen Punkt zu werfen. Gelingt das, dann lässt man die Schnur nach, sodass die Flasche auf der anderen Seite zu Boden sinkt, und bindet die Schnur irgendwo am Boden fest. Damit hat man einen Festpunkt, an dem man das Foliendach hinaufziehen kann. Vorher hat man lange Schnüre in den drei anderen Eckpunkten der Folie angebunden, und mithilfe dieser Schnüre verspannt man die Folie zu einem Dach. Die Enden der Schnüre bindet man irgendwo im Gestrüpp oder an Zeltheringen an. Zur Erzielung einer brauchbaren Dachneigung braucht man oft Schnüre von zehn Metern und mehr, also lieber mehr Schnur mitnehmen. Man formt also irgendeine Form von Pult- oder Satteldach daraus, beachte aber, dass sich bei Regen auf dem durchhängenden Dach größere Mengen von Wasser sammeln können, die sich plötzlich auf den darunter Stehenden oder auf empfindliches Gepäck ergießen können. Wenn man mitten in der Leuchtarbeit merkt, dass sich im Dach Wasser ansammelt, dann entferne man es mit irgend einem langen Stock, indem man es seitlich abfließen lässt. Das Abbauen des Daches ist sehr einfach. Man löst die Tragschnur, wo sie unten befestigt ist, und zieht sie über den hochgelegenen Festpunkt auf der anderen Seite hinunter.

Lichtfallen

Man kann die Lichtquelle mit einer automatischen Sammeleinrichtung versehen, die die Insekten zurückhält; dann spricht man von einer Lichtfalle. Für Insekten, die in einigermaßen repräsentativer Menge ans Licht fliegen, ist die Lichtfalle für Übersichtszwecke, d. h., wenn man wissen will, welche Insekten in einer bestimmten Gegend vorkommen, derzeit unsere beste und leistungsfähigste Methode. Sie ist aber mit Verstand und Zurückhaltung anzuwenden.

Nach Bedarf kann man dabei die Ausbeute im Sammelgefäß trocken, in Flüssigkeit oder auch lebend sammeln. Es gibt viele verschiedene Fallentypen, die sich bewährt haben und für die verschiedenen Zwecke erfolgreich eingesetzt werden. Wenn man sich ihrer bedienen will, muss man aber vorher einiges bedenken, denn mit keiner Sammelmethode wird mehr Unfug getrieben als mit Lichtfallen.

Vor allem muss man die Lichtstärke der Lampe auf den gewünschten Zweck und die Arbeitsmöglichkeiten abstimmen. Die Ansicht „je stärker die Lampe, desto besser“ ist falsch. Bei zu starken Lampen bekommt man Massenanflüge; die Tiere beschädigen einander dann derart, dass sie nicht mehr bestimmt werden können. Abgesehen davon kann man solche Massenausbeuten nicht bearbeiten, weil niemand so viel Zeit hat. Diese Mahnung sei vor allem an die verschiedenen Schädlingswarndienste gerichtet.

Grundsätzlich muss man, wenn man ein Lichtfallenprogramm beginnt, einen Plan haben, was man mit dem Material anfangen soll. Die Ausbeute eines Lichtfallenjahres ist nämlich sehr umfangreich, und wenn man nicht über die nötige Arbeitskapazität verfügt, das große Material sortieren zu können, dann soll man es bleiben lassen, oder man führe nur sporadische Fänge (z. B. eine Fangnacht pro zwei Wochen) durch, soweit es die Fragestellung erlaubt oder erfordert. Man erkundige sich von vornherein, welche anderen Kollegen an den Beifängen, die man nicht braucht, interessiert sind. Lichtfallen sind nämlich wenig selektiv und fangen alles, was vom Licht angelockt wird. Viele Kollegen freuen sich aber über unabsichtlich mitgefangenes Material. Keinesfalls soll man es wegwerfen. Falls man keinen unmittelbaren Abnehmer weiß, kann man es, sorgfältig konserviert und bezettelt, an einem Museum deponieren.

Falls man Massenfang von großen Tieren (z. B. Maikäfern) vermeiden will, dann umgebe man die Falle mit einem Gitter passender Maschenweite. Will man nur Wasserinsekten fangen, so stelle man die Falle unmittelbar ans Ufer und verwende eine möglichst schwache Lampe, wobei eine Leuchtstoffröhre von 6 W genügt. Man beachte auch, dass der Erhaltungszustand der Insekten in der Lichtfalle nicht immer der beste ist, obwohl man bei sorgfältiger Handhabung sogar bei Schmetterlingen durchwegs sammlungsfähige Stücke bekommt. Für reine Sammlungszwecke ohne wissenschaftliche Fragestellung soll man keine Lichtfallen einsetzen, sondern aktiven Lichtfang an der Leinwand betreiben. Man achte auf Naturschutzbestimmungen und besorge sich, wenn nötig, Ausnahmegenehmigungen.

Wiederholt wurden Befürchtungen geäußert, man könne mit Lichtfallen seltene Arten ausrotten. Das ist sicher nicht der Fall, da, wie aus Experimenten bekannt ist, nur ein sehr kleiner Teil der Population einer Art in die Lichtfalle fliegt. In Großversuchen hat man sogar versucht, mit vielen, dicht stehenden Lichtfallen bestimmte landwirtschaftliche Schädlinge auszurotten. So hat man in Maisfeldern alle drei Meter eine Lichtfalle aufgestellt. Mit dieser Methode konnte man zwar den Schädlingsbefall deutlich reduzieren, aber zum Verschwinden brachte man keine einzige solche Art (z. B. Barrett al. 1971). Man möge aber, wenn nur die Möglichkeit einer Schädigung seltener Arten besteht, große Zurückhaltung üben.

Über die Lampen, die man für den Lichtfang verwenden kann, gibt es sehr viele Untersuchungen – mit höchst verschiedenen Ergebnissen. Ich bevorzuge sogenannte Schwarzlichtlampen, also Leuchtstoffröhren, die überwiegend ultraviolettes Licht aussenden und die für das menschliche Auge dunkelviolett leuchten und wenig Strom verbrauchen. Aber wenn man einen Generator mitnimmt, kann man beliebig starke Lampen verschiedener Bauart verwenden. Nach einiger Erfahrung wird man sich auf bestimmte Typen konzentrieren.

Es gibt, wie erwähnt, sehr viele Typen von Lichtfallen. Ich nenne hier zwei davon, die sich bewährt haben.

Die nach dem Erfinder ***Jermy***-Lichtfalle genannte ortsfeste Falle (Abb. 5.10, 5.11) besteht aus einem runden Blechdeckel von etwa einem Meter Durchmesser, der als Regendach funktioniert, und einem darunter aufgehängten Blechtrichter von ungefähr 50 cm Durchmesser, dessen Stutzen in den Sammelbehälter hineinpasst. Will man die Ausbeute trocken sammeln, dann muss man den Sammelbehälter (z. B. eine Plastik-Milchkanne mit weitem Hals) jeden Abend neu einhängen und morgens abnehmen. In den Behälter gibt man locker zusammengeknülltes Zeitungspapier und eine Phiole mit Trichloräthylen, und zwar stellt man sie so, dass sie nicht umfallen kann. Keinesfalls Zyankali verwenden!! Solche hochgiftigen Substanzen darf man nicht frei herumliegen lassen. Die so gesammelten

Abb. 5.10 Die Jermy'sche Lichtfalle

Insekten müssen sorgfältig versorgt (z. B. durch Einlegen auf Schichten von Zellwolle (**nicht Watte !**) in flachen Schachteln) und transportiert werden. Das Schütteln beim sorglosen Transport verursacht große Beschädigungen.

Will man die Insekten in Flüssigkeit sammeln, dann kann man, falls man genug Geld zur Verfügung hat, 70 %igen Alkohol einige Zentimeter hoch einfüllen. Man muss diesen aber am nächsten Morgen unbedingt erneuern, weil durch das mehrstündige Offenstehen seine Konzentration zu stark abgenommen hat und er nicht mehr ordentlich konserviert. Hat man weniger Geld zur Verfügung, genügt normales Wasser mit einem Zusatz von etwas Geschirrwaschmittel oder anderen Detergenzien (aber kein Waschpulver für Wäsche!). Dann muss man die Ausbeute ebenfalls jeden Morgen gleich ausklauben und für die Dauerkonservierung in Alkohol überführen. Will man den Sammelbehälter

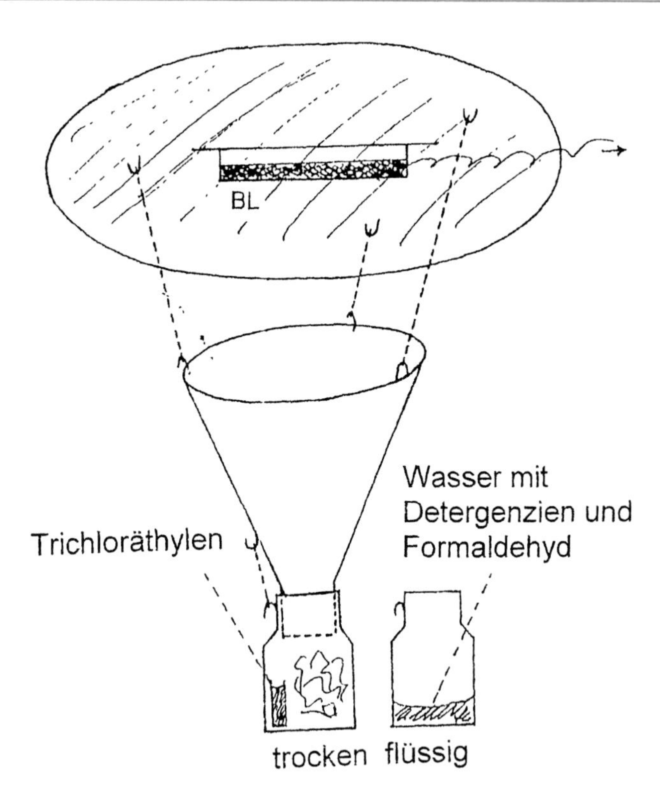

Abb. 5.11 Schema der Jermy'schen Lichtfalle

mehrere Tage lang belassen, muss man in das Wasser etwas Formaldehyd tun, um das Verfaulen zu vermeiden. Die Detergenzien dienen zum Töten der Tiere, die im Wasser in wenigen Sekunden ertrinken. Ohne solche flattern sie zu lange auf der Oberfläche herum und beschädigen sich zu sehr. Formaldehyd allein ist zum Abtöten **nicht geeignet!** Die Jermy-Falle wird mit Strom aus dem Netz betrieben; soll sie im Gelände über mehrere Tage betrieben werden, muss man eine sehr große und schwere Batterie mitbringen, auch wenn nur eine relativ schwache Leuchtstoffröhre (z. B. von 18 W) verwendet wird. Zeitschalter können den Stromverbrauch zwar reduzieren, sind aber beim Freilandbetrieb erfahrungsgemäß unzuverlässig.

Wenn man die Insekten lebend fangen will, sei es, dass man sie nicht sammeln, sondern nur registrieren will, sei es, dass man Weibchen für die Eiablage braucht, muss man den Sammelbehälter groß genug wählen (z. B. einen großen Plastiksack, etwa einen Müllsack) und durch Ausfüllen mit lockerem, grobem Material, z. B. locker zusammengeknülltem Zeitungspapier so gestalten, dass die Tiere sich ruhig hinsetzen können und einander nicht beschädigen. Außerdem muss man den Inhalt sofort am nächsten Morgen durchsuchen und die nicht benötigten Tiere freilassen. Einen längeren Transport ertragen solche Ausbeuten nicht.

Auf Reisen verwende ich eine flache Schüssel aus beliebigem Material; normalerweise eine Plastik-Waschschüssel, wie man sie überall kaufen kann (Abb. 5.12, 5.13). In den Vereinigten Staaten von Amerika, wo eine Plastikschüssel nicht aufzutreiben war (anscheinend ist es dort nicht üblich, die kleine Wäsche in einem solchen Lavoir zu waschen, wenn sowieso die Waschmaschine daneben steht), habe ich eine Aluminium-Backpfanne genommen, und in Panama habe ich mir von dem zahmen Tapir die Fressschüssel ausgeborgt. Diese Schüssel wird einige Zentimeter hoch mit Wasser

Abb. 5.12 Eine Schüssel-Lichtfalle (siehe Text)

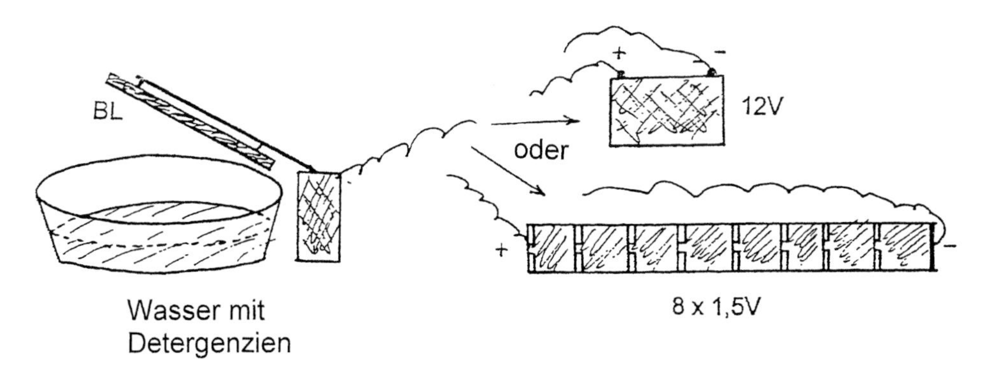

Abb. 5.13 Schema der Schüssel-Lichtfalle

und einigen Tropfen Geschirrwaschmittel gefüllt und bleibt über Nacht draußen stehen. Am nächsten Morgen wird die Ausbeute mit einem Sieb herausgeholt und in Alkohol konserviert. Als Lampe verwende ich eine Schwarzlichtröhre von 6 W, für deren Betrieb ich entweder eine kleine, wiederaufladbare Motorradbatterie von 12 V verwende, oder (vor allem in tropischen Ländern, wo solche Batterien viel billiger sind als in Europa) 8 Taschenlampenbatterien zu je 1,5 V (Größe R20 oder A). Die reichen meist nicht über die ganze Nacht, aber doch für mehrere Stunden, in denen der stärkste Insektenanflug stattfindet.

Warum fliegen Insekten eigentlich überhaupt künstliche Lichtquellen an? Darüber ist viel spekuliert und experimentiert worden, aber wir wissen es nach wie vor nicht. Am bekanntesten ist eine Hypothese geworden, die auch in Lehrbücher Eingang gefunden hat. Demnach würden sich die Insekten beim Flug in der Nacht an Lichtpunkten orientieren, vor allem am Mond, und einen konstanten Winkel zu ihm einhalten. Da der Mond praktisch unendlich weit entfernt ist, käme dadurch eine gerade Flugrichtung zustande. Ist der Lichtpunkt aber in der Nähe, so ergäbe sich eine Spirale, sodass der Flug immer näher an die Lichtquelle heranführe und sie letztendlich direkt erreiche. Diese Hypothese hat nur den Nachteil, dass die Insekten, wie man jederzeit direkt beobachten kann, eben **nicht** in einem Spiralflug daherkommen. Erfahrene Beobachter können sehr viele Arten schon an der Art und Weise, wie sie heranfliegen, identifizieren. Man kann manchmal tatsächlich Insekten beobachten, wie sie einige Sekunden lang im Kreis um die Lampe herumfliegen, aber eher öfter einen solchen Kreisflug **neben** der Lampe vollführen.

Ein anderer Erklärungsversuch wäre, dass die Insekten vom Licht geblendet würden und blindlings hineinflögen. Diese Erklärung hat sogar Eingang in die hohe Kunst (Hoffmanns Erzählungen) gefunden: „Wie der Falter, der sich fängt in dem hell leuchtenden Glanz, und die Flügel sich versengt".

In einem Experiment (Hsiao 1973) hat man mühsam herausgefunden, wie die Anflugbahn wirklich verläuft. Das Ergebnis zeigte, dass das Insekt gar nicht „ans Licht" fliegt, sondern haarscharf daneben. Daraus lässt sich ableiten, dass das Insekt vom Licht irritiert sei und ihm zu entgehen versuche. Eine Erklärung könnte sein, dass im Insektenauge (das aus vielen Einzelaugen besteht) durch die laterale Inhibition unmittelbar neben der Lichtquelle die dunkelste Region des Gesichtsfeldes entstünde, in die das Insekt gezielt hineinflöge. Aber bewiesen ist das nicht.

Wie dem auch sei, unter den Insektensammlern gibt es seit jeher endlose Diskussionen über den Einfluss des Mondscheins auf den Anflug und über den Anlockungsbereich einer Lichtquelle. Schmetterlingssammler sind sich überwiegend darüber einig, dass bei Vollmond fast kein Anflug wäre, und dass man die Lichtfangnächte nach dem Mondkalender planen müsse. Daran ist etwas. In den Tropen kann man das gut beobachten. In Europa weniger, denn wenn der Vollmond scheint, gibt es keine Wolken, und daher kühlt es ab. Tiefere Temperaturen vermindern den Anflug auf alle Fälle, egal ob mit Mond oder ohne. Aber in den Tropen fällt das weg. Mein Freund Edi Diehl in Sumatra hat die Lichtfangnächte nach seinem „Sphingiden-Index" beurteilt. Auf einem Leuchtplatz, an dem nachgewiesenermaßen über 60 Schwärmerarten (Sphingidae) vorkommen, wurde ein Anflug von 30 Arten in einer Nacht als gut eingestuft. Bei 15 Arten war er mäßig und unter zehn Arten war er schlecht. In Vollmondnächten sind ungefähr drei Arten angeflogen, und daher ist man erst gar nicht zum Leuchten hinausgefahren. Einmal waren wir doch draußen, und der Schmetterlingsanflug war mit zwei Schwärmer-Arten im Keller. Aber gerade in dieser Nacht habe ich besonders große Mengen von kleinen Köcherfliegen gefangen und war stundenlang mit dem Einsammeln beschäftigt. Zusammen waren es über 1000 Stück, so viele wie nie vorher oder nachher, darunter mehrere für die Wissenschaft neue Arten. Also: Manch andere Insekten, außer großen Sphingiden oder Saturniden, fliegen bei Vollmond sehr wohl gut ans Licht.

Aus welcher Entfernung werden Insekten vom Licht angelockt? Viele Schmetterlingssammler stellen ihre Lampe möglichst hoch oben auf einen Hang und möglichst frei auf, sodass man das Licht noch aus einigen Kilometern Entfernung sehen kann. Das lockt tatsächlich viele Insekten an, aber auch beunruhigte Dorfbewohner, Mitglieder der Bergrettung und Polizisten. Andere Sammler stellen ihre Lampe lieber mitten ins Gebüsch und haben auch gute Ergebnisse.

Man muss grundsätzlich unterscheiden zwischen der **Anflug**distanz und der **Anlock**distanz. Insekten fliegen, je nach Art, verschieden weit in der Gegend herum. Bei Schmetterlingen und ähnlichen Tieren kann man nicht sagen, von wo sie kommen, d. h. wie weit der Ort entfernt ist, an dem sie aus der Puppe geschlüpft sind. Der kann einen Meter daneben liegen, aber bei Wanderfaltern kann er einige tausend Kilometer weit weg sein. Bei Wasserinsekten ist es einfacher, denn man weiß, wie weit das nächste Gewässer entfernt ist, und das ist die Mindestentfernung des Anfluges. Die beträgt erfahrungsgemäß einige Kilometer (Malicky 1987). Sie sagt aber überhaupt nichts über die Entfernung, aus der das Insekt vom Licht **angelockt** wurde. Experimente (Plaut 1971) mit einzelnen Schmetterlingsarten haben ergeben, dass die Entfernung, aus der ein relativ großer Teil der Individuen angelockt wurde, im Bereich von ungefähr zehn Metern lag, und dass die Entfernung, aus der überhaupt eine Reaktion des Falters auf das Licht erkennbar war, etwa 100 bis 200 m betrug (was noch lange nicht bedeutet, dass er auch angeflogen wäre). Diese Entfernungen mögen bei anderen Arten verschieden sein, aber die Meinung, dass man Schmetterlinge aus kilometerweiter Entfernung anlocken könne, ist Fantasie.

Viel ist über die Frage geforscht worden, welches Licht (also welche Wellenlänge) am attraktivsten für Insekten sei. Man hat es mit vielerlei Lampen versucht, aber korrekte Vergleichsversuche mit allen Wellenlängen des Spektrums gibt es nicht. Das wäre technisch viel zu aufwendig. Man weiß aus Laboruntersuchungen mithilfe von Elektroretinogrammen (ERG), dass die höchste Lichtempfindlichkeit der Augen der meisten Insekten im Bereich des Gelbgrün bei etwa 500–550 nm (Nanometern) liegt (so wie bei anderen Tieren und dem Menschen auch), dass aber bei den meisten Insekten der Lichtanflug im langwelligen Ultraviolett (UV) bei etwa 380 nm (also bei einer Wellenlänge, die das menschliche Auge gerade noch nicht oder nicht mehr wahrnimmt), am stärksten ist. Die ERG-Empfindlichkeit des Insektenauges ist im Allgemeinen bei Gelb fünf Mal so hoch wie bei Ultraviolett, aber dieses ist beim Lichtanflug acht Mal so attraktiv wie das Gelb. Um zu starken Lichtanflug an die Straßenbeleuchtung zu verhindern, montiert man daher an vielen Orten gelbe Natriumdampflampen. Warum aber der stärkste Lichtanflug gerade **nicht** im Bereich der höchsten Lichtempfindlichkeit stattfindet – das hat uns noch niemand erklärt. Es gibt einige merkwürdige Ausnahmen: Der Leuchtkäfer *Lampyris noctiluca* und der Wurzelbohrer *Hepialus fusconebulosus* fliegen am stärksten ans Gelb an, was beim Ersten kein Wunder ist, denn das ist dasselbe Licht, das er selber aussendet. Warum aber der Wurzelbohrer auch bevorzugt Gelb anfliegt, ist unklar, denn andere *Hepialus*-Arten fliegen ganz normal bevorzugt ans UV (Mikkola 1972).

Das Anlegen einer Sammlung

Bevor man eine Sammlung für taxonomische Zwecke anlegt, überlege man gut, in welcher Weise dies erfolgen soll. Nicht jede Methode ist für jede Insektengruppe geeignet. Man erkundige sich nach den Möglichkeiten und Gesichtspunkten und frage vor allem Leute, die große Sammlungen haben, Privatsammler und Museumskustoden. Man wäge alle Auskünfte gegeneinander ab und entscheide dann. An den Museen und in den Vereinen gibt es viel Erfahrung, aber auch unberechtigte Vorurteile.

Grundsätzlich gibt es zwei Möglichkeiten: trockene oder flüssige Konservierung. Frühere Insektensammlungen waren immer trocken. Der Hauptgrund dafür war, dass es früher keine verlässlich dichten Flüssigkeitsbehälter gab, die eine ungestörte flüssige Konservierung über Jahrzehnte und Jahrhunderte erlaubten. Die einzige damals verfügbare Möglichkeit, nämlich Fläschchen mit Glasschliff-Verschluss, war derart teuer, dass nicht einmal die reichsten Museen sich größere Bestände in solchen Fläschchen leisten konnten. Heute gibt es verlässlich dichte Glasbehälter, sodass kein Grund mehr besteht, alle Insekten stereotyp zu nadeln oder auf Plättchen zu kleben. Man kann es sich nach Bedarf aussuchen.

Gesichtspunkte für die Entscheidung „Trocken oder Flüssig“ sind:

- **Leichtes Hantieren, geringe Beschädigungsgefahr.** Ein genadeltes Insekt aus der Trockensammlung hat man schneller zur Hand als eines, das in Alkohol schwimmt; aber das Trockenpräparat ist um ein Vielfaches zerbrechlicher und wird häufiges Hantieren nicht lange überleben. Wenn ein wichtiger Teil, etwa das Abdomen, abbricht, dann bleibt dieser Teil im Gläschen in der Flüssigkeit; aber bei einem genadelten Stück geht dieser Teil in der Steckschachtel leichter verloren.
- **Leichtes Aufbewahren, Erhalten in gutem Zustand über lange Zeit:** Flüssigpräparate bleiben leicht hundert Jahre in tadellosem Zustand, wenn sie nicht austrocknen, aber sie verlieren bald ihre ursprüngliche Färbung und werden letzten Endes einfarbig gelb.

- **Leichtes Bearbeiten:** Komplizierte Strukturmerkmale sind an flüssig konservierten Tieren viel leichter zu untersuchen, weil man mit der Präpariernadel zur besseren Sichtbarmachung Teile wegbiegen kann, ohne dass sie abbrechen; bei einem Trockenpräparat muss man in einem solchem Fall erst ein Präparat mazerieren.
- **Der Platzbedarf:** Für große Insekten braucht man bei Flüssigkonservierung große Gläser, die viel Platz wegnehmen, allerdings braucht man für große, trocken genadelte Tiere auch sehr viel Platz in Steckschachteln. Libellen und Heuschrecken und dergleichen kann man aber auch in durchsichtigen Säckchen aus Pergamin oder Zellophan (wegen Schimmelgefahr keinesfalls Plastiksäckchen!) in Form einer Kartei sammeln. Wenn das Sammeln von Serien nötig ist, kann man große Mengen von kleinen Tieren in kleinen Gläsern raumsparend aufbewahren. Wenn man sie kleben oder nadeln würde, würde man viel mehr Platz brauchen.
- **Ästhetische Gesichtspunkte,** wenn sie auch meist recht subjektiv sind, spielen bei größeren Insekten eine große Rolle. Wenn ein Sammler eine Trockensammlung von sorgfältig und einheitlich präparierten Käfern oder Bienen für schöner hält als eine Sammlung von Gläsern, so ist das für ihn wesentlich. Das muss aber nicht mit dem Gesichtspunkt der leichteren Bearbeitung und Aufbewahrung übereinstimmen.
- Bei Trockensammlungen hat man immer mit **Schädlingsbefall** zu kämpfen. Staubläuse und Anthrenen sind häufige Gäste in Sammlungen, und man muss dauernd hinter ihnen her sein, damit sie keinen zu großen Schaden anrichten. In den Tropen sind winzige Ameisen allgegenwärtig und machen die Erhaltung einer Trockensammlung fast unmöglich.
- Schließlich sind die **Kosten** zu bedenken. Wenn man die zu erwartende Größe der Sammlung der Berechnung zugrunde legt, kann es bei der Entscheidung zwischen trocken und flüssig gewaltige Unterschiede im Preis geben.

Die Schmetterlinge sind so ziemlich die einzige Insektenordnung, die man unbedingt trocken aufbewahren und nadeln muss. Außerdem werden sie in der Regel gespannt, sodass eine Schmetterlingssammlung immer etwas Zeitraubendes ist. Sammlungen von Käfern, Hymenopteren und diversen Dipteren sind herkömmlicherweise trocken präpariert, obwohl bei den meisten von ihnen Flüssigkeitssammlungen genauso zweckmäßig wären und viel Präparationsarbeit ersparen würden. Traditionelle Gebräuche spielen eine große Rolle, und viele Kollegen haben es nie gelernt, wie man flüssig konservierte Tiere mit ebenso gutem Erfolg untersuchen kann wie trockene. Zarte, kleine Dipteren, aber auch Ephemeropteren, Plecopteren, Trichopteren und dergleichen werden heute fast immer flüssig konserviert. Das Untersuchen solcher Tiere ist im trockenen Zustand viel mühsamer, abgesehen davon, dass sie sehr zerbrechlich sind.

Insekten, bei denen die Originalfärbung zum Bestimmen eine Rolle spielt, wie Wanzen oder Zikaden, wird man eher trocken aufbewahren. Insekten mit komplizierten Strukturen wird man eher flüssig konservieren, denn da ist die Beschädigungsgefahr geringer. Wenn nötig, wird man sowohl eine Trocken- als auch eine Flüssigsammlung anlegen.

Weiche Larven wird man auf alle Fälle flüssig konservieren. Früher hat man Schmetterlingsraupen ausgedrückt und die verbleibende äußeren Hülle aufgeblasen und geröstet. Solche Präparate sind höchstens für Schausammlungen verwendbar, aber für eine wissenschaftliche Untersuchung unbrauchbar.

Eine Trockensammlung wird, abgesehen von Libellensammlungen usw. in Säckchen, in Steckschachteln aufbewahrt, wobei man sich für ein bestimmtes Format und eine bestimmte Größe entscheiden muss; sie sollen einheitlich sein. Glasdeckel sind nicht unbedingt notwendig, aber arbeitssparend, weil man dann nicht jede Schachtel extra öffnen muss, um ein bestimmtes Stück zu finden.

In vielen Museen ist man dazu übergegangen, die Tiere blockweise in kleinen Steckschachteln ohne Deckel anzuordnen, die ihrerseits in den großen Schachteln Platz finden. So erspart man sich häufiges Umstecken (Abb. 5.14), weil man die kleinen Schächtelchen jederzeit unabhängig voneinander herausheben und anders anordnen kann.

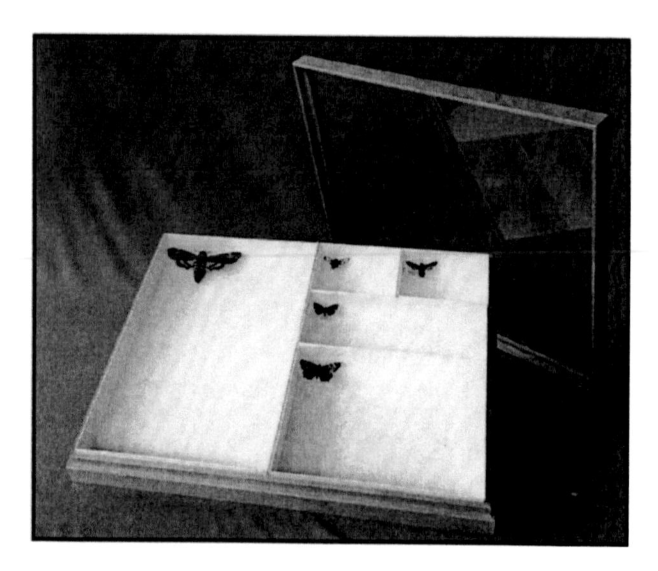

Abb. 5.14 Insektenkasten mit herausnehmbaren und austauschbaren Steckschachteln. (Foto: Hubert Rausch)

Bei Flüssigkeitssammlungen muss man sich über die Aufstellungsart entscheiden. Für die erste Versorgung von frisch gesammeltem Material sind handelsübliche Gläser (Abb. 5.15) mit metallenem Schraubdeckel günstig, in die man die Insekten in reichlich Alkohol einlegt. Das ist aber keine Dauerlösung, denn irgendwann rosten diese Deckel durch (Abb. 5.16). Man muss sie also regelmäßig kontrollieren und rechtzeitig umsiedeln. Wenn man das Material nur selten zum Nachuntersuchen braucht, kann man es in kleinen, billigen Glasröhrchen aufbewahren und diese mit einem Stück Watte verschließen (Abb. 5.17). Diese Röhrchen kann man in großer Zahl in ein großes, dicht schließendes Glas stellen, dessen Flüssigkeitsstand man leicht und rasch kontrollieren und im Notfall nachfüllen kann (Abb. 5.18). Allerdings ist das Suchen und Herausklauben einer bestimmten Probe sehr mühsam und zeitraubend. Muss man aber mit den Tieren oft hantieren, wie es bei der Handsammlung eines Spezialisten der Fall ist, verwendet man lieber gute Gläschen mit zuverlässigem Verschluss und bewahrt sie übersichtlich einzeln in Laden auf. In diesem Fall ist aber die Kontrolle des Flüssigkeitsstandes schwieriger und braucht mehr Zeit, und es besteht die Gefahr, dass einzelne Proben gelegentlich austrocknen. Oft ist der Schaden nicht groß, wenn man sie durch neuerliches Auffüllen mit Alkohol wieder aufweichen kann. Voraussetzung ist aber, dass die Tiere zuerst in ausreichend Alkohol fixiert werden. Wenn zu viel frisches Material und zu wenig Alkohol im Behälter war und die Flüssigkeit dann noch verdunstet, sodass

Abb. 5.15 Schraubdeckelgläser zum Aufbewahren größerer Insektenproben

Abb. 5.16 Irgendwann einmal rosten die Blechdeckel durch

Abb. 5.17 Glasröhrchen mit Insekten in Flüssigkeit, darüber ein **fest zusammengedrehter** Wattepfropfen

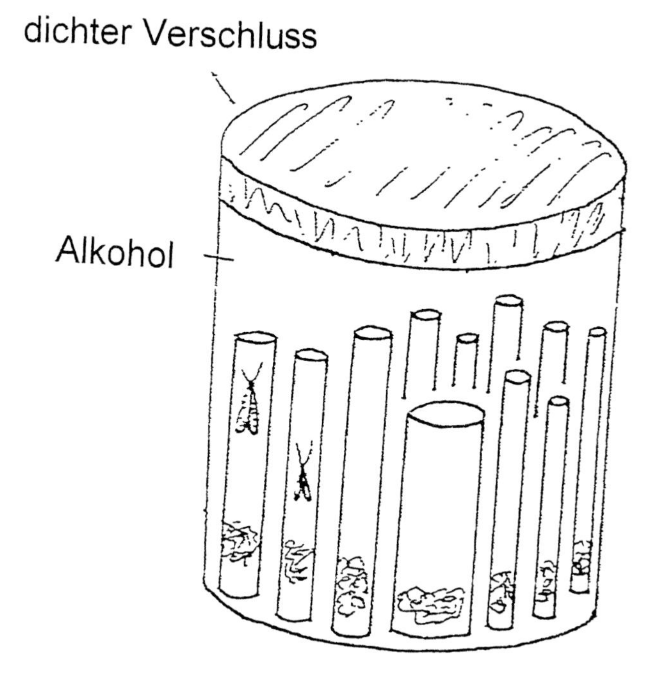

Abb. 5.18 In großen Behältern aufbewahrte Sammlungsröhrchen

die Konzentration des Alkohols stark abnimmt, dann fault alles und ist rettungslos verdorben. Wenn eine solche Gefahr besteht und eine Konservierung in ausreichend viel Alkohol aus irgendeinem Grund nicht möglich ist (z. B. wenn ein Transport zu schwer zu werden droht), kann man dem Alkohol eine geringe Menge Formaldehyd zusetzen.

Hat man sich für einzeln stehende Gläschen (anstatt einer kollektiven Aufbewahrung in Röhrchen mit Wattestopfen in einem großen Behälter) entschieden, so überlege man gut, welche man anschafft. Es ist günstig, wenn in einer Sammlung nur eine einzige, einheitliche Größe verwendet wird (Abb. 5.19), weil man an die Möglichkeit einer Nachbeschaffung in späteren Jahren denken muss. Die Behälter müssen so dicht wie möglich sein. Glasschliff-Verschluss scheidet aus Kostengründen aus. Phiolen aus Glas mit dichtem Plastikstopfen sind gut, und es gibt jetzt gute Plastikröhrchen mit Schraubverschluss, aber man probiere sie vorher unter verschärften Bedingungen aus, ob der Verschluss auch wirklich dicht ist und nicht leicht herausfällt (z. B., indem man sie mit Alkohol füllt und einige Tage lang in der Hosentasche herumträgt). Auf günstige Größe und Weite der Öffnung achten, damit man mit einer Arbeitspinzette leicht und tief genug hineinkommt, und auf eine breite Standfläche, damit der Behälter beim Arbeiten nicht so leicht umfällt.

Abb. 5.19 In Laden angeordnete Sammlungsgläser

Noch ein wesentlicher Gesichtspunkt ist bei der Entscheidung zwischen trocken und flüssig zu beachten. Genadelte und geklebte Insekten tragen einen individuelle Fundzettel an der Nadel, der bei der Untersuchung darauf bleibt. Eine unabsichtliche Verwechslung ist also unwahrscheinlich. Bei flüssig konservierten Insekten hingegen schwimmt der Zettel mit dem Tier zusammen im Gläschen. Beim Untersuchen nimmt man das Tier aus dem Gläschen heraus und vergleicht es dann oft mit anderen Tieren, die ebenso frei ohne Etiketten in ein gemeinsames Schälchen gelegt werden. Wenn man nicht extrem genau aufpasst, sind Etikettenverwechslungen an der Tagesordnung. Sammlungen, mit denen mehrere Leute arbeiten, also vor allem Museumssammlungen, sind in dieser Hinsicht gefährdet. Man hat noch keine unfehlbare Strategie zur Abwehr dieser Gefahr gefunden. Bei Privatsammlungen, wo nur eine Person mit der Sammlung arbeitet, ist diese Gefahr bei einiger Sorgfalt gering.

Literatur

Barrett JR, Deay HO, Hartsock JG (1971) Reduction in insect damage to cucumbers, tomatoes, and sweet corn through use of electric light traps. J Econ Entomol 64:1241–1249

Diehl EW (2001) Moderner Lichtfang unter besonderer Berücksichtigung tropischer Verhältnisse. Ent Z 111:308–311

Hausmann A (1993) Zur Methodik des Großschmetterlings-Fangs in Malaisefallen. Entomofauna 14:233–252

Hsiao HS (1973) Flight paths of night-flying moths to light. J Insect Physiol 19:1971–1976

Lödl M (1984) Kritische Darstellung des Lichtfanges, seiner Methoden und seine Bedeutung für die ökologisch-faunistische Entomologie. Dissertation, Universität Wien, S 244 + 156

Lödl M (1987) Die Bedeutung des Lichtfanges in der zoologischen Forschung. Beitr Entomol 37:29–33

Malicky H (1987) Anflugdistanz und Fallenfangbarkeit von Köcherfliegen (Trichoptera) bei Lichtfallen. Acta Biol Debr 19:107–129

Malicky H (2002a) Ein Regendach für den Lichtfang. Entomol Z 112:2–4

Malicky H (2002b) A quantitative field comparison of different types of emergence traps in a stream: general, Trichoptera, Diptera (Limoniidae and Empididae). Ann Limnol 38:133–149

Malicky H (2002c) A quantitative field comparison of emergence traps with open and covered bottoms in a stream: general and Trichoptera. Ann Limnol 38:241–246

Mikkola K (1972) Behavioural and electrophysiological responses of night-flying insects, especially Lepidoptera, to near-ultraviolet and visible light. Ann Zool Fenn 9:225–254

Nowinszky L (Hrsg) (2003) The handbook of light trapping. Savaria University Press, Szombathely, S 276

Plaut HN (1971) Distance of attraction of moths of *Spodoptera littoralis* to BL radiation, and recapture of moths released at different distances of an ESA blacklight standard trap. J Econ Entomol 64:1402–1404

6 Planung und Durchführung von Sammelreisen

Wenn ein Maurer für eine Arbeit einen Tag braucht, wie lange brauchen dann drei Maurer dafür? – Sie brauchen drei Tage.
(Fehlerhafte, aber wirklichkeitsnahe Antwort eines Volksschulkindes)

Fährt man für längere Zeit auf Sammelreise, sollte man früh und sorgfältig planen. Berücksichtigen muss man die Zahl der Teilnehmer, die Art der Sammeltätigkeit und die Gegebenheiten in dem Land, in dem man sammeln will.

Fährt man mit einer größeren Zahl von Teilnehmern, wie z. B. bei Studienreisen mit Studenten, erfordert das einen größeren Planungs- und Zeitaufwand. Mit zwanzig Teilnehmern kann man nicht blindlings in die Gegend fahren und alles andere dem Zufall überlassen. Man muss von vornherein wissen, wo und wann man übernachtet, Quartier schon vorher bestellen, im Falle von Zelten geeignete Plätze ausfindig machen. Diese Plätze sind oft weitab von den Stellen, wo man sammeln will. Transportfahrzeuge müssen bereitstehen, und man muss mit einem erheblichen Zeitverlust durch die notwendigen Fahrten rechnen. Bei einer höheren Teilnehmerzahl muss man auch mit einem Zeitaufwand für Mahlzeiten rechnen. Das lässt sich nicht so spontan organisieren, als wenn man allein oder zu zweit unterwegs ist. Für die Durchführung von bestimmten Arbeiten ist es günstiger, weniger Leute mitzunehmen, denn je mehr Leute mitkommen, desto größer ist der Leerlauf, desto länger dauern die Vorbereitungen nicht nur bei der Anreise, sondern auch unterwegs bei der Versorgung mit Mahlzeiten und dergleichen. Am einfachsten ist es, allein oder zu zweit zu fahren.

Die Transportfahrzeuge richten sich nach der Zahl der Teilnehmer. Will man im Gelände unmittelbar Untersuchungen anstellen, die über das bloße Absammeln hinausgehen, braucht man entweder ein entsprechend eingerichtetes Laborfahrzeug, oder man muss ein entsprechendes Lager aufbauen. All das bedeutet viel zusätzlichen Zeitaufwand.

H. Malicky, *Vom Handwerk der Entomologie*,
https://doi.org/10.1007/978-3-662-59525-1_6

Günstig ist es, wenn man mehrere Fahrzeuge hat, dann ist man beweglicher, und die einzelnen Teilnehmer sind nicht so stark voneinander abhängig. Man vermeidet so Probleme, wenn etwa einige Teilnehmer am Abend Lichtfang betreiben wollen, die anderen aber zur selben Zeit zum Essen im Quartier zurück sein wollen.

Eine höhere Teilnehmerzahl kann andrerseits in unsicheren Gegenden von Vorteil sein; räuberische Überfälle sind dann weniger wahrscheinlich.

Von der Art der Sammeltätigkeit hängt es ab, welches Fahrzeug man braucht. Hat man ein festes Standquartier und sammelt man rund um dieses in Fußmarsch-Entfernung, braucht man überhaupt kein Fahrzeug. Solche Stützpunkte, etwa Rasthäuser in abwechslungsreichem Gelände, sind ideal, aber selten gerade dort zu finden, wo man sammeln will. Aber mehr als fünf bis zehn Kilometer kann man zu Fuß kaum sammeln. Findet die Sammeltätigkeit nur bei Tag statt, will man etwa Tagfalter oder Libellen und dergleichen sammeln, unter Baumrinden sammeln, Bodenproben sieben usw., dann stellt man an das Fahrzeug keine besonderen Ansprüche – vorausgesetzt, es ist geländegängig genug, um auf landesüblichen Straßen weiterzukommen. Der Umfang des Gepäcks bestimmt die Größe des Fahrzeugs. Bei leichtem Gepäck genügt auch ein Motorrad oder Fahrrad.

Heute fährt fast jeder mit einem eigenen Auto. Wenn die Zeit knapp ist, kann es besser sein, mit dem Flugzeug anzureisen und am Zielort ein Auto zu mieten. Solche Autos erfüllen aber eher selten die Anforderungen einer Sammelreise, häufig sind sie auch in einem schlechten Zustand. Häufig werden für längere Fahrten verschiedene jeep-artige Fahrzeuge verwendet. Die sind zwar in schwierigem Gelände günstig, wo auch der beste Kleinbus nicht mehr weiterkommt, aber sonst für die Freilandarbeit wenig geeignet. Vor allem haben sie wenig Platz für das Gepäck. Man muss die Gepäckstücke dicht zusammenpacken und, wenn man unterwegs schnell etwas braucht, die ganze komplizierte Schichtung herausräumen, denn erfahrungsgemäß liegt jenes Gerät, das man gerade braucht, ganz zuunterst. Manche dieser Fahrzeuge haben eine katastrophal schlechte Federung, was auf weiten Fahrten für die Insassen qualvoll ist. Für nicht zu extreme Ansprüche sind solche Fahrzeuge nicht nötig. Eine Seilwinde am Fahrzeug ist zwar teuer, aber in menschenleeren Gegenden nützlich, wenn man im Sumpf steckenbleibt (der manchmal mit der Straße identisch ist). Man bedenke auch, dass ein Geländefahrzeug einen hohen Treibstoffverbrauch hat. Sehr günstig sind verschiedene Typen von Kleinbussen und Transportern, in denen man viel Platz hat und auch schlafen kann, wenn man allein oder zu zweit ist (Abb. 6.1). Man erspart sich dabei die zeitraubende Hotelsuche. Damit man alle Gegenstände, die man unterwegs braucht, schnell findet, baue man irgendwelche Schubladkästchen oder Kisten ein und bringe das Inventar griffbereit unter.

Will man Lichtfang betreiben, dann stellt sich die Frage der Übernachtung. Die gewünschten Lichtfangplätze liegen oft viele Kilometer von jedem möglichen Standquartier entfernt. Will man lange Fahrt und Zeitverlust vermeiden, muss man an Ort und Stelle übernachten. Das Nächstliegende ist ein Zelt, aber das ist nicht immer die ideale Lösung. Ist man in Bergen unterwegs, hat man oft Schwierigkeiten, einen halbwegs

Abb. 6.1 Mein bewährtes Exkursionsfahrzeug

ebenen Platz zu finden, wo man ein Zelt aufstellen kann. Abseits von gesicherten Campingplätzen ist ein Zelt auch etwas unsicher. Im Falle einer Belästigung durch unfreundliche Menschen oder Tiere (es muss nicht gerade ein Tiger sein, weidende Rinder tun es auch) ist man ziemlich hilflos. Ferner ist das Aufstellen und Abbauen eines Zeltes umständlich und zeitraubend und bei strömendem Regen kein Vergnügen. Wichtig: Vor der Abreise jedesmal sorgfältig prüfen, ob alles komplett ist. Wenn man erst weit draußen bei einsetzender Dämmerung bemerkt, dass das Zeltgestänge daheim geblieben ist, hat man Pech gehabt.

Man muss auch die Verpflegung unterwegs bedenken. Wenn man für jede Mahlzeit ein Restaurant aufsuchen will, wird nicht viel Zeit für die Arbeit bleiben. Ein Vorrat aus haltbaren Lebensmitteln ist günstig, aber was ist haltbar? Das sind Konserven jeder Art zweifellos. Unbedingt braucht man einen größeren Vorrat an Trinkwasser. Brunnen und Quellen sind vor allem in südlichen Ländern nicht immer sicher. Frisches Obst kann man an vielen Orten bekommen, aber um dieses zu waschen braucht man sauberes Wasser! Angeblich „haltbare" Würste bewährten sich nicht. In heißen Ländern ist Brot problematisch: es trocknet sehr schnell aus oder wird schimmlig. Milch, Käse und dergleichen sind in warmen Ländern nicht haltbar und können schon nach wenigen Stunden verderben. Ich selber habe es auf längeren Fahrten vorgezogen, „Trockenfutter" mitzunehmen, z. B. Suppen, Milchpulver, Haferflocken, Kartoffelpüree, Kaffee usw., und auf einem kleinen Benzinkocher zuzubereiten. Benzinkocher haben den Vorteil, dass man Benzin überall bekommt, aber den Nachteil, dass sie heute nur mehr sehr schwierig im Handel zu finden sind. Wenn man einen Gaskocher verwendet, muss man einen Vorrat an Gaspatronen mitnehmen, die nicht überall erhältlich sind. Lagerfeuer sollte man lieber keines machen. Für die Zeit einer intensiven Freilandarbeit wird man vorübergehend auf die Vorteile einer reichen und gesunden Küche verzichten müssen.

Dass man sich lange vor der Reise eine Liste von mitzunehmenden Gegenständen macht und sie immer wieder ergänzt, sollte wohl selbstverständlich sein. Es soll eine dauernde Liste sein, die man für weitere Reisen aufhebt und immer wieder nach Bedarf ergänzt. Die Gegenstände soll man schon geraume Zeit vor der Abreise komplett haben, sodass für den Fall, dass etwas fehlt, noch genug Zeit bleibt, etwas nachzuschaffen. Und dass man die Liste knapp vor der Reise nochmals kontrolliert und sich überzeugt, dass alles vorhanden und in Ordnung ist und alle Geräte funktionieren, ist auch selbstverständlich.

Vor Reisen in fremden Ländern erkundige man sich rechtzeitig nach allfällig notwendigen Sammel- oder Arbeitserlaubnissen, damit es keine Überraschungen gibt. Dabei lohnt es sich aber, sich bei Kollegen nach ihren Erfahrungen mit der Wirksamkeit von allfälligen Sammelverboten zu erkundigen. Es gibt etliche Länder, in denen das Insektensammeln für Ausländer oder auch für alle zwar verboten ist, sich aber niemand daran hält und nie kontrolliert wird. In anderen Ländern hingegen ist mit Polizeikontrollen zu rechnen. Meist gibt es aber gewisse Hintertüren, mit deren Hilfe man die Schwierigkeiten umgehen kann. In manchen Ländern kann es eher ungünstig sein, sich um eine Sammelerlaubnis zu bewerben, denn man macht damit die Behörden auf sich aufmerksam, und es kann passieren, dass man dann bei der Ausreise Schwierigkeiten hat. Auch sei man vorsichtig bei Kontakten mit Fachkollegen in dem betreffenden Land. Ich selber habe solche Kontakte mit Kollegen immer gesucht und Zusammenarbeit angeboten, und habe fast immer hilfreiche Unterstützung bekommen. Es gibt aber auch andere Erfahrungen. Es ist nicht erst einmal vorgekommen, dass ein „Kollege“ aus Konkurrenzneid die Zollbehörden verständigt hat, was zur Konfiskation des gesammelten Materials und darüber hinaus zu größeren Unannehmlichkeiten geführt hat.

In manchen Ländern darf man zwar unter bestimmten Voraussetzungen sammeln, die aber manchmal sehr teuer kommen oder unzumutbare administrative Bedingungen fordern (Abb. 6.2). In Spanien braucht man eine schriftliche amtliche Erlaubnis, die man zwar relativ leicht bekommt, aber man braucht für jede der ungefähr 90 Provinzen eine eigene, und dazu muss man erst herausfinden, bei welchen Amtsstellen in der jeweiligen Provinz man sie bekommt. In Bhutan haben wir zwar im Auftrag der Regierung, und zwar der Umweltbehörde, sammeln dürfen bzw. müssen, aber die Ausfuhrbewilligung für die gesammelten Insekten vom Landwirtschaftsministerium zu bekommen, war unmöglich. In manchen Ländern, in denen das Sammeln verboten ist, löst sich das Problem mit der Übergabe von zehn Dollar an einen Polizisten, in anderen Ländern würde der Polizist das als Beleidigung empfinden, also Vorsicht. In Italien ist das Sammeln zwar erlaubt, aber dort gibt es eine Vielzahl von uniformierten Kontrolleuren (Polizei, Stadtpolizei, Landpolizei, Finanzpolizei, Carabinieri, Zollwache, Fischwache, Wildhüter ...) mit unscharf

TÜRKISCHE BOTSCHAFT WIEN

Betr.: Wissenschaftliche Forschungen in der Türkei
Bezug: Ihr Schreiben vom 15. 05. 2003

Wien am 28. 07. 2003

Sehr geehrter Herr Dr.

Die Türkische Botschaft teilt Ihnen höflichst die gesetzlichen Bestimmungen für Naturforschungen in der Türkei wie folgt mit, welche vom türkischen Agrar und Forstwesenministerium erlassen wurden:

1. Der Forscher muss 1 Jahr vor Antritt einer Forschungsreise die Forschungsgenehmigung beantragen. Das Anmeldeformular muss Lebenslauf des Forschers, der Inhalt und Rahmen der Forschung, Ort, Arbeitsdaten, falls dies der Fall ist, die Liste der Personen, die aus der Türkei dieser Forschung teilnehmen werden, beinhalten.
2. Die Forscher müssen einen Bescheid, der die wissenschaftlichen Namen und Stückzahl der Musterpflanzen und Tierrassen und Sammlungsmethoden enthaelt, diesem Formular beilegen, um die Ausfuhr der Pflanzen und der Tiere, die auf nationaler und internationaler Ebene unter Schutz stehen, zu verhindern.
3. Erst nachdem die Liste und notwendigen Genehmigungen bei dem zustaendigen Zollaemtern vorgelegt wurden, dürfen die Sammlungen ausgeführt werden.
4. Der Forscher muss sich waehrend der Forschung in den Provinzen, wo er forschen wird, mit den zustaendigen Behörden in Kontakt setzen. Er muss in der Begleitung des Reiseführers forschen, welcher ihm beigestellt wurde. Der Forscher muss die Unterhalts- und Verpflegungskosten des Reiseführers übernehmen. Der Forscher darf den Rahmen der Forschungsgenehmigung nicht überschreiten.
5. Wie sowohl im Bundesblatt veröffentlichten Runderlass als auch in den Vorschriften bezüglich der Durchführung dieses Runderlasses erwaehnt wurde, müssen die Forscher den wissenschaftlichen Bericht oder die von ihnen veröffentlichten Werke durch das Aussenministerium an die betreffenden Behörden senden.

Wir hoffen Ihnen mit dieser Information behilflich sein zu können.

Botschaftsraetin

Abb. 6.2 Was man beim Sammeln in der Türkei beachten muss

abgegrenzten Befugnissen, sodass es geraten ist, sich im Fall einer Beanstandung dumm zu stellen. Andrerseits gibt es Länder, in denen das Sammeln ohne Erlaubnis (oder sogar mit Erlaubnis, falls sie vom falschen Ministerium ausgestellt wurde) als Verbrechen verfolgt und mit Gefängnis bestraft wird. Solche Länder, wie Indien oder Brasilien, lässt man am besten unbesammelt. Hintergrund solcher rigorosen Vorschriften ist das Vorgehen von internationalen Konzernen, die sich z. B. eine traditionelle indonesische Reissorte in den USA patentieren ließen, sodass die Bauern in Indonesien dafür eine Lizenzgebühr hätten zahlen müssen. In der allgemeinen Empörung über solche Biopiraterie hat man dann in vielen Entwicklungsländern alle Pflanzen und Tiere zu Kulturgut erklärt und das unberechtigte Sammeln als Diebstahl am nationalen Kulturerbe gewertet, auch wenn den Wissenschaftern und erst recht den Behörden in diesen Ländern irgendwelche Käfer wirklich egal sind.

Abb. 6.3 Beim Lichtfang ist mit Zuschauern zu rechnen. (Zeichnung: Edi Diehl)

Bei der Sammelarbeit im Freien trifft man immer wieder Einheimische, die vorbeikommen und sich wundern, was der Fremde da macht. Was dabei alles passieren kann, darüber gibt es einen unerschöpflichen Anekdotenschatz (Abb. 6.3). Die einfache Landbevölkerung, egal wo auf der Welt, hat meistens von Wissenschaft noch nie gehört. Die Erklärung, man arbeite wissenschaftlich, stößt daher auf Unverständnis – was soll das sein? Manchmal genügt die Erklärung, dass man für ein Museum arbeite. Häufig kommt der Einwand, dass man Insekten doch nicht essen könne (in Südostasien hingegen kann man bestimmte Insekten sehr wohl essen!). Manche Kollegen sagen dann, dass sie bestimmte Insekten für die Apotheke sammeln (was u. a. in Griechenland verstanden wird). Meist verläuft ein solches Frage- und Antwortspiel freundlich, aber manchmal kann es, vor allem beim Lichtfang in der Nacht, zu gefährlichen Situationen kommen, wenn abergläubische Einheimische sich vor dem einsamen Licht fürchten. Einmal ist mir eine Blaulicht-Lichtfalle mit einem Gewehr beschossen worden. Ein anderes Mal erschienen nachts, als ich im einsamen Wald mit meiner Lampe sammelte, zwei verdächtig aussehende Individuen mit illegal gesammelten Pflanzen im Arm – und erschraken sehr bei meinem Anblick (mehr als ich bei dem ihrigen). Andrerseits erinnere ich mich dankbar an viele Begegnungen mit Bauern in Griechenland, die mich mit Orangen, Melonen oder einem großen Zweig mit reifen Kirschen beschenkten. Gerade in diesem Land stößt man oft auf unerwartete und liebenswürdige Gastfreundschaft.

Konservieren 7

Konservieren in Flüssigkeiten

Die am häufigsten verwendete Flüssigkeit zum Konservieren von Insektensammlungen ist Äthylalkohol („Ethanol") von ungefähr 70–80 %. Der handelsübliche 96 %ige oder gar absolute (= 100 %) Alkohol ist nicht so günstig, weil die Präparate darin zu hart werden können. Für bestimmte Zwecke, z. B. für molekulargenetische Untersuchungen, ist die hohe Konzentration aber besser. Niedrige Konzentrationen von Äthylalkohol hingegen (z. B. 40 %, was den üblichen Schnäpsen, Likören oder Wodka entspricht), konservieren nicht ordentlich, denn es besteht die Gefahr des Verfaulens der Präparate. Deshalb konserviere man die Tiere stets in ausreichendem Überschuss von Alkohol und erneuere diesen mehrmals bei frisch gesammeltem Material im Laufe der ersten Zeit, damit keine Verdünnung durch die Körperflüssigkeit der Insekten stattfindet. Wenn man sehr große Proben von Insekten und nur wenig Alkohol bzw. kleine Behälter zur Verfügung hat, wie es auf Sammelreisen immer wieder vorkommen kann, dann füge man eine kleine Menge Formaldehyd bei, oder konserviere die ganze Probe in Formaldehyd; dies verhindert mit Sicherheit das Verfaulen.

Formaldehyd ist ein ausgezeichnetes Konservierungsmittel und verhindert auch noch in ziemlich niedriger Konzentration das Faulen von Material. Man bekommt es in ungefähr 40 %iger wässriger Lösung zu kaufen und verwendet zum Konservieren eine schätzungsweise 2 %ige Verdünnung, aber die Konzentration ist dabei nicht so wichtig. Formaldehyd ist ein starkes Gift und kanzerogen, daher nur mit besonderer Erlaubnis erhältlich, außerdem ist das Arbeiten mit ihm unzumutbar, weil es unerträglich stinkt. Material in Formaldehyd muss also später, zumindest zum Bearbeiten und Hantieren, in Alkohol überführt und, wenn nötig, gut darin ausgewaschen werden. Für viele Konservierungszwecke ist es aber als Dauer-Aufbewahrungsmittel notwendig.

H. Malicky, *Vom Handwerk der Entomologie*,
https://doi.org/10.1007/978-3-662-59525-1_7

Statt Äthylalkohol, der in manchen Ländern wegen der hohen Besteuerung sehr teuer oder gar nicht erhältlich ist (z. B. auf den Seychellen), werden gelegentlich auch andere Alkohole, z. B. Isopropylalkohol, verwendet. Ich habe keine Erfahrung damit. Methylalkohol ist hingegen **kein** Konservierungsmittel und außerdem sehr giftig.

Vergällter Äthylalkohol, der viel billiger ist als der reine, ist als Konservierungsmittel durchaus brauchbar (z. B. Brennspiritus, wenn man ihn auf die richtige Konzentration bringt). Die Vergällung erfolgt allerdings mit verschiedenen Substanzen, und man probiere im konkreten Fall zuerst mit wertlosem Material. Manche Vergällungszusätze könnten die Präparate verderben.

Als Zusatz zum Äthylalkohol, vor allem um das Austrocknen von Präparaten zu verhindern, kann man kleine Mengen von Glyzerin oder Äthylenglykol verwenden, und zwar ungefähr 5–10 %. Beide Flüssigkeiten sind auch pur zum Konservieren geeignet, aber das Hantieren mit ihnen ist unbequem: Sie sind dickflüssig und klebrig. Für das Einlegen von Präparaten sind sie aber günstig, weil sie nicht austrocknen.

Darüber hinaus sind ziemlich viele Konservierungsflüssigkeiten für spezielle Zwecke bekannt. Eine Mischung von 3 Teilen 96 %igem Alkohol und 1 Teil Eisessig ist zum Fixieren von Chromosomenuntersuchungen üblich, aber auch für die Konservierung von empfindlichen, weichen Tieren wie Turbellarien und dergleichen. Das Pampel'sche Gemisch (30 Teile Wasser, 15 Teile 96 %iger Alkohol, 6 Teile Formaldehyd und 4 Teile Eisessig) wird für die Aufbewahrung von Insektenlarven empfohlen, ebenso das KAAD-Gemisch (7–10 Teile 96 %iger Alkohol, 2 Teile Eisessig, 1 Teil Kerosin und 1 Teil Dioxan: Das Präparat lässt man einige Stunden darin und überträgt es dann in 96 %igen Alkohol). Weitere Rezepte kann man u. a. in dem Buch von Adam und Czihak (1964) finden. Insekten, die für die Flüssigsammlung bestimmt sind, werden am besten gleich in Alkohol geworfen und damit getötet. So bleiben sie am besten erhalten.

Trockenkonservierung

Zum Töten von Insekten für Trockensammlungen gibt es mehrere Methoden. Bei Lepidopterologen waren Zyankaligläser wegen ihrer leichten und sicheren Handhabung beliebt. Man nimmt dazu einen durchsichtigen Behälter passender Größe, wenn möglich nicht aus Glas, mit gutem Verschluss. Wenn doch aus Glas, so ist größte Vorsicht wegen der Bruchgefahr geboten, und man sollte es zur Sicherheit gleich mit vielen Leukoplaststreifen umwinden, damit es im Falle des Zerbrechens nicht auseinanderfällt. Empfohlen werden zylindrische Behälter aus Plexiglas (= Polyacrylsäure) mit einem guten Kork- oder Gummistopfen. Solche Behälter kann man sich aus käuflichen Röhren und Platten selber zuschneiden und mit Plexiglas-Spezialkleber zusammenkleben. Eine bequeme, handliche Größe ist z. B. 5 cm Durchmesser und 12 cm Höhe, aber auch kleinere und viel größere Behälter sind in Verwendung. Auf den Boden legt man eine kleine (etwa haselnussgroße) Menge von Kalium- oder Natriumzyanid (besser gepresstes als pulverförmiges), in Papier eingewickelt, und gießt darauf so viel Gipsbrei, dass das Gift mindestens einen Zentimeter hoch bedeckt ist. Nach dem Erstarren des Gipses ist das Giftglas sofort verwendbar. Je nachdem, wie intensiv es im Gebrauch ist, hält es jahrelang ohne Nachfüllung. Aus dem im Gips eingegossenen Zyanid entwickelt sich dauernd eine geringe Menge gasförmiger Blausäure, ein extrem starkes Gift, das Insekten und andere Tiere rasch tötet. Blausäure akkumuliert jedoch nicht, sondern zersetzt sich schnell. Wenn man kleine Mengen davon einatmet, trägt man keinen Schaden davon. Bei größeren Mengen kann aber sofort der Tod eintreten. Es ist allerdings kein Fall bekannt, dass dies einem Entomologen bei der Befolgung der beschriebenen Methode passiert wäre.

Zyankaligläser sind bei den Sammlern von Käfern und anderen Insekten unbeliebt, weil die toten Tiere ziemlich starr sind und sich erst nach längerem Aufenthalt im Giftglas erweichen und präparieren lassen. Koleopterologen bevorzugen Essigäther (= Äthylazetat, Äthylessigester), der in kleinen Mengen harmlos ist und die Tiere weich und geschmeidig bis zum Präparieren erhält: Man nimmt einen beliebigen durchsichtigen Behälter mit einem guten Verschluss, füllt ihn zu einem Viertel oder auch mehr mit groben Sägespänen, Papierschnitzeln und ähnlichem weichem Material und tropft etwas Essigäther darauf. Die Tötungswirkung lässt bald nach, sodass man immer wieder nachtropfen muss. Wichtig ist, dass die Sägespäne oder Papierschnitzel nicht nass werden, sonst verkleben die Insekten damit und werden unschön. Man muss also nach Erfahrung dosieren. Man kann natürlich auch Schmetterlinge so abtöten, nur ist es etwas umständlich, sie dann aus den Sägespänen herauszuholen, ohne dass ihre empfindlichen Schuppen abfallen. Statt der Sägespäne kann man locker zusammengeknülltes weiches Papier (Servietten, Papiertaschentücher, Toilettepapier, Zeitung) verwenden.

Man kann die Vorteile beiden Tötungsmittel kombinieren. Wenn man z. B. beim nächtlichen Lichtfang Schmetterlinge fängt, kann man sie zuerst mit dem Zyankaliglas einfangen und kurz darin lassen, bis sie sich nicht mehr bewegen. Dann sind sie betäubt, aber nicht tot, und können nach dem Herausnehmen wieder munter werden. So kann man z. B. Weibchen zum Eierlegen am Leben erhalten, oder Belegstücke genauer anschauen, und wenn man sie nicht braucht, wieder freilassen. In jedes Zyankaliglas kommt bei dieser Methode immer nur ein Individuum, und man halte etwa 10 solcher Gläser griffbereit. Sobald sich das Tier nicht mehr bewegt, und man sich davon überzeugt hat, dass es mitnehmenswert ist, leere man es in einen größeren Behälter, der mit weichem Papier ausgelegt ist und das man mit Essigäther beträufelt. Es können mehrere Lagen weiches Papier (z. B. Zellwolle, Papierservietten) übereinander liegen, und jede Lage kann man mit einer Anzahl Schmetterlinge belegen. So kann man etwas größere Mengen von Tieren in Ruhe ablegen und am nächsten Tag nadeln oder sonstwie weiter behandeln. Der Behälter darf aber auf keinen Fall geschüttelt werden! Daher ihn vor Neugierigen schützen, die alles mit den Händen „anschauen" wollen.

Manche Lepidopterologen, die Wert auf besonders gute Erhaltung des Materials legen, fangen kleine Schmetterlinge lebend in Glasröhrchen, wobei in jedes Röhrchen nur ein Falter kommt, und betäuben und nadeln sie erst am nächsten Morgen, wenn das Tageslicht für diese Arbeit ausreicht und genug Zeit für diese sorgfältige Arbeit bleibt.

Manche spannen sie dann gleich. Zum Betäuben kann man dabei Essigäther oder Ammoniak nehmen.

Als Tötungs- und Betäubungsmittel in **Lichtfallen** sind die genannten Mittel unbrauchbar. Zyankali ist viel zu gefährlich, als dass man es im Freien unbeaufsichtigt herumliegen lassen dürfte, und Essigäther verdunstet zu schnell, wenn der Behälter oben offen ist. Wenn die Essigätherdämpfe nicht konzentriert genug sind, töten sie nicht. Die Tiere zappeln dann aber besonders stark herum und beschädigen sich dabei in unzumutbarem Ausmaß. Für den Einsatz in Lichtfallen sei hingegen Trichloräthylen empfohlen, von dem man eine gefüllte Phiole in den Sammelbehälter stellt. Diese Dämpfe sind schwerer als die Luft und sammeln sich am Boden des Gefäßes, und die Tiere werden nicht beunruhigt, sondern sie schlafen allmählich ein. Man kann ebenso Tetrachlorkohlenstoff oder Chloroform verwenden, aber Trichloräthylen in technischer Qualität ist billiger und leichter zu bekommen. Alle diese Flüssigkeiten sind giftig, und es sind die gesetzlichen Vorschriften beim Erwerb und bei der Verwendung zu beachten.

Häufig werden noch andere Tötungsmittel empfohlen, vor allem verschiedene synthetische Insektizide unter verschiedenen Markennamen. Sie mögen wirksam sein. Ich würde dringend von der Verwendung hochgiftiger geruchloser Chemikalien abraten. Man kann sich damit nämlich selbst erheblich vergiften, wenn man etwas achtlos damit umgeht und nicht durch den Geruch gewarnt wird (wenn man z. B. auf einer Exkursion den Behälter beim Schlafen im Zelt neben dem Kopf stehen hat).

Flüssiges trocknen und Trockenes aufweichen

Aus getrockneten Insekten kann man Flüssigkeitspräparate meist ohne Probleme machen, indem man sie in Alkohol legt und so lange wartet, bis sie weich genug sind. Es sei denn, die weichen Strukturen, die man untersuchen will, sind schon total vertrocknet; für diesen Fall wird eine 0,5 %ige Lösung von Natrium-Orthophosphat empfohlen, in die man das Tier für einige Stunden (nach Erfahrung) einlegt. Man kann kutikuläre Strukturen auch durch Mazeration in Lauge wieder herauspräparieren (siehe Kap. 8 Genitalpräparate).

Umgekehrt ist das Trocknen schwerer, wenn man Insekten, z. B. in Form von Originalausbeuten aus Lichtfallen oder Bodenfallen in Formalin bekommt. Bei harten Käfern und dergleichen kann man die Stücke einfach trocknen oder besser vorher noch in Alkohol oder in Wasser mit Entspannungsmittel waschen. Wenn die Glieder zu steif sind, kann man sie durch Einlegen in Lauge oder Essigsäure weich bekommen; die Dauer und die Konzentrationen muss man vorher ausprobieren, das kann je nach Größe der Tiere und nach der Konservierungsdauer recht verschieden sein. Die Injektion von Ammoniak (= Salmiakgeist) kann hilfreich sein. Man kann sie auch für einige Zeit in die Tiefkühltruhe legen, worauf sie beim Auftauen wieder weich sein können.

Die größten Probleme machen zarthäutige, kleine Insekten und vor allem Schmetterlinge. Lepidopterologen schrecken davor zurück, sich mit Schmetterlingen zu befassen, die in Flüssigkeit schwimmen. Ich habe zwei Methoden vorgeschlagen, wie man solche Schmetterlinge trocknen kann, ohne dass ihr Erhaltungszustand leidet. Da diese Methoden kaum bekannt sind, beschreibe ich sie hier etwas ausführlicher. Selbstverständlich wird der Erhaltungszustand beim Trocknen nicht besser; wenn sie in der Flüssigkeit schon sehr abgerieben sind, bleiben sie das natürlich auch nachher. Wenn sie aber in der Flüssigkeit gut erhalten aussehen, kann man ruhig das Trocknen riskieren. Es ist kein großer Aufwand.

Es sind auch andere Trocknungsmethoden beschrieben worden, z. B. mit Toluol oder mit Gefriertrocknung. Sie sind aber komplizierter und können keinesfalls jederzeit und überall, also insbesondere nicht bei der Freilandarbeit, durchgeführt werden.

Am einfachsten ist Folgendes:

Zuerst nimmt man den Schmetterling aus der Konservierungsflüssigkeit (was es auch sei: Alkohol, Formaldehyd oder anderes) vorsichtig mit einer Pinzette und wirft ihn in gewöhnliches Wasser, dem man eine kleine Menge Entspannungsmittel zugesetzt hat. Man kann dazu jedes beliebige Geschirrwaschmittel verwenden, das man in der Küche findet, aber auch Haarshampoon ist brauchbar. Waschpulver für Wäsche ist ungeeignet, weil es störende Zusätze enthält, die den Schmetterling verderben können. In diesem Waschwasser lässt man den Schmetterling eine Zeitlang liegen, vielleicht eine halbe Stunde oder mehr oder weniger. Man bekommt bald genug Erfahrung, um das genauer abschätzen zu können. Dann nimmt man ihn mit der Pinzette heraus und legt ihn auf eine gut saugende Unterlage, wie ein Tuch oder Papierhandtuch, sodass das Wasser abgesaugt wird. Sobald kein Wasser mehr abtropfen kann, also nach einigen Minuten, nadelt man den Schmetterling auf die übliche Weise und steckt ihn auf eine geeignete Platte. Die Platte stellt man in einen warmen Luftzug, z. B. unter eine Schreibtischlampe oder (am besten) in die Sonne bei leichtem Windzug und halte ihn beim Trocknungsvorgang dauernd unter Beobachtung. Wenn es warm ist und die Sonne scheint, kann man das im Freien machen, und das Trocknen erfolgt sehr schnell. Nun muss man den kritischen Moment abwarten, in dem die „Flügelfransen", d. h. die Außenrandschuppen, zu trocknen beginnen. In diesem Moment nimmt man ihn an der Nadel und bläst ihn vorsichtig an, sodass man sieht, wie die Fransen trocknen und flach wegstehen. Versäumt man diesen Moment, dann kleben diese Schuppen zusammen, und man kann von vorne anfangen. Deshalb empfiehlt es sich, gleichzeitig immer nur eine kleine Zahl von Tieren zu trocknen, damit man den Moment des Trocknens der Randschuppen bei jedem Stück gut erwischt. Beim Anblasen versucht man gleichzeitig auch, die Hinterflügel von den Vorderflügeln zu lösen, d. h. vorsichtig einen Spalt dazwischen hineinzublasen und dabei mit einer Nadel nachzuhelfen. Wenn bei Sonnenschein ein leichter Wind geht, genügt es, den Schmetterling so zu halten, dass einem der Wind diese Arbeit abnimmt. Kurze Zeit später sind auch Abdomen und Thorax trocken, und wenn man gezielt und sorgfältig bläst, kann man auch die in komplizierter Form abstehenden Schuppen z. B. bei Plusien tadellos erhalten. Mit dieser Methode kann man z. B. auch Hummeln trocknen, sodass ihre feinen Haare nicht verkleben, aber in diesem Fall braucht man einen Fön oder einen

Heizlüfter. Nun kann der Falter sofort auf die übliche Weise gespannt werden, denn da ist er im ideal weichen Zustand.

Man kann die Methode auch zum schnellen Aufweichen trockener genadelter Falter verwenden. Das übliche Aufweichen unter der Weichglocke o. Ä. dauert oft lange und ist, vor allem bei großen dickleibigen Sphingiden und Ähnlichen, schwierig. Wirft man einen großen Schwärmer ins Wasser und trocknet man ihn dann, kann man ihn ohne große Probleme schon nach einer Stunde spannen.

Die Methode kann man auch anwenden, wenn es mit den üblichen Tötungsmethoden Probleme gibt, wenn man z. B. an einen unverhofft reichen Schmetterlingsanflug gerät und weder Giftglas noch Steckschachtel, wohl aber Alkohol zur Hand hat. Man tötet dann die Schmetterlinge durch Einwerfen in den Alkohol, und trockne und spanne sie bei Gelegenheit. Das hat sich in den Tropen bewährt, wo trockene Insekten durch die allgegenwärtigen Ameisen bedroht sind. Man kann sie dann in Alkohol töten und transportieren und später an einem sicheren Ort trocknen und spannen. Beim Transport muss man sorgfältig darauf achten, dass nicht zu viele Stücke in einem Behälter sind und dass der Behälter mit Flüssigkeit ganz aufgefüllt ist, sonst gibt es Transportschäden.

Altgediente Lepidopterologen begegnen dieser Methode erfahrungsgemäß mit Skepsis. Ich kann jedem nur raten, sie einmal an wertlosem Material auszuprobieren, damit er sich selber überzeugen kann, wie gut sie funktioniert.

Die beschriebene Methode eignet sich sehr gut für größere Schmetterlinge mit starken Flügeln, wie Sphingiden, „Spinnern“, Noctuiden und dergleichen. Für Tiere mit zarten Flügeln, z. B. vielen Geometriden, ist sie nicht so günstig. Es passiert immer wieder, dass deren Flügel beim Trocknen verkrümmen. Dann muss man evtl. schon beim Trocknungsvorgang eingreifen und sie sofort aufs Spannbrett bringen. Vielleicht findet jemand eine Verbesserung der Methode für diese zarten Tiere. Beim Trocknen mit dieser Methode kommt es gelegentlich vor, dass einzelne Tiere verölen, d. h., dass sich Fett aus ihren Körpern herauslöst und die Flügel überzieht. Das kommt auch beim normalen trockenen Konservieren öfters vor. Man kann solche Tiere auf die übliche Weise, z. B. durch Einlegen in Wundbenzin und anschließendes Trocknen in Meerschaumpulver, wie in früheren Zeiten öfter empfohlen, entfetten. Meerschaumpulver dürfte aber heute kaum mehr erhältlich sein. Man erkundige sich nach anderem verwendbaren Material oder mache selbst Versuche.

Für ausgesprochen kleine und zarte Tiere ist diese Trocknungsmethode kaum brauchbar, höchstens bei Aufwendung von sehr viel Geduld und Geschicklichkeit. Für kleine Schmetterlinge steht aber eine andere Methode zur Verfügung, die zwar eher mühsam ist, aber gut funktioniert. In einer kleinen Schale mit entsprechend hoher Wand macht man aus Plastilin, das man in Spielwarengeschäften bekommt, ein winziges „Spannbrett“. Der kleine Schmetterling wird in der Flüssigkeit, in der er schwimmt, mit einem Minutienstift genadelt; die Schale mit dem Plastilinspannbrett wird so hoch mit Azeton gefüllt, dass dessen Oberfläche einige Millimeter hoch bedeckt ist (Abb. 7.1). Dann wird der Schmetterling mit dem Minutienstift in tropfnassem Zustand in die Furche gesteckt und unter dauernder Azetonbedeckung auf die übliche Weise mit Papierstreifen und

Abb. 7.1 Kleines Spannbrett aus Plastilin unter Azeton (siehe Text)

Nadeln gespannt. Sobald er gespannt ist, wird das Azeton vorsichtig abgegossen, und das Ganze wird zum Trocknen gestellt. Für das schöne Ausbreiten der Randschuppen muss man während des Spannens sorgen. Der kleine Schmetterling ist schon nach etwa einer halben Stunde trocken und kann dann sofort abgenommen werden. Dabei ist Vorsicht geboten, denn die Flügel kleben am Plastilin fest und müssen vorsichtig mit einer daruntergeschobenen Nadel gelockert werden.

Die Methode funktioniert, aber sie ist mühsam und könnte noch verbessert werden. Vor allem sollte man ein besseres Material statt Plastilin für das „Spannbrett" herausfinden. Das ist mir nicht gelungen. Es muss weich sein und darf keine Poren haben, in die die Flüssigkeit eindringen könnte. Wenn das geschieht, funktioniert nämlich das rasche Trocknen nicht, das Papier verzieht sich usw. Außerdem müsste das Material resistent gegen Azeton sein. Ich habe auch versucht, statt Azeton Äthylalkohol zu nehmen, aber der trocknet viel zu langsam, und so besteht die Gefahr, dass sich die Papierstreifen verziehen und die Flügel verrutschen.

Präparieren von Trockensammlungen

Dieses Buch hat nicht den Zweck, alle bekannten Präparationsmethoden zu erläutern, denn dafür gibt es genug andere Beschreibungen, die jeder halbwegs erfahrene Insektensammler kennt. Manche grundlegenden Dinge sind aber vor allem vielen Universitätsleuten unbekannt, denn technische Anweisungen werden dort normalerweise nicht gelehrt, und wer sie nicht durchs Hörensagen mitbekommt, erfährt nie davon.

Zum Nadeln eines Insekts nimmt man nicht irgendwelche Stecknadeln, sondern Insektennadeln, die ungefähr 40 mm lang und sehr spitz sind und aus einem besonderen Material bestehen. Sie werden in verschiedenen Stärken angeboten. Eine gute Universalstärke ist Nummer 2. Sehr feine Nadeln (also dünner als Nummer 0) sollte man lieber vermeiden, denn sie verbiegen sich beim Einstecken in zu harte Unterlagen, sodass das Präparat beschädigt wird. Im Zweifel nehme man lieber eine stärkere Nadel.

Die Nadel wird von oben durch den Thorax des Insekts gestochen, und zwar genau senkrecht (Abb. 7.2, 7.3). Schmetterlinge nadelt man genau durch die Mitte des Thorax, Käfer und Wanzen durch das erste Drittel der rechten Flügeldecke (d. h. des Vorderflügels). Für andere Insekten gibt es besondere Empfehlungen; man frage einen erfahrenen Spezialisten. Große Neuropteren, Fliegen, usw. nadle man durch den Thorax, aber möglichst nicht genau in der Mitte, sondern etwas daneben, damit man nicht allfällige Merkmale zerstört, die unpaar in der Mitte liegen. Das gilt auch für andere Insekten, aber vor der Anlage einer Sammlung informiere man sich in einem Museum oder bei einem erfahrenen Sammler, wie das im konkreten Fall gemacht werden soll. Große Heuschrecken hat man früher ausgestopft, damit sie nicht faulen. Details sind beim Spezialisten zu erfragen. Heute gibt es bessere Methoden, z. B. das Härten mit Chemikalien. Libellen kann man in durchsichtigen Papiersäckchen sammeln, die man in Karteiform aufbewahrt; das Nadeln erübrigt sich dann. Das genadelte Insekt muss an der Nadel in ziemlich genau 2/3 ihrer Höhe sitzen! In vielen Universitätsinstituten wird immer wieder der Fehler gemacht, die Insekten in der unteren Hälfte der Nadel zu belassen. Das ist schlecht, denn erstens werden sie dann beim Hantieren leichter beschädigt, und zweitens bleibt kein Platz für die Etiketten.

Abb. 7.2 Beispiel für genadelte Insekten

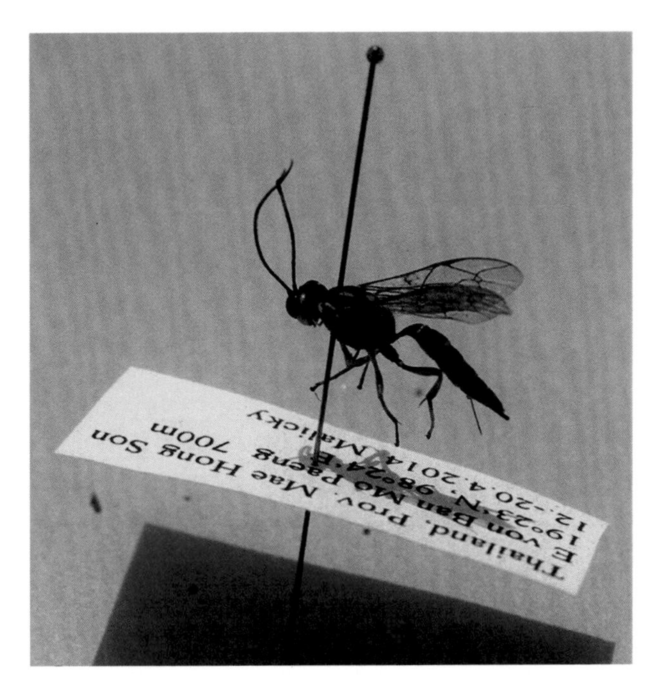

Abb. 7.3 Beispiel für genadelte Insekten

Schmetterlinge werden auf sogenannten Spannbrettern so aufgespannt, dass die Flügel flach aufgebreitet werden und dass die Hinterränder der Vorderflügel eine gerade Linie bilden und die Vorderkante des Hinterflügels leicht unter den Vorderflügel geschoben wird (Abb. 7.1). Das Spannen ist eine zeitraubende und mühsame Arbeit und sicher nicht immer nötig, aber bei den Lepidopterologen Tradition. Das Festhalten der Flügel auf dem Spannbrett erfolgt durch Papierstreifen, die mit Stecknadeln (am besten mit sehr spitzen, kurzen Glaskopf-Stecknadeln) festgesteckt werden. Die Spannbretter sind üblicherweise aus Weichholz und ziemlich teuer; man kann sich aber auch welche selber leicht aus EPS-Platten („Styropor", „Porozell" und andere Markennamen) herstellen, in die man mit einem scharfen Messer oder Skalpell eine Furche einschneidet. Sie sind zwar nicht sehr haltbar, aber genauso zweckentsprechend. Das Trocknen auf dem Spannbrett erfordert längere Zeit. Bei trockener Luft und hoher Raumtemperatur können die Schmetterlinge schon nach einigen Tagen trocken sein, andernfalls muss man mehrere Wochen warten. Ausgenommen jene, die nach der oben beschriebenen Methode aus Flüssigkeit genommen und getrocknet wurden; deren Weichteile sind durch die Flüssigkeit derart denaturiert, dass sie wesentlich schneller trocknen. Aufbewahrung an einem warmen, trockenen Ort beschleunigt das Trocknen in jedem Fall.

Was zu klein ist, sollte man auf Minutienstifte nadeln. Das sind sehr feine, kurze Nadeln ohne Kopf, die man mit einer starken Pinzette anfassen muss. Das auf ihnen

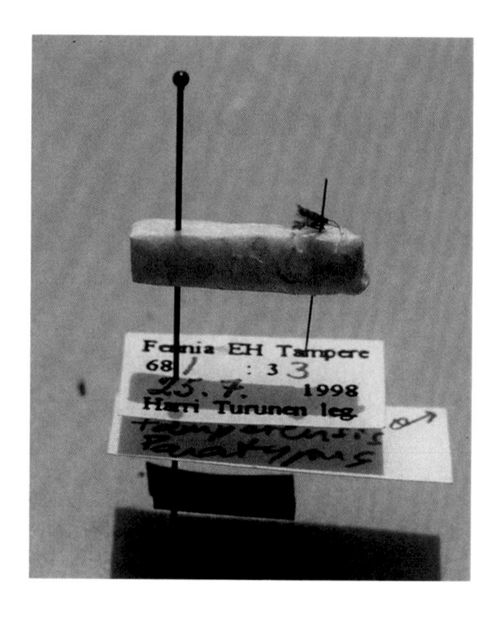

Abb. 7.4 Beispiel für ein kleines, auf Klötzchen genadeltes Insekt

genadelte Insekt wird mit ihrer Hilfe auf einen kleinen, länglichen Klotz aus weichem Material gesteckt, und dieses Klötzchen seinerseits wird mit einer Insektennadel Nr. 2 genadelt (Abb. 7.4). Diese kleinen Klötze aus verschiedenem Material kann man fertig kaufen. Sie bestehen aus irgendwelchen Kunststoffen. Man vermeide Holundermark oder Birkenschwämme, die früher empfohlen wurden; sie sind zu weich und zerbrechlich.

Viele Entomologen, z. B. Koleopterologen, bevorzugen das Aufkleben von Insekten statt des Nadelns. Es ist zweifellos schonender. Dabei wird das Tier auf ein weißes rechteckiges oder dreieckiges Kartonplättchen geklebt, und die Beine, Fühler und Flügel werden nach Wunsch ausgerichtet. Das Plättchen wird in 2/3 der Nadelhöhe fixiert. Die genannten Kartonplättchen kann man fertig kaufen, sie existieren in mehreren Größen. Man kann sie aber auch selber zuschneiden. Zum Kleben verwende man einen wasserlöslichen Klebstoff und keinesfalls Superkleber. Das Angebot an Klebstoffen ist verschieden; man erkundige sich bei erfahrenen Sammlern oder Kustoden. Wasserlöslich muss der Leim sein, damit man das Tier, wenn notwendig, wieder ablösen kann, um Merkmale an seiner Unterseite zu betrachten.

Genadelte Nicht-Schmetterlinge (große Käfer, Heuschrecken usw.) steckt man im weichen Zustand auf eine weiche Platte (EPS-Schaum!), sodass das Tier auf ihr aufsitzt, richtet die Anhänge nach Wunsch aus und fixiert sie bis zum Trocknen mit Nadeln.

Vorläufiges Versorgen von frisch gesammeltem Material

Auch dafür gibt es viele Methoden, und jeder erfahrene Sammler hat seine kleinen Geheimnisse und Tricks, wie er frisches Material möglichst lange in gutem, präparierfähigem Zustand erhält.

Trocken getötete Insekten kann man sofort nadeln und in robusten Steckschachteln transportieren (Für den Transport und Versand keinesfalls Steckschachteln mit Glasdeckel verwenden!). Über den Transport in Flüssigkeit wurde schon gesprochen. Man kann frische Insekten, wenn man sie präparierweich erhalten will, in gut schließenden Dosen bei dosierter Feuchtigkeit halten, z. B. Käfer u. Ä. in Sägespänen oder Papierschnitzeln mit geringen Mengen Essigäther; Schmetterlinge in kleinen Papiersäckchen und irgendwelchen frischen Blättern dazwischen; dafür werden z. B. Efeublätter empfohlen (warum, weiß ich nicht); dazu aber Chemikalien, die das Schimmeln und Faulen verhindern, z. B. Globol (= Paradichlorbenzol) u. Ä. Auch hier empfiehlt sich eine genaue Erkundigung bei erfahrenen Leuten. Eine allgemein verwendete Methode ist, die Insekten in kleine Papiersäckchen flach einzulegen (Schmetterlinge mit nach oben zusammengeklappten Flügeln), sie so zu trocknen und die Säckchen trocken zu transportieren. Dabei ist guter Schutz gegen Bruch in Form einer festen Schachtel oder Dose notwendig. Die Säckchen bestehen meist aus transparentem Papier (Pergamin), aber man kann genausogut zusammengefaltetes Zeitungspapier nehmen. Keine Plastiksäckchen! Darin kann alles verschimmeln.

Dringend zu warnen ist vor der Verwendung von ***Watte*** für zarte und zerbrechliche Insekten! Das ist die beste Methode, Köcherfliegen, langbeinige Mücken und dergleichen völlig zu zertrümmern! Die zähen Wattefäden schlingen sich um die zarten Fühler und Beine wie ein Stahlseil um menschliche Gliedmaßen und zerbrechen alles in kleine Stücke. Ich bekomme immer wieder hoffnungslose Trümmerhaufen von Insekten, die in Watte verpackt waren (Abb. 7.5). Für große, robuste Insekten mit kurzen Fühlern und Beinen mag die Verpackung in Watte günstig sein, aber im Zweifelsfall lieber nicht. Stattdessen kann man solche zarten Tiere aber sehr wohl zwischen Lagen von weichem Papier, wie Papierservietten und dergleichen einlegen und unter sanftem Druck (um Herumkollern zu verhindern) in flachen Schachteln transportieren. Zur Not kann man auch Zeitungspapier verwenden.

Bei Schmetterlingen, die im Freiland genadelt oder getütet und dann trocken transportiert werden, hat es sich sehr bewährt, ihnen im frisch toten Zustand mit einer sehr feinen Injektionsnadel eine kleine Menge Ammoniaklösung (Salmiakgeist) zu injizieren. Dies mazeriert die Gewebe etwas, und beim Aufweichen hat man viel weniger Mühe.

Für das Fernhalten von Sammlungsschädlingen während des Transports, aber auch in der Sammlung selbst, verwendet man üblicherweise Paradichlorbenzol („Globol", Mottenkugeln), erhältlich in Drogerien, oder Mirbanöl (Nitrobenzol), das aber, weil es flüssig ist, umständlicher zu handhaben ist. Beide Stoffe sind stark giftig und dürfen nicht in Wohnräumen verwendet werden. Verschiedene Insektizide werden ebenfalls verwendet, sind aber auch giftig, wenn sie wirklich wirksam sind. Man hüte sich vor geruchlosen Giften. Naphthalin ist übrigens gegen Sammlungsschädlinge wirkungslos, ebenso wie viele wohlriechenden Stoffe wie Lavendel und dergleichen. Gut schließende Schachteln bieten viel besseren Schutz vor Schädlinge als schlecht schließende, sind

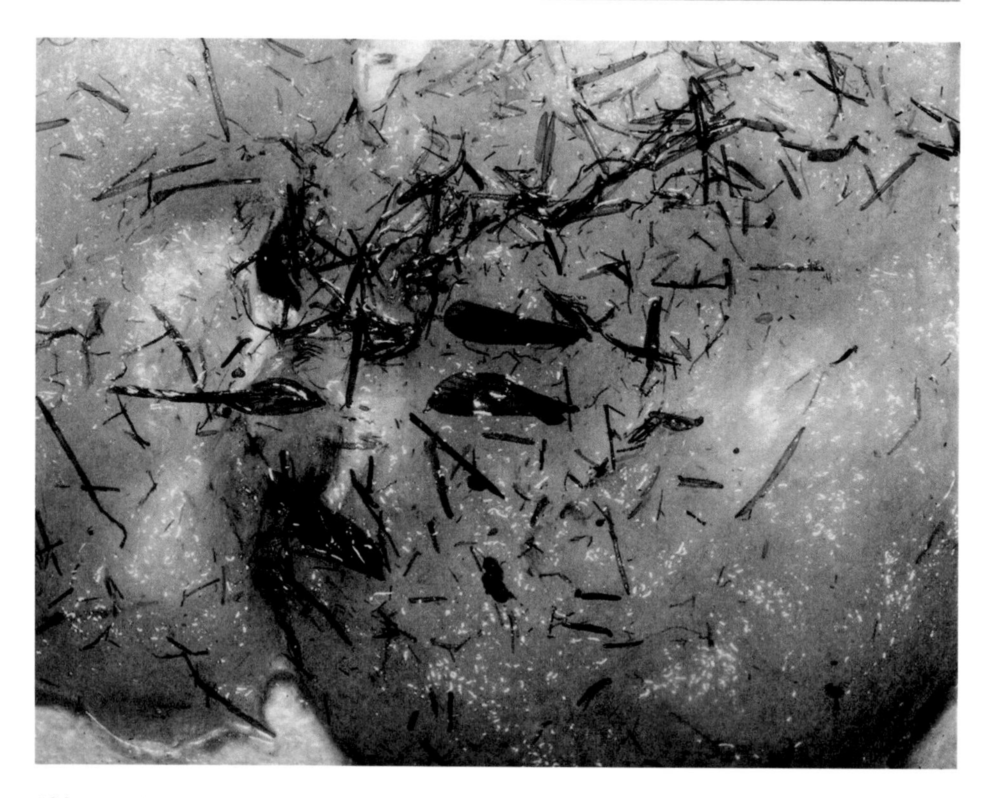

Abb. 7.5 So sieht eine Ausbeute aus, wenn sie auf lockerer Watte transportiert wird

aber auch nicht unfehlbar. Staubläuse kommen unter Umständen trotzdem hinein, und ein Anthrenus muss nicht unbedingt durch die Ritzen kriechen, denn man kann ihn mit befallenen Exemplaren einschleppen.

Literatur

Adam H, Czihak G (1964) Arbeitsmethoden der makroskopischen und mikroskopischen Anatomie. Gustav Fischer, Stuttgart

8 Präparate anfertigen und zeichnen

Einige Methoden der Präparation von Material sind für die taxonomische Arbeit mit Insekten grundlegend wichtig und sollen daher etwas ausführlicher besprochen werden. Es geht dabei vor allem um die sogenannten Genitalpräparate; mit denselben Methoden können natürlich auch andere sklerotisierte Strukturen des Insektenkörpers (z. B. Tentorium) präpariert werden.

Der Ausdruck „Genitalpräparat" ist nicht ganz zutreffend. Präpariert werden die verschiedenen kutikulären Strukturen des Hinterleibsendes, die verschiedene Funktionen bei der Kopula haben: Das sind vor allem verschiedene symmetrische Teile (Valven usw.), die das richtige „Andocken" des Männchens bei der Kopula gewährleisten, und vielerlei Haken und Klammern, die die beiden Tiere während der Paarung zusammenhalten, und der Phallus, der für die Spermaübertragung sorgt. Dazu kommen fallweise Stridulationsorgane, Ausführungsgänge von Drüsen und dergleichen. Bei den Weibchen sind es die entsprechenden Strukturen, die zu jenen des Männchens passen. Man spricht daher besser von Kopulationsarmaturen, denn die eigentlichen Genitalorgane (Ovarien, Testes, diverse Verbindungsschläuche, Receptacula und Drüsen) werden bei diesen Methoden ja nicht untersucht (im Gegensatz z. B. zu den Mollusken, wo ganz andere Präparationsmethoden nötig sind), denn die meisten von diesen eigentlichen Genitalorganen lösen sich bei der Mazeration auf. Es besteht kein Zweifel, dass die inneren Genitalorgane auch bei den Insekten wichtige taxonomische Merkmale tragen, wie einzelne Untersuchungen gezeigt haben, aber die übliche taxonomische Arbeit beruht traditionell auf den Strukturen der Sklerite, die aus chitinhaltigem Material bestehen, das bei der Mazeration mit Lauge nicht zerstört wird. Chitin ist ein stickstoffhaltiger polymerisierter Zucker, der chemisch recht widerstandsfähig ist.

Erfahrungsgemäß haben viele Entomologen, vor allem Amateure, eine Scheu davor, Genitalpräparate anzufertigen. Es wird z. B. oft vorgebracht, man dürfe die wertvollen Sammlungsstücke nicht zerstören. Dagegen ist zu sagen, dass man in manchen Fällen

H. Malicky, *Vom Handwerk der Entomologie*,
https://doi.org/10.1007/978-3-662-59525-1_8

das Stück gar nicht zerstören muss, wenn man ein bestimmtes Merkmal sichtbar machen will, das man für die Bestimmung braucht. Beispielsweise kann man bei männlichen Schmetterlingen oder Käfern, so lange sie noch weich sind, die betreffenden Teile mithilfe einer spitzen Pinzette herausziehen und so ausrichten, dass sie in geöffnetem und leicht sichtbarem Zustand erhärten; bei der späteren Betrachtung wird es dann vielleicht nur mehr nötig sein, einige Schuppen mit einer feinen Pinzette zu entfernen, und man spart sich das Mazerieren eines Präparats. Ebenso kann man bei Käfern, Hymenopteren und anderen Insekten, wo das notwendig werden könnte, mit feinen, zu Haken gebogenen Nadeln die Strukturen vorsichtig aus dem Abdomen hervorziehen und sie eventuell abschneiden und auf ein separates Kartonplättchen aufkleben.

Ein anderer häufiger Einwand ist die Befürchtung, das Präparat würde zu viel Mühe und Zeit kosten, und man habe nicht die notwendigen Geräte und Chemikalien. Hier ist ein klares Wort angebracht: Wenn man zum Bestimmen ein Merkmal sehen muss und es nicht sieht, dann kann man das Tier eben nicht bestimmen. Es hat keinen Sinn, herumzuraten und herumzuprobieren. Manche Entomologen neigen dazu, Schmetterlinge und Käfer nach vagen Merkmalen der Färbung und der Flügelzeichnung, gewissermaßen mit dem „Götterblick" zu bestimmen, statt die guten Merkmale durch eine Präparation sichtbar zu machen. Man muss sich klar entscheiden: Entweder man arbeitet ordentlich oder man verzichtet auf die Bestimmung und womöglich Publikation eines fragwürdigen Ergebnisses.

Folgende Geräte braucht man für die Herstellung von „Genitalpräparaten" (Abb. 8.1):

- Zwei Präpariernadeln. Man kann solche selber herstellen, indem man einen Bleistift oder ein ähnliches Holzstäbchen etwa 1–2 cm tief in der Mitte anbohrt und dort eine Nähnadel oder Stecknadel hineinklebt.
- Zwei sehr feine, spitze Nadeln, die auf gleiche Weise in einen Griff eingelassen sind. In diesem Fall nimmt man keine Nähnadeln, sondern dünne Insektennadeln oder Minutienstifte und überzeuge sich unter dem Mikroskop davon, dass die Spitze noch intakt ist.
- Eine feine, spitze Pinzette, die unter dem Namen „Wironit-Pinzette" in Geschäften erhältlich ist, die zahnärztliche Geräte verkaufen.
- Eine weiche, breite Federpinzette.
- Eine feine Schere. Zur Not tut es eine Nagelschere, aber wer etwas mehr Geld ausgeben kann, dem sei eine Augenschere empfohlen, die nach dem Prinzip einer elastischen Pinzette arbeitet und keine Schlaufen für die Finger hat.
- Mehrere Blockschälchen.
- Ein Fläschchen mit ungefähr 5–10 %iger Kali- oder Natronlauge, die durch Auflösen von KOH oder NaOH in destilliertem Wasser hergestellt wird. Die Flasche soll nicht tropfen und mit einem Gummistoppel verschlossen werden. Korkstopfen werden von der Lauge zerstört, und Glasstopfen verkleben, sodass man sie bald nicht mehr öffnen kann. Die Lauge ist vorsichtig zu handhaben, da sie Löcher in Kleider, Papier und Tischplatten machen kann. Daher soll die Flasche immer in einem passenden Schälchen stehen und nicht woanders abgestellt werden.

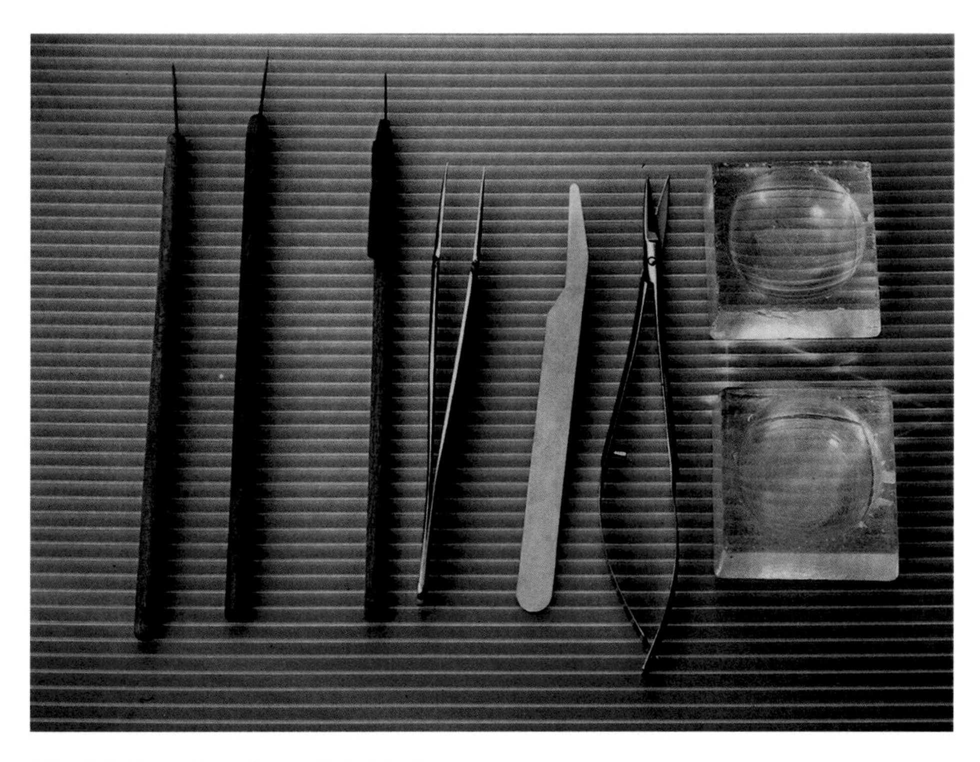

Abb. 8.1 Präparierwerkzeug (siehe Text)

- Ein Fläschchen mit Waschwasser, d. h. destilliertem Wasser oder Regenwasser mit Zusatz von einigen Tropfen Entspannungsmittel (Geschirrwaschmittel). Wenn Letzteres fehlt, hat man Mühe beim Präparieren, da die Präparate teilweise wasserabstoßend sind und auf der Oberfläche schwimmen. Kalkhaltiges Wasser ist ungünstig, weil mit den Resten der Lauge ein störender Kalküberzug auf dem Präparat entstehen kann, der schwierig zu entfernen ist.
- Eine Wärmeplatte. Diese Platte kann man, ebenso wie die anderen genannten Geräte, in Geschäften für medizinische Geräte kaufen. Wärmeplatten sind manchmal sehr teuer. Normalerweise dienen sie zum Strecken von mikroskopischen Paraffinschnitten und haben daher eine einstellbare Temperaturregelung. Die Wärmeplatte wird man besser mit einem Stück dünnen Kartons bedecken, damit sie von allfällig überlaufender Lauge nicht beschädigt wird. Wem eine Wärmeplatte zu teuer ist, kann stattdessen ein umgedrehtes Bügeleisen verwenden, es in ein passendes Gestell stellen, sodass die Platte horizontal nach oben gerichtet ist. Moderne Bügeleisen kann man auf ziemlich niedrige Temperaturen einstellen. Ich verwende eine Wärmeplatte, wie sie in der Gastronomie üblich ist und die man auf sehr niedrige Temperatur einstellen kann. Da sie aber keinen Regler eingebaut hat und man die Temperatur nur durch die Stromzufuhr einstellen kann, muss man während des Mazerierens dauernd

aufpassen, dass das Ganze nicht zu heiß wird. Das ist ein Nachteil, aber solche Platten sind sehr billig. Ich gehe so vor, dass ich die Platte mit einer hellen Keramik-Kachel bedecke und die Blockschälchen mit der Lauge daraufstelle. Zum Erhitzen schalte ich den Strom nur ganz kurz ein (bis das – sofern vorhanden – Warnlämpchen aufleuchtet), schalte dann sofort ab und wiederhole, falls nötig, den Vorgang nach einer Weile. Dann kann nichts passieren.
- Ein gutes Stereomikroskop („Binokel") (Abb. 8.2).

Zum Mazerieren trenne man jenen Teil des Insekts ab, den man untersuchen will. Für ein Genitalpräparat also das Ende des Abdomens; die Länge des Stücks wählt man nach Erfahrung, sodass man die ins Innere zurückgezogenen Strukturen nicht abschneidet, andrerseits aber auch nicht zu viel abtrennt. Das Abschneiden von einem flüssig konservierten Insekt macht keine Probleme, wohl aber von einem trocken präparierten. Ein solches kann man entweder durch Verbringen in feuchte Luft (Weichglocke) oder durch Aufträufeln kleiner Tropfen von Alkohol aufweichen, aber das Abschneiden ist bei trockenen Tieren immer mühsam und zeitraubend, und trotz aller Vorsicht kann immer

Abb. 8.2 Anordnung von Binokularmikroskop beim Präparieren

wieder etwas abbrechen. Bei sehr kleinen Tieren empfiehlt es sich, wenn möglich das ganze Tier zu mazerieren und erst danach die gewünschten Teile hervorzuziehen und abzutrennen. Das Abtrennen ist jedenfalls unter dem Mikroskop vorzunehmen.

Das abgetrennte Stück legt man mit der Pinzette in ein Blockschälchen und füllt dieses bis fast an den Rand mit Lauge. Wenn das Präparat trocken war, dann befeuchtet man es vor dem Einlegen in die Lauge mit einem Tropfen Alkohol, sonst kann die Lauge wegen der Oberflächenspannung nicht angreifen. Das Blockschälchen stellt man auf die Wärmeplatte, bedeckt es mit einer kleinen Glasplatte und lässt es stehen, bis das Präparat genügend mazeriert ist. Zum Mazerieren stellt man ungefähr 80–90 °C ein, möglichst nicht über 100 °C. Bei alkoholkonservierten Tieren dauert das Mazerieren bei 80 °C ungefähr 10–20 min oder auch deutlich länger, je nach Größe. Wenn das Tier vorher in Formaldehyd oder anderen Konservierungsmitteln war, kann es viel länger dauern. Man kann das Präparat auch bei Zimmertemperatur über Nacht oder mehrere Tage stehen lassen. Die notwendige Dauer lernt man durch Erfahrung. Man muss nicht übertrieben ängstlich sein; auch wenn das Präparat mehrere Stunden in warmer Lauge liegt, passiert nicht viel. Bei höheren Temperaturen allerdings, vor allem, wenn die Lauge kocht, kann es aber sehr schnell zerstört werden.

Sobald das Präparat weich genug ist, nimmt man das Blockschälchen von der Wärmeplatte (Abb. 8.3), stellt es in eine kleine Schale (damit allfällig verschüttete Lauge kein Unheil am Mikroskop anrichten kann), stellt dieses unter das Stereomikroskop und präpariert es grob, d. h., man drückt mit den stumpfen Präpariernadeln den breiigen Inhalt aus dem Präparat heraus und entfernt die gröbsten überflüssigen Häute, Tracheen usw. mit einer spitzen Pinzette. Dann nimmt man das Präparat mit den Präpariernadeln auf und überträgt es in ein unmittelbar daneben stehendes anderes Blockschälchen mit

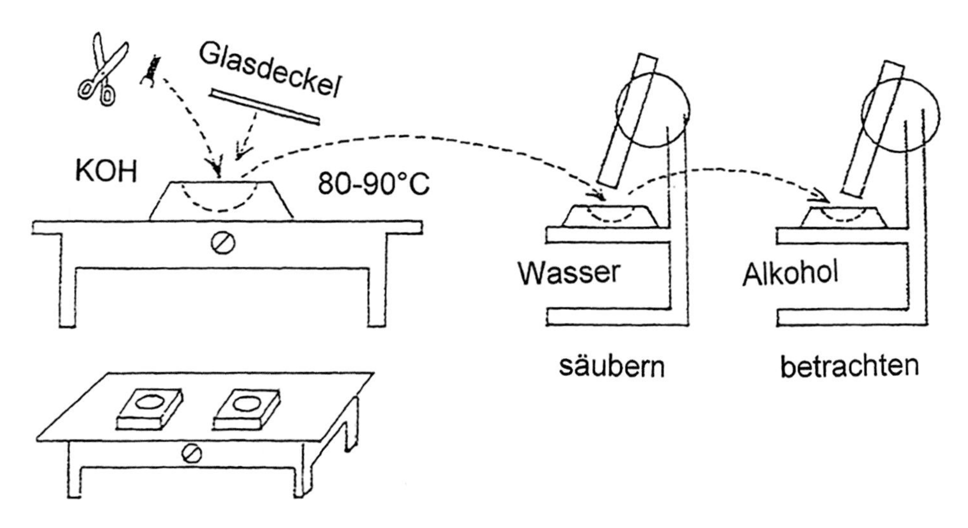

Abb. 8.3 Schema des Mazerierungsvorgangs (siehe Text)

Waschwasser, wo es einige Minuten bleibt und dann fertig präpariert und gesäubert wird. Falls das Präparat sehr klein und hell ist und seine Strukturen schlecht sichtbar sind, kann man es durch kurzes Einlegen in eine wäßrige Lösung von Merkurochrom (in Apotheken erhältlich) rot färben. Wenn es dabei überfärbt sein sollte, wird es durch weiteres Liegenlassen in Wasser wieder heller.

Im Prinzip ist das Präparat dann fertig und kann untersucht werden. Wenn das Insekt in einer Phiole in Flüssigkeit aufbewahrt wird, dann kann man das Präparat dazu tun und spart sich weitere Arbeit. Es empfiehlt sich in diesem Fall, auf dem Deckel des Gläschens ein Zeichen anzubringen, dass hier ein Präparat frei herumschwimmt, sonst besteht die Gefahr, dass man es beim nächsten Öffnen übersieht und verliert. Ich mache in meiner Sammlung immer einen roten Punkt auf dem Deckel, wenn ein Stück abgetrennt in dem Glas schwimmt.

Viele Kollegen bewahren das abgetrennte Präparat in einem eigenen, winzig kleinen Gläschen auf, das seinerseits in dem Sammlungsglas liegt, in dem sich der Rest des Tieres befindet. Das soll verhindern, dass das kleine, schlecht sichtbare Präparat verloren geht. Das ist gut gemeint, aber ich empfehle diese Methode nicht, weil es ausgesprochen mühsam ist, ein solches Präparat aus dem winzigen Gläschen herauszukitzeln. Erfahrungsgemäß wird es bei jeder solchen Hantierung beschädigt, ganz abgesehen davon, dass auch das Insekt selbst durch das herumschwimmende Gläschen beschädigt werden kann, wenn das Sammlungsglas heftig geschüttelt werden sollte.

In vielen Anleitungen wird empfohlen, das abgeschnittene Präparat in eine Eprouvette mit Lauge zu tun und diese auf einer kleinen Flamme (z. B. Spiritusbrenner) zu kochen. Davon möchte ich dringend abraten. Kochende Lauge kann infolge des Siedeverzuges plötzlich Dampfblasen entwickeln und die Flüssigkeit mitsamt dem Präparat explosionsartig hinausschleudern, wobei dieses verloren gehen kann. Außerdem besteht die Gefahr, dass man zu lange kocht und das Präparat zu stark zersetzt wird, ganz abgesehen von der mühsamen Arbeit, das Präparat nachher aus der engen Eprouvette wieder herauszufischen. Darüber hinaus ist das Kochen, wenn man bei routinemäßigem Arbeiten immer wieder mazerieren muss, viel zeitraubender, denn man muss es dauernd unter Kontrolle halten. Wenn man mehrere Präparate machen will, stellt man die Blockschälchen nebeneinander auf die Wärmeplatte und hat damit keine andere Arbeit als das unmittelbare Präparieren; so kann man in wenigen Stunden hunderte Präparate mazerieren, was beim Kochen in Eprouvetten viel länger dauert. Man kann die Eprouvetten in ein Wasserbad stellen und vermeidet damit die Gefahr des Herausspritzens durch Überhitzung. Dabei kann man allerdings nicht mit Blockschälchen arbeiten.

Nochmals möchte ich besonders betonen, dass das Mazerieren eines Präparats einzig und allein den Zweck hat, die Merkmale deutlich sichtbar zu machen. Das heißt, man muss so lange mazerieren, bis die Strukturen auch wirklich klar sichtbar sind. Es hat keinen Zweck, das Präparat pro forma eine Zeitlang in Lauge liegen zu lassen, wenn man nachher auch nicht viel mehr sieht als vorher. Das ist ein Fehler, der sehr häufig vorkommt. Oft werde ich um Bestimmung oder Kontrolle von Präparaten ersucht, die ganz einfach nicht genug mazeriert worden sind.

Es gibt andere Mazerationsverfahren mit anderen Chemikalien, z. B. Milchsäure. Ich habe damit keine Erfahrung.

Zeichnen und Aufbewahren von Genitalpräparaten

Kopulationsarmaturen und ähnliche Strukturen von Insekten sind dreidimensionale, oft sehr komplizierte Gebilde. Sie sollen also so abgebildet werden, dass man möglichst viele Details davon, und zwar möglichst unverzerrt sieht. Das erfolgt üblicherweise durch getrennte Ansichten lateral, dorsal und ventral, bei Bedarf auch in weiteren Ansichten z. B. kaudal, Aufsicht auf einzelne Strukturen usw. In Publikationen über viele Insektengruppen ist das seit Langem selbstverständlich, wie die üblichen Abbildungen (Abb. 8.4) als Beispiele zeigen. Unter Schmetterlingsleuten hat es sich eingebürgert, die Präparate in einer unnatürlichen Stellung flach zu quetschen und so in ein mikroskopisches Präparat in Kunstharz auf einem Objektträger (womöglich schief) einzuschließen. Dadurch wird das tatsächliche Aussehen der Struktur verzerrt, und aus einem

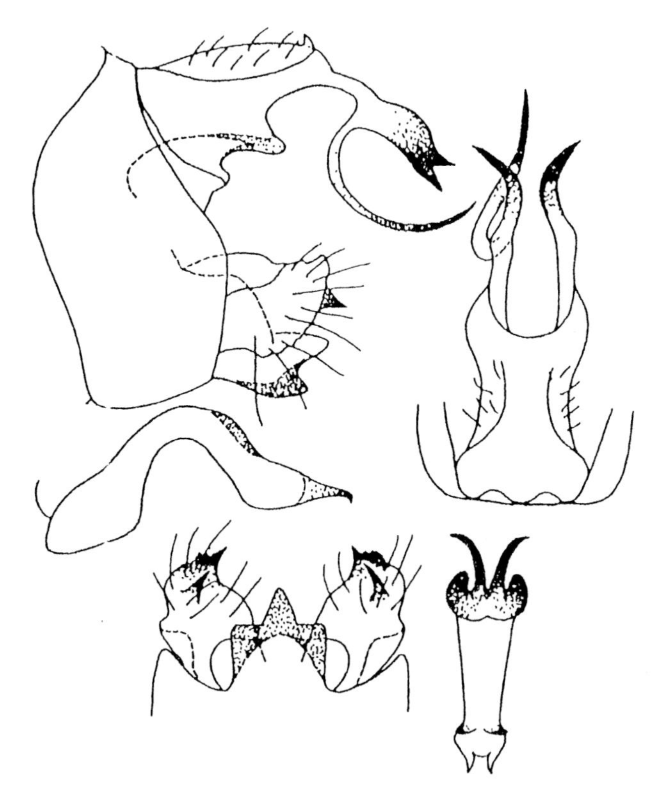

Abb. 8.4 Ein Beispiel für Zeichnungen von dreidimensionalen Strukturen in verschiedenen Ansichten

solchen Dauerpräparat kann man es nach einiger Zeit nicht mehr herauslösen, um die unverzerrte Gestalt zu erkennen. Wird es in Dorsolateralansicht gequetscht, so ist die Lateralansicht endgültig verloren.

Eine Definition der Scholle (gemeint ist der Fisch, der schief dreinschaut): das ist eine Forelle, aus der ein Lepidopterologe ein Genitalpräparat gemacht hat.

Auf diese nicht empfehlenswerte Art der Einbettung sind zahllose Fehlbestimmungen zurückzuführen. Je nachdem, wie stark und wie schief man quetscht, schaut das Präparat immer wieder verschieden aus. Das sind dann die verschiedenen „Arten". Ein sehr großer Teil der nach solchen Quetschpräparaten angefertigten Zeichnungen und Fotografien ist sehr wenig brauchbar. In einem konkreten Fall einer Untersuchung von schwer bestimmbaren Schmetterlingsgruppen, einerseits mit solchen Genitalpräparaten, die von tatsächlichen Kennern beurteilt worden waren, und andrerseits mit DNS-Sequenzen stellte sich heraus, dass die Genitalpräparate bis zu 60 % falsch bestimmt waren. Allein das Einschließen zwischen Objektträger und Deckglas lässt die Betrachtung des Präparats nur von einer Seite her zu. Will man es von einer anderen Seite betrachten, so ist es notwendig, das Einbettungsmittel aufzulösen, das Präparat herauszunehmen, zu versuchen, es in eine halbwegs natürliche Form zu bringen, um seine Strukturen und wichtigen Merkmale zu erkennen. Wenn das Präparat längere Zeit in Harz eingeschlossen war, lässt es sich nicht mehr herauslösen.

Die Präparate soll man vielmehr in ihrer natürlichen Form aufbewahren, entweder zusammen mit dem restlichen Tier in Alkohol, oder in einem separaten kleinen Röhrchen in Glyzerin. Solche Röhrchen können aus Glas sein und einen Gummistopfen haben, durch den man eine Insektennadel sticht, sodass das Präparat in der Trockensammlung verbleibt, oder man kann von einem dünnen Schlauch aus durchsichtigem, weichem PVC (Polyvinylchlorid) ein Stück abschneiden und die beiden Enden mit weichem Paraffin (z. B. aus der Umhüllung von Edamer Käse) verschließen und den Schlauch mit der Nadel durchstechen (Abb. 8.5).

Bei der Betrachtung von Präparaten unter dem Stereomikroskop achte man darauf, dass man gleichzeitig Auflicht und Durchlicht in gut abgestimmtem Verhältnis verwendet. So hat man die beste Sicht auf alle Merkmale. Selbstverständlich müssen solche Präparate grundsätzlich ***in*** der Flüssigkeit betrachtet werden, wobei das Präparat ganz von der Flüssigkeit bedeckt sein muss. Das Betrachten eines nassen Präparats auf einem Objektträger ohne Flüssigkeit ist zwecklos. Dieser Umstand wird immer wieder vergessen und führt zu Misserfolgen.

Auf jeden Fall achte man aber immer auf eine eindeutige Kennzeichnung jedes einzelnen Präparats von dem Moment an, in dem man einen Teil abschneidet, bis zur Fertigstellung. Die Gefahr der Verwechslung von Präparaten ist immer groß. Man kann diesem Punkt ruhig übertriebene Aufmerksamkeit zuwenden. Je mehr Leute an einer Sammlung arbeiten, also z. B. in einem Museum, desto größer ist diese Gefahr. Man überlege in jedem konkreten Fall, was man dagegen tun kann.

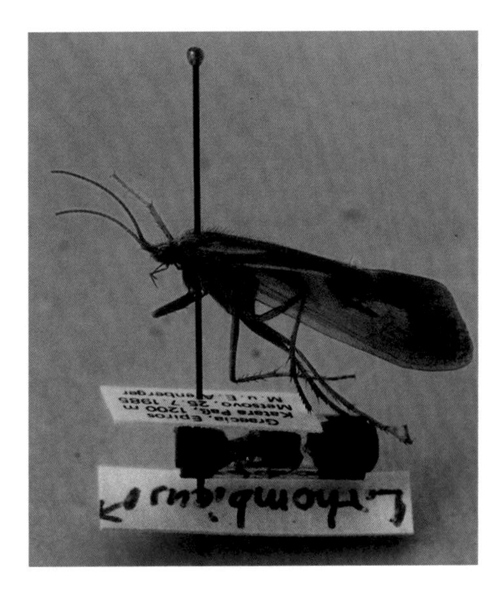

Abb. 8.5 Genitalpräparat in PVC-Schlauch und Glyzerin an der Nadel

Soll man komplizierte Strukturen besser zeichnen oder fotografieren?

Um ein Genitalpräparat für eine Fotografie herzustellen, ist sehr viel mehr Arbeitsaufwand nötig. Da die Kamera alles aufnimmt, was sie sieht, bildet sie auch alle Staubkörner, Luftblasen, Verunreinigungen, Schatten und Falten ab, die nicht dazu gehören. Das heißt, dass für eine Fotografie ein extrem sauberes und sorgfältig gemachtes Präparat vorausgesetzt werden muss. Ein winziges Präparat von allen störenden Fremdkörpern zu befreien ist äußerst mühsam und nicht jedermanns Sache. Zeichnet man das Objekt, dann lässt man einfach alles weg, was nicht dazu gehört und stört. Ist das Objekt sehr kompliziert, kann man einzelne Teile separat herauszeichnen, was die Kamera nicht kann. Aber selbst wenn das Präparieren tadellos gelingt und die Fotografie optimal ist, ist sie bei Weitem nicht so übersichtlich wie die Zeichnung (Abb. 8.6). Wenn auch alle Linien auf der Fotografie scharf abgebildet sind, so sieht man nicht, was weiter oben und was tiefer unten liegt, und es ist schwieriger, sich das Ganze räumlich vorzustellen.

Bei der Darstellung von Genitalpräparaten kommt man ohne Zeichnung nicht aus. Von Verfechtern der Fotografie wird eingewendet, dass die Zeichnung nicht genau wäre und zu viele Fehler- und Manipulationsmöglichkeiten habe. Das trifft für die Fotografie genauso zu. Manipulationen von Fotos sind durch Bildausschnitt, Wahl der Schärfenebene, Betrachtungswinkel u. a. ebenso möglich. Maßstabtreue ist bei Zeichnungen ebenfalls zu erzielen.

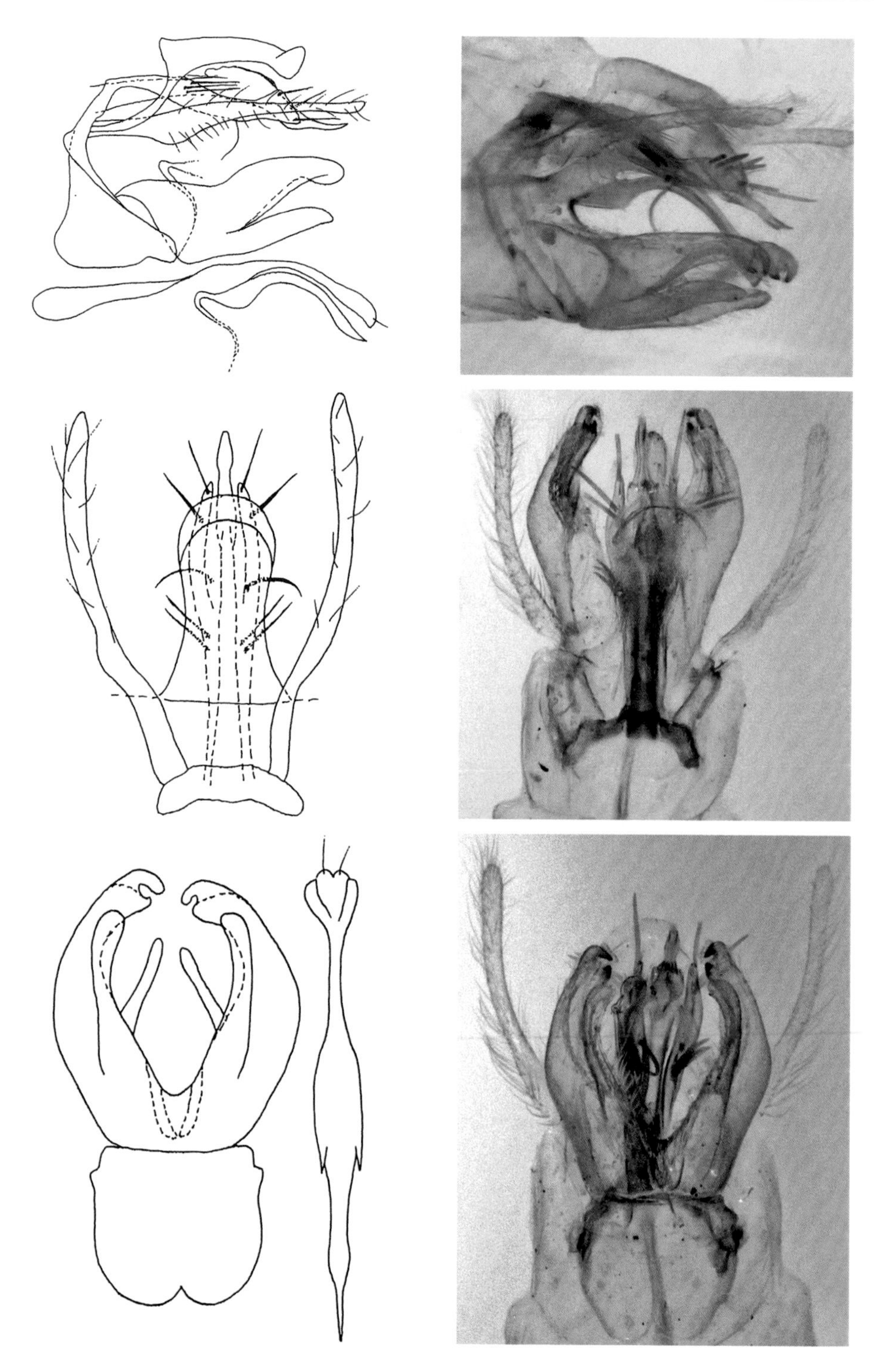

Abb. 8.6 Vergleich von Zeichnung und Fotografie einer komplizierten Struktur. (Foto: Johann Waringer)

Das Zeichnen (hier ist das maßstabgerechte Abzeichnen von komplizierten Strukturen gemeint) erfordert einige Übung. Generelle Regeln dafür gibt es keine, und meines Wissens wird diese Art des Zeichnens kaum irgendwo gelehrt. Es gibt zwar gelegentlich Zeichenkurse an den Universitäten, aber häufig stehen dabei andere Techniken und Objekte im Vordergrund, und die Erfordernisse der hier besprochenen Objekte kommen zu kurz.

Für das Zeichnen sind sowohl Objekttreue als auch Abstraktion notwendig.

Ein Nachteil der Zeichnung in mehreren Ansichten ist, dass der Betrachter sich erst vorstellen muss, wie das Ding tatsächlich aussieht, d. h., er braucht ein räumliches Vorstellungsvermögen. Das lässt sich lernen, ist aber nicht selbstverständlich. Dazu kommt, dass jeder Autor seinen eigenen Zeichenstil hat, und es braucht Erfahrung, beim Vergleich zweier Zeichnungen zu erkennen, dass sie dasselbe Objekt darstellen sollen (Abb. 8.7). Oft wird es dabei notwendig sein, dabei ein Original-Belegstück zu vergleichen. Dreidimensionale Abbildungen sind zwar technisch möglich, aber bei der täglichen Routinearbeit viel zu aufwendig.

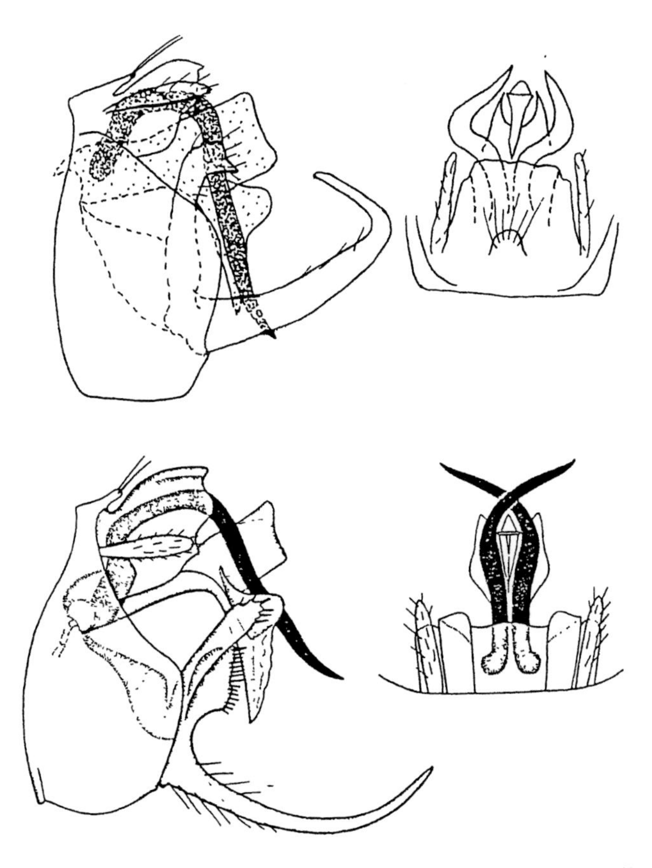

Abb. 8.7 Darstellung desselben Objekts durch verschiedene Autoren. (Teilweise: Fernand Schmid)

Anders ist es bei der Abbildung von Flächen oder gekrümmten Oberflächen. Feine, komplizierte Oberflächen naturgetreu zeichnerisch abzubilden erfordert besonderes Können und Geschick, das der durchschnittliche Entomologe nicht hat. Selbst ein einfaches Flügelgeäder bildet die Kamera besser und schneller ab. Habitusbilder von winzigen Insekten lassen sich mit modernen, computerunterstützten Mikroskopen leicht und sehr genau herstellen. Vor allem erkennt man auf solchen Fotos immer sofort, wie die Struktur wirklich aussieht, was bei einer Zeichnung nicht selbstverständlich ist. Das funktioniert im Prinzip so: Dem Mikroskop wird eine Kamera aufgesetzt und ihre Schärfenebene wird fix eingestellt. Genau auf diese Schärfenebene wird die Beleuchtung gerichtet, und zwar genau seitlich und in einem äußerst schmalen Bereich. Das wird durch mehrere, ringsum angeordnete Lampen mit speziellen Blenden erreicht. Der Kameraverschluss wird dann geöffnet, und der Objekttisch wird gleichmäßig sehr langsam gehoben, sodass alle Schärfenebenen des Präparats nacheinander in die Schärfenebene der Kamera kommen und nur in diesem Moment beleuchtet werden. Das dauert einige Zeit. Das Ergebnis ist ein von oben bis unten scharfes Bild eines kleinen Insekts. Es gibt inzwischen auch teure Digitalkameras, mit denen man sogar aus freier Hand erstaunlich gute Bilder von winzigen Insekten oder anderen kleinen Objekten machen kann.

Erwähnt sei die Möglichkeit der Rasterelektronen-Fotografie. Solche Fotos zeigen Oberflächenstrukturen und Details in sonst unerreichbarer Genauigkeit. Manche nicht zu komplizierte Strukturen kann man mit einem Raster-Elektronenmikroskop sehr gut fotografieren. Das hat aber auch Nachteile. Abgesehen davon, dass die Methode aufwendig ist und nicht jedem zur Verfügung steht, muss das Präparat vor dem Fotografieren speziell präpariert und beschichtet werden, was bedeutet, dass es anschließend für weitere Untersuchungen unbrauchbar wird und als zerstört gelten kann. Man informiere sich daher vorher genau, in welchem Zustand man das Präparat zurückerwarten kann. Holotypen sollte man nicht so behandeln. Möglicherweise gibt es inzwischen schon schonendere Methoden.

Für das Betrachten und Zeichnen von Insektenpräparaten ist ein gutes Stereomikroskop mit Auf- und Durchlichteinrichtung notwendig (Abb. 8.2). Beim Kauf von Mikroskopen wähle man sorgfältig und lasse sich von erfahrenen Leuten beraten. Der Rat eines Taxonomen, der seit vierzig Jahren ein Gerät benützt und gerade dieses für das beste hält, wird aber nicht ausreichen, denn inzwischen gibt es sicherlich schon bessere Geräte. Ein Mikroskop ist eine einmalige Anschaffung und bleibt Jahrzehnte in gutem Zustand. Ein gutes Gerät ist nicht billig. Mit Auf- und Durchlichtbeleuchtung und Zeichenspiegel kostet es nicht viel weniger als ein kleines Auto. Man hüte sich vor veralteten Modellen und vor Billiggeräten, denn damit kann man nicht ordentlich arbeiten und hat nur Ärger. Manche fast unbrauchbaren Geräte haben eine unglaublich weite Verbreitung. Ihre Besitzer, meist unerfahrene Amateure, schreiben die Misserfolge damit ihrem eigenen vermeintlichen Unvermögen zu und nicht dem schlechten Gerät. Ich kann hier nicht Werbung oder Gegenwerbung für bestimmte Geräte machen, sondern nur wiederholen, dass man bei der Auswahl sehr sorgsam vorgehen soll. Außerdem ist nicht jede Zeichentechnik mit jedem Gerät möglich.

Das Stereomikroskop, die Stereolupe, oft als „Binokel" bezeichnet, hat zwei Tuben für die beiden Augen und erlaubt eine räumliche (dreidimensionale) Betrachtung des Objekts, und zwar sieht man das Objekt aufrecht und lagerichtig. Man kann daher ohne Probleme an dem Objekt hantieren und es mit Präpariernadeln in die gewünschte Lage bringen. Wenn man mit relativ großen Insekten arbeitet, wird man für die meisten Zwecke mit diesem Mikroskop auskommen. Hat man aber sehr kleine Insekten zu untersuchen, wird es nicht ausreichen, denn seine verwendbare Vergrößerung geht nur bis ungefähr 50:1.

Eine ZOOM-Optik ist für die Untersuchung von Präparaten und toten Tieren überflüssig. Wichtig ist aber eine automatische Schärfenkorrektur, d. h. die Schärfenebene muss bei Vergrößerungswechsel einigermaßen gleich bleiben. Es ist äußerst lästig, jedesmal beim Wechsel einer Vergrößerung die Schärfe neu einstellen zu müssen. Erfahrungsgemäß wird beim Kauf eines Mikroskops zu wenig auf diesen Punkt geachtet.

Für sehr kleine Objekte braucht man zusätzlich ein normales Umkehrmikroskop („compound microscope"), d. h. mit einem Objektiv (das allerdings zwei Okulare haben soll), mit dem man nicht räumlich (also nur zweidimensional) sieht und das das Objekt verkehrt abbildet, dafür aber eine sehr starke Vergrößerung erlaubt. Unter diesem Mikroskop kann man nicht präparieren, weil alles verkehrt ist und keine räumliche Betrachtung erlaubt. Für die Präparation braucht man daher auf jeden Fall ein Stereomikroskop, und das Präparat, das in der gewünschten Anordnung ist, legt man dann verkehrt unter das starke Mikroskop. Das ist etwas umständlich, aber nicht zu vermeiden. Zeichenspiegel sind an beiden Typen von Mikroskopen verwendbar.

Für das Mikroskop braucht man eine gute Beleuchtung. Früher hat man sogenannte Punktlampen verwendet, die aber recht störungsanfällig sind und vor allem heiß werden und auch das Objekt erhitzen. Heute verwendet man in erster Linie Lichtleiter-Lampen, mit denen man das Licht auf jeden gewünschten Punkt richten kann. Die Faserleiter sind biegsam und lassen sich leicht verstellen. Man bevorzuge doppelte Leiter, damit man gleichzeitig Auf- und Durchlicht einstellen kann. Diese Beleuchtungskörper mit Lichtleitern gibt es mit Lampen, die heiß werden (und daher Filter und ein eingebautes Gebläse erfordern) und auch mit Kaltlichtlampen. Manche Modelle sind störungsanfällig und haben einen hohen Lampenverbrauch; man erkundige sich daher vor dem Kauf sorgfältig – nicht nur beim Händler. Manche Mikroskope haben eine Beleuchtung fest eingebaut.

Für eine gute Beleuchtung, sowohl Auf- als auch Durchlicht, in einem Stereomikroskop braucht man allerdings nicht unbedingt Punktlampen oder Lichtleiterlampen. Eine schwenkbare gewöhnliche Tischlampe mit einem hellen Innenanstrich und einem hellen

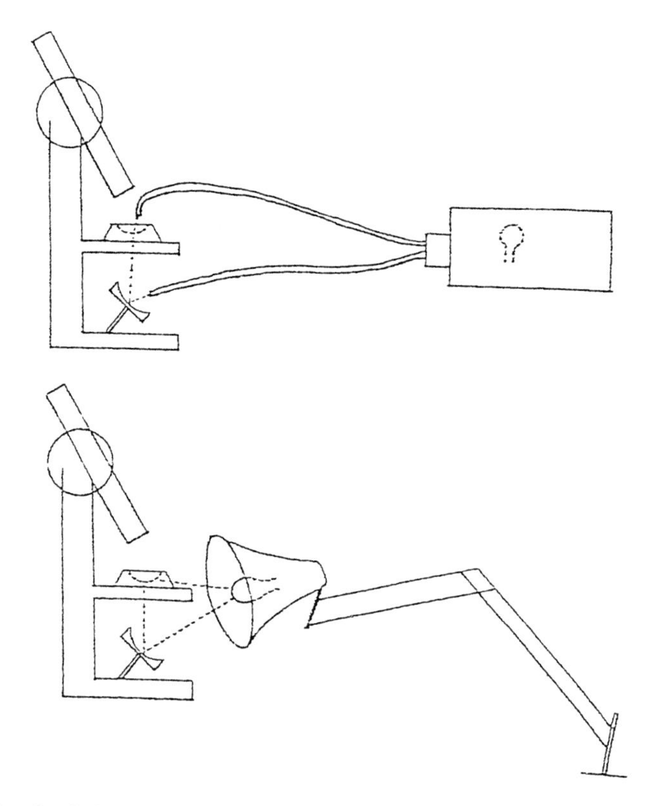

Abb. 8.8 Mikroskopbeleuchtung mit Lichtleitern oder mit Tischlampe

Leuchtkörper, etwa entsprechend einer 100-Watt-Glühlampe oder 20-Watt-Leuchtstofflampe, kann man so vor das Mikroskop stellen, dass sowohl Auflicht als auch Durchlicht ausreichend hell sind (Abb. 8.8). Die meisten handelsüblichen Tischlampen haben aber unbrauchbare Fassungen; wenn man eine halbwegs helle Glühlampe einschraubt, wird das Ganze heiß und verschmort und löst Kurzschluß aus. So verwende man lieber Leuchtstofflampen oder LED-Lampen.

Zeichnen mit Okularraster

Dies ist eine sehr einfache, aber zeitraubende Methode. Sie ist mit jedem Mikroskop möglich. Dabei wird in das Okular oder in eines der beiden Okulare eine kleine Glasscheibe eingelegt, auf der ein Raster eingeritzt ist. Solche Okularraster sind im Handel erhältlich. Man kann auch alte Raster verwenden, die aus anderen Geräten stammen. Das Präparat wird am Objektträger so fixiert, dass es sich nicht verschieben kann, und neben das Mikroskop legt man ein Blatt Millimeterpapier. Nun überträgt man die Linien des Präparats auf das Papier, Quadrat für Quadrat, indem man die in einem Quadrat des

Okularrasters liegenden Linien in das entsprechende Quadrat des Millimeterpapiers überträgt. Auf dem Millimeterpapier entsteht so die Rohzeichnung.

Zeichnen mit Mikroskop-Projektion

Diese Methode ist mühsam, aber zur Not auch brauchbar, wenn z. B. nur ein altes Mikroskop zur Verfügung steht, mit dem man sonst nicht viel anfangen kann. Wenn das Präparat auf einem Objektträger fest montiert ist, kann man es vertikal stellen, indem man den Tubus in die Horizontale kippt; man beleuchtet es von unten und bringt hinter dem Okular einen Spiegel an, der das Bild des Objekts auf das Zeichenpapier wirft, wo man es leicht abzeichnen kann. Diese Methode ist nur in einem abgedunkelten Raum brauchbar, und die Projektion ist sehr lichtschwach. Wenn das Präparat horizontal stehen muss, dann kann man sich mit einem zusätzlichen Spiegel helfen. Die Methode ist zwar umständlich, aber als Notbehelf durchaus brauchbar. Es gibt auch Mikroskope, die eine Mattscheibe haben, auf die man Transparentpapier legen und darauf zeichnen kann. Sie sind aber für das Zeichnen von Insektenpräparaten eher ungünstig und vor allem für das Zeichnen von viel kleineren Objekten, wie z. B. Planktonpräparaten und dergleichen, geeignet.

Zeichnen mit Zeichenspiegel

Dies ist die beste, allgemein verwendete Methode. Zeichenspiegel für Mikroskope, die unter dem Namen Abbe'scher Zeichenspiegel bekannt sind, gibt es schon seit Langem. Sie werden auf das Okular des Mikroskops aufgesetzt, sind aber ziemlich ungenau, und das Arbeiten mit ihnen ist mühsam. Zu bevorzugen sind daher Spiegel, die in den Mikroskoptubus eingesetzt werden. Das Zeichnen mit ihnen ist sehr einfach, denn man beherrscht es sofort ohne Einübung. Man blickt durch die Okulare und sieht darin sowohl das Präparat als auch den Bleistift, mit dem man zeichnet. Man fährt mit dem Bleistift die Linien des Präparats unmittelbar ab und kommt schnell zu der Rohzeichnung. Voraussetzung ist, dass man die Beleuchtung des Präparats und die Beleuchtung des Zeichenblatts aufeinander abstimmt, sodass man beides gleich gut sieht.

Wenn man ein kleines Präparat in Flüssigkeit auf einem Objektträger liegen hat, hat man oft den Ärger, dass sich durch die Wärmeströmung in der Flüssigkeit seine Lage verändert. Damit es nicht davonschwimmt, legt man es in einige Tropfen Glyzerin (das mit Wasser und Alkohol beliebig mischbar ist) und beschwert es mit einem kleinen Drahtstück aus Kupfer (von einem Litzendraht). Eisendraht ist oft magnetisch und macht mit den Präpariernadeln Schwierigkeiten.

Für den eigenen Gebrauch genügt eine Rohzeichnung mit Bleistift. Wenn man die Zeichnung aber publizieren will, sind weitere Arbeitsschritte notwendig.

Vergrößern und Verkleinern von Zeichnungen

Wenn man eine Zeichnung in einer Zeitschrift oder einem Buch publizieren will, muss man die endgültige Größe berücksichtigen. Wenn man im sorgfältigen Zeichnen gut geübt ist und die Linien nicht verzittert, kann man eine Reproduktion im Maßstab 1:1 wagen. Das wird aber normalerweise nur Berufsgrafikern zuzutrauen sein. Normale Wissenschafter, die ihre Zeichnungen selber anfertigen müssen, können das nicht, und technische Zeichner auch nicht. Man umgeht diese Schwierigkeit, indem man die Zeichnungen stark vergrößert, daraus die reproduktionsfähigen Originale macht, die dann in der Reproduktion verkleinert werden. So verschwinden die verzitterten Linien. Dabei ist auch die Strichdicke zu berücksichtigen, ebenso die Schriftgröße, wenn die Beschriftung mit vergrößert oder verkleinert werden soll.

Vergrößern und Verkleinern mit Raster

Man bedecke die Rohzeichnung mit einem transparenten Millimeterpapier und übertrage sie auf ein anderes Millimeterpapier, indem man einen anderen Maßstab wählt. Wenn man z. B. dreifach vergrößern will, dann zeichne man für 10 mm der Rohzeichnung 30 mm auf der Vergrößerung. Dies ist einfach, aber zeitraubend.

Der Pantograf

Ein altbekanntes, aber heute ziemlich in Vergessenheit geratenes Gerät ist der Pantograf. Er besteht aus vier Leisten aus Holz, Metall oder Plastik, auf denen man den gewünschten Maßstab einstellt. Verkleinerung oder Vergrößerung ergibt sich aus der Stelle, an der die Bleistiftmine eingesetzt ist. Man fährt die Linien der zu vergrößernden oder zu verkleinernden Zeichnung mit der Metallspitze nach und erhält daneben mit der Bleistiftmine eine nach Wunsch vergrößerte oder verkleinerte Zeichnung. Es ist heute schwer, einen Pantografen im Handel zu bekommen. In den meisten Läden für Büroartikel wissen die Verkäufer nicht einmal, was das ist. Im Internet werden Pantografen angeboten. Zur Not kann man sich selber einen bauen oder von einem geschickten Mitmenschen bauen lassen. Das Verkleinern und Vergrößern mit dem Pantografen ist die bei Weitem schnellste und einfachste Methode, wenn man von den Kopiermaschinen absieht.

Vergrößern und Verkleinern mit dem Kopiergerät

Dies ist noch einfacher. Man stellt den gewünschten Maßstab auf das Gerät ein und macht eine Kopie, die automatisch die richtige Größe hat (das geht selbstverständlich auch mit dem Computer, ist aber umständlicher). Von ihr kann man auf ein darüber gelegtes Transparentpapier die endgültige Zeichnung machen. Manche Xerokopiergeräte verzerren die Kopien, indem der Vergrößerungsmaßstab vertikal und horizontal nicht derselbe ist. Bei Zeichnungen, bei denen es auf sehr genaue Proportionen ankommt, achte man darauf und verwende, falls nötig, einen anderen Kopierer. Meist ist dies aber bedeutungslos. Verzerrungen kommen aber auch schon beim Zeichnen mit dem Zeichenspiegel vor: Wenn das Gesichtsfeld groß ist, dann ist der Maßstab in der Mitte etwas anders als am Rand. Das merkt man vor allem, wenn man Objekte zeichnet, die so groß sind, dass man sie für die Zeichnung mehrmals weiterschieben muss, z. B. Flügelgeäder. Man muss in solchen Fällen die Zeichnung nachher nach Augenmaß korrigieren.

Andere Methoden

Natürlich gibt es auch Möglichkeiten des Verkleinerns und Vergrößerns von Zeichnungen mittels Computer. Man kann so auch endgültige, reproduktionsfähige Zeichnungen herstellen. Ebenso kann man Zeichnungen auf fotografischem Weg vergrößern und verkleinern, was nicht näher erläutert werden muss. Das ist aber weit arbeitsaufwendiger als das Arbeiten mit dem Pantografen oder der Kopiermaschine.

Ein Hinweis aus der Praxis. Wenn man einer Zeitschrift einen Artikel mit Zeichnungen zur Veröffentlichung anbietet, kann man jede Zeichnung einzeln abliefern und sie an der gewünschten Stelle in den Text einfügen lassen, aber man kann auch mehrere Zeichnungen zu einer Tafel zusammenstellen und mit dieser eine ganze Seite füllen, auf die dann, außer der Erklärung der Abbildung, kein Text kommt. Ich habe die Erfahrung gemacht, dass einzeln abgelieferte Zeichnungen immer wieder in einem falschen Maßstab verkleinert werden und dann entweder zu klein oder zu groß sind (und zwar auch dann, wenn auf jeder Zeichnung der genaue Verkleinerungsmaßstab verzeichnet war!), vertauscht werden, auf dem Kopf stehen, und was beim flüchtigen Arbeiten in der Druckerei sonst noch alles vorkommen kann. Ich ziehe es daher vor, Zeichnungen zu ganzseitigen Tafeln zusammenzustellen, ihre Größe entsprechend zu wählen (dafür muss ich vorher den Seitenspiegel der betreffenden Zeitschrift ausmessen) und dazu den Vermerk geben „auf Seitengröße verkleinern“. Dann gibt es meistens keine Probleme.

Heute ist es allgemein üblich, Abbildungen digital zu speichern und mit E-Mail oder einem passenden Datenträger direkt in den Druck zu übertragen. Das sollte unproblematisch sein, aber die Erfahrung zeigt, dass die Auflösung manchmal viel zu grob und die Wiedergabe minderwertig ist. Also: entweder für eine gute Auflösung sorgen oder bei der altmodischen Methode auf Papier bleiben.

Die reproduzierbare Zeichnung

Eine reproduzierbare Zeichnung, die in einer Zeitschrift oder in einem Buch veröffentlicht werden soll, muss kontrastreich und sauber sein. Das wird herkömmlicherweise durch eine Tuschezeichnung auf weißem Papier oder Transparentpapier erreicht.

Früher haben manche Schriftleiter auch Tuschezeichnungen auf farbigem Millimeterpapier angenommen.

Das maßstabgerechte Übertragen der Rohzeichnung auf weißes Zeichenpapier wird einem ungeübten Entomologen kaum gelingen; das ist die Domäne von Berufs-Grafikern. Man bemühe sich daher, gute Zeichnungen auf Transparentpapier zu machen. Die sind genauso gut reproduzierbar, und ihre Maßtreue macht keine Schwierigkeiten. Man legt das Transparentpapier über die Rohzeichnung oder die vergrößerte Kopie und paust sie mit Tusche durch. Auch hierzu ist zu sagen, dass es viele Techniken und Tricks gibt. Jeder erfahrene Taxonom hat seine eigene Methode entwickelt, und deswegen sehen die Zeichnungen in der Literatur so verschieden aus. Es ist also nicht nur beim Zeichnen, sondern auch beim Betrachten von Zeichnungen eine gewisse Fähigkeit der Abstraktion und des Erfassens des Wesentlichen notwendig. Wesentlich an einer solchen Zeichnung ist nicht ihr künstlerischer Wert und ihre ästhetische Erscheinung, sondern die wissenschaftliche Aussage. Notwendig sind also klare Linien und das Weglassen von überflüssigem Beiwerk. Wenn die Strukturen zu kompliziert sind, ist es günstig, Teile davon herauszunehmen und separat zu zeichnen. Vage Linien, die nirgends beginnen und nirgends aufhören, sollte man vermeiden. Wenn die Linie im Präparat tatsächlich existiert, dann soll man sie von Anfang bis zum Ende verfolgen und nachziehen, es sei denn, sie wäre für das Verständnis überflüssig. Wenn sie nicht existiert oder nicht deutlich sichtbar ist, lieber wegzulassen. Durch Schraffieren oder Punktieren kann man bestimmte Strukturen hervorheben oder einen räumlichen Eindruck erwecken, aber darunter darf die wissenschaftliche Klarheit nicht leiden. Für das Punktieren und Schraffieren gibt es viele Methoden; man probiere mehrere aus und entscheide sich für jene, die einem am leichtesten fällt und die das beste Bild ergibt.

Welches Zeichengerät soll man verwenden? Auch dies ist eine Frage der persönlichen Vorliebe und des individuellen Könnens. Manche Kollegen zeichnen heute mit dem Computer. Das habe ich nie gelernt, denn mit der Bleistiftmethode ist es einfacher. Wer mit einer Zeichenfeder arbeiten kann, die bei verschieden starkem Druck verschieden breite Striche macht, mag sie verwenden. Im Allgemeinen ist aber einheitliche Strichdicke vorzuziehen, denn den meisten Leuten gelingt das mit einer Künstler-Zeichenfeder nicht. Früher hat man Trichterfedern verwendet, mit denen die Strichdicke garantiert gleich bleibt. Einfache Trichterfedern befestigt man an einem Federstiel. Ihre Lebensdauer ist begrenzt; und je dünner sie sind, desto früher sind sie verstopft und unbrauchbar. Da sie aber nicht viel kosten, waren sie für unsere Zwecke gut genug. Teure Trichterfedern sind unter bestimmten Markennamen bekannt. Wer damit umgehen kann, wird Erfolg haben. Nach meiner Erfahrung sind aber auch diese bald verstopft und unbrauchbar. Inzwischen gibt es aber gute Stifte mit Plastikspitzen, die ebenfalls gleichmäßige Strichdicke gewährleisten und sehr billig sind. Sofern sie eine tuscheähnliche Flüssigkeit enthalten, liefern sie vollwertige Zeichnungen. Die Strichdicke ist auf dem Stift außen angegeben.

Die Beschriftung

Die Beschriftung der Zeichnungen kann auf verschiedene Weise erfolgen. Erfahrene Berufsgrafiker sind imstande, eine tadellose Schrift freihändig anzubringen. Die meisten Entomologen werden das erst gar nicht versuchen.

Eine Möglichkeit ist die Verwendung von Schablonen, wie man sie früher im Bürogerätehandel bekam. Das funktioniert bei einiger Übung halbwegs, setzt aber doch eine gewisse Geschicklichkeit voraus. Ich selbst habe mit solchen Schablonen nie eine brauchbare Schrift zustande gebracht.

Sehr beliebt waren lange Zeit Abreibebuchstaben, die man in Form von größeren oder kleinen Blättern in Bürogeschäften bekam. Man legt die Folie über die Zeichnung, sodass der gewünschte Buchstabe über der gewünschten Stelle liegt und reibt mit einem Stift darüber, bis er fest auf der Zeichnung klebt. Solche Schriften sehen sehr gut aus. Diese Blätter sind aber in Europa irrsinnig teuer. Wenn man auf einer Reise Gelegenheit hat, decke man sich damit in Ländern wie z. B. Thailand oder Indonesien ein, wo sie nur einen Bruchteil kosten. Der Preis kann dort weniger als ein Zehntel des europäischen Preises betragen! Allerdings sind Abreibebuchstaben schon aus der Mode gekommen.

Am einfachsten ist es, Beschriftungen vom Computer drucken zu lassen, auszuschneiden und aufzukleben. Man kann solche Schriften auch aus beliebigen Papieren (Zeitungen usw.) ausschneiden. Sofern man nicht das Ganze sowieso mit dem Computer zeichnet.

Soll man Zeichnungen mit Nummern oder gleich mit Klartext beschriften? In früheren Zeiten waren Abbildungen in Zeitschriften und Büchern unerwünscht, weil teuer: Der gesetzte Text war billig, aber für die Bilder brauchte man komplizierte, teure Verfahren, und zur Kennzeichnung hat man Nummern eingesetzt. Das ist mit der Verwendung von Computern überflüssig geworden.

Trotzdem finden wir auch heute noch in Publikationen bei den einzelnen Zeichnungen Nummern, die bei der separaten Abbildungserklärung wiederholt werden. Wenn es sich um einen längeren Erklärungstext handelt, ist das sicherlich zielführend, aber wenn es nur um einen Artnamen und dergleichen geht, kann man ihn unmittelbar zu der Zeichnung dazuschreiben. Wozu soll der Leser erst lange herumsuchen, bis er erfährt, was das Bild darstellen soll? Allenfalls kann man, wenn es sinnvoll ist, jeder Art eine laufende Nummer beigeben, die aber konsequent zu verwenden wäre. Es ist wenig gebrauchsorientiert, wenn eine Art die laufende Nummer 54 hat, die zugehörige Flügelabbildung die Nummer 263, die Genitalabbildungen die Nummern 48 respektive 134. Diese Bilder können sehr leicht einheitlich die Nummer 54 haben. Man möge sich durch Nachblättern in den üblichen Handbüchern davon überzeugen, dass da eine Menge zu verbessern ist.

Besonders unangenehm ist die Nummerninflation in Bestimmungstabellen. Bei den einzelnen Bestimmungsschritten werden (häufig, aber leider bei Weitem nicht immer) Abbildungshinweise gegeben, sodass man sehen kann, wie die betreffende Struktur

21a. DZ im Vorderflügel vorhanden, geschlossen (Fig. 119, 210, 507ff., 547ff., 581ff., 729ff.) 22

21b. DZ fehlt im Vorder- und im Hinterflügel; MZ fehlt. Flügel lang und schmal (Fig. 725-726). Spornformel 244. Maxillarpalpen stark behaart, Glied 1 und 2 sehr kurz Molannidae

22a. Spornformel 344. MXP (Fig. 118) schwach behaart, die fünf Glieder fast gleich lang. Labialpalpen fehlen. MZ im Vorderflügel geschlossen Polycentropodidae

22b. Vordertibie 1 oder 2 Sporn. Labialpalpen vorhanden 27

23a. MZ im Vorderflügel geschlossen (Fig. 210, 507ff.). Spornformel 244, 243 oder 242 31

23b. MZ fehlt im Vorderflügel (Fig. 547ff., 586ff., 604ff.) 34

Abb. 8.9 Verwirrende Überflutung mit Ziffern (siehe Text)

wirklich ausschaut. Auf Abb. 8.9 gebe ich hier ein Beispiel. Während der Bestimmungsarbeit ist man gezwungen, die vielen Abbildungen auf vielen verschiedenen Seiten zu suchen und sie dann irgendwie zum Vergleich festzuhalten – man hat einfach nicht genug Finger, um sie dort überall zwischen den Seiten hineinzulegen. Warum können nicht die zugehörigen Abbildungen immer auf derselben Seite sein, wie es in einigen Büchern der Fall ist?

9 Züchten von Wasserinsekten

Über das Züchten von Landinsekten gibt es viele Anleitungen, und man bekommt leicht Informationen darüber (z. B. Friedrich 1975, 1986; Peterson 1964). Selbst ohne solche kann man leicht eine Schmetterlingszucht improvisieren. Zuchtbehälter bekommt man im Handel. Daher gehe ich im Rahmen dieses Büchleins nicht näher darauf ein. Anders ist es bei der Zucht von Insekten, die sich im Wasser entwickeln. Ich habe viele Köcherfliegen, vor allem Limnephiliden, im Labor gezüchtet und gebe hier eine Zusammenfassung meiner Erfahrungen. Für andere Wasserinsekten muss man die Methode entsprechend abwandeln, wobei die Methode von Versuch und Irrtum naheliegend ist. Ich habe meine Methode im Rahmen einer anderen Arbeit (Malicky et al. 2002) publiziert und wiederhole diesen Text hier im Wesentlichen.

Mit dieser Methode kann man sowohl Bewohner von stehenden als auch von fließenden Gewässern züchten. Man braucht keine aufwendige Fließwasserrinne für Fließwasserarten, denn die weitaus meisten davon brauchen nicht die Strömung an sich, sondern eine gute Sauerstoffversorgung. Es gibt zwar in den Tropen einige Arten, die in Wasserfällen und ähnlichen sehr schnell fließenden Bächen leben (z. B. eine Köcherfliege in Südostasien, die ihre Gehäuse bevorzugt an Stellen mit einer Fließgeschwindigkeit von 4 m pro Sekunde baut), aber mit der Zucht von solchen Ausnahmen gibt es keine Erfahrung.

Um Eier für die Zucht zu bekommen, fängt man Weibchen im Freiland mit den üblichen Methoden des Abkätscherns der Ufervegetation oder des Lichtfangs. Jedes Weibchen wird einzeln in einen kleinen Behälter, z. B. ein Polystyrol-Döschen, gesperrt. In diesen Behälter legt man einige triefnasse Blätter oder Moos, damit die Luftfeuchtigkeit hoch genug ist. Adulte Weibchen sind sehr empfindlich gegen Austrocknung und können schon nach wenigen Stunden sterben. Im Idealfall findet man schon nach einigen Stunden in dem Behälter ein Eigelege. Viele brauchen aber länger, weil vielleicht die Eier in den Ovarien noch nicht weit genug entwickelt sind. Man kann die Lebensdauer

H. Malicky, *Vom Handwerk der Entomologie*,
https://doi.org/10.1007/978-3-662-59525-1_9

solcher Weibchen durch Fütterung mit kleinen Tropfen Zuckerwasser und dergleichen wesentlich verlängern. Das Verabreichen von nektarreichen Blüten wäre zwar auch möglich, fördert aber Schimmelbildung. Das gilt auch für die Fütterung mit Honig. Manche Weibchen „wollen" aber nicht legen, obwohl sie offensichtlich reichlich mit reifen Eiern versehen sind. Da gibt es einen altbekannten Trick: Man schneidet solchen Weibchen mit einer feinen, scharfen Schere den Kopf ab. Anthropomorphe Überlegungen sind dabei nicht am Platz; der Kopf eines Insekts ist nicht mit dem Kopf eines Säugetiers zu vergleichen. Insekten haben kein Großhirn, und viele Funktionen eines Säugergehirns sitzen bei Insekten nicht im Kopf. Nach aller Erfahrung können solche Weibchen ohne Kopf unter Umständen noch wochenlang leben. Man achte aber darauf, den Kopf nicht abzureißen oder den Thorax zu beschädigen, denn dann würde das Tier in wenigen Sekunden sterben. Kopflose Weibchen legen ihre Eier meist willig ab. Das ist einfach eine Erfahrungssache.

Limnephiliden legen die Eier in Ballen ab, die von einer klebrigen Substanz zusammengehalten werden, die mit Wasser aufquillt und eine ziemlich durchsichtige Gallerte bildet, ähnlich einem kleinen Froschlaich. Diese Eiballen bringt man in ein kleines Schälchen, das mit etwas Wasser versehen ist, aber so wenig, dass der Eiballen nur darin liegt und nicht ganz bedeckt ist. Damit ist für genügend Feuchtigkeit und genügend Sauerstoff gesorgt. Das Schälchen deckt man zu und stellt es an einen kühlen Ort, ungefähr zwischen 5 und 10 °C. Wenn es wärmer ist, entwickeln sich die Lärvchen zwar rascher, sterben aber eher. Je kühler sie stehen, desto länger dauert die Entwicklung. Nach einigen Wochen sieht man die sich entwickelnden Lärvchen durch die Gallerte hindurchschimmern. Zuerst färben sich die Augen dunkel, und schließlich sieht man die kleine, fertig ausgebildete Larve, die sich früher oder später durch die Gallerte hindurchbeißt und beginnt, einen Sack zu bauen.

In diesem Stadium kann man sie noch in einer flachen Schale mit sehr wenig Wasser halten. Als Futter brauchen sie sehr feine organische Teilchen. Ich verwende dazu den Kot größerer Larven. Entweder hat man gleichzeitig irgendwelche größeren Larven in Zucht, oder man holt irgendwelche große Limnephiliden- oder Sericostoma-Larven aus einem Bach im Freiland und hält sie ein paar Tage im Aquarium. Beim regelmäßigen Wasserwechsel gießt man das alte Wasser in einen Behälter ab, entfernt das grobe Pflanzenmaterial mit einem Sieb, rührt das Verbleibende auf und lässt sich das Feinmaterial in einem hohen, schmalen Glas absetzen. Dieses Feinmaterial wäscht man noch zweimal mit frischem Wasser und kann es dann an die Junglarven verfüttern. In manchen Fällen ist auch dieses Futter noch zu grob. Bei der Zucht von *Platyphylax frauenfeldi* habe ich ihnen feuchtes Linden-Falllaub gereicht, das mit Pilzen bedeckt war, die sie abgeweidet haben.

Die kleinen Larven wachsen rasch heran, und nach einigen Wochen kann man sie in die endgültigen Zuchtbehälter verbringen, aber nicht zu früh. So lange sie mitsamt ihren Säcken noch so klein sind, dass sie im Aquarium von der ausströmenden Luft emporgerissen werden und dann hilflos auf der Wasseroberfläche treiben, bleiben sie besser in der Schale. Als Zuchtbehälter haben sich gewöhnliche rechteckige Aquarien bewährt, wie man sie im Fachhandel bekommt. Man kann sie aber auch selber aus Glasplatten und Silikon herstellen. Ich verwende Aquarien, die ungefähr 15 × 15 × 25 cm groß sind und 7 L Inhalt haben (Abb. 9.1). Sie werden zu einem Drittel mit frischem Wasser gefüllt (mehr ist nicht notwendig). Dieses Wasser muss dauernd mithilfe der üblichen Aquarien-Luftpumpen belüftet werden, wobei mit einer der üblichen Pumpen je nach Bauart und Leistung bis zu zehn solche Behälter belüftet werden können. Da die Ausströmer ungleich sind, braucht man für jeden davon eine regelbare Schlauchquetsche. All dies bekommt man im Fachhandel.

Den Boden des Aquariums bedeckt man mit einer dünnen Schicht Sand, den man am Ufer von Flüssen sammeln kann. Es ist günstig, ihn vor der Verwendung gut zu trocknen oder sogar zu erhitzen, um keine Raubinsekten oder Krankheiten einzuschleppen. Als Futter gibt man Pflanzenmaterial. Normalerweise fressen die Larven ziemlich alles, was halbwegs weich ist und nicht schlecht schmeckt. Eingeweichtes Falllaub hat sich bewährt. Man sammelt im Herbst abgefallenes Laub von Bäumen, bevorzugt von Erlen *(Alnus glutinosa, Alnus incana)* und Eschen *(Fraxinus excelsior)*. Laub von Weiden und Pappeln ist weniger günstig, und Laub von Buchen *(Fagus silvatica)* oder Eichen (*Quercus* sp.) ist erst nach jahrelangem Einweichen brauchbar. Laub von *Eucalyptus* oder *Platanus* ist ganz unbrauchbar.

Das gesammelte Falllaub trocknet man sorgfältig und weicht es dann in kleinen Portionen in Wasser unter dauernder Belüftung einige Wochen lang auf. Dann haben sich

Abb. 9.1 Behälter für Köcherfliegen-Zuchten mit Belüftung

auf den toten Blättern genügend Mikroorganismen angesiedelt, die ihren Nährwert wesentlich erhöhen, denn frisch eingeweichtes Laub besteht aus Zellulose und Lignin und ist als solches nicht nahrhaft. Dieses eingeweichte Laub entspricht weitgehend der Nahrung der Larven im Freiland. Man macht aber bald die Erfahrung, dass sie anderes Material viel lieber fressen. Besonders beliebt sind frische Löwenzahn-Blätter *(Taraxacum officinale)*, die man auch im Winter findet. Bei solcher Kost wachsen die Larven viel rascher als mit Falllaub, sodass man die Zuchten damit beschleunigen kann. Dann produzieren sie aber auch viel mehr Kot, weshalb man das Wasser in den Aquarien viel öfter wechseln muss, um Fäulnis zu vermeiden. Bei Falllaub-Fütterung genügt ein Wasserwechsel in ein oder zwei Wochen, bei Löwenzahn-Fütterung wechselt man das Wasser am besten jeden Tag. Das geschieht so, dass man den gesamten Inhalt des Aquariums in einen großen **hellen** Behälter (damit man keine Larven beim Ausgießen übersieht) schüttet und noch mit frischem Wasser ein- oder mehrmals nachspült, die organischen groben und feinen Teile abgießt und den Sand samt den Larven wieder in das Aquarium zurückschüttet. Dann gibt man frisches Futter.

Stehen ausreichend Sand und Pflanzenmaterial zur Verfügung, dann bauen die Larven ihre Säcke in artspezifischer Weise. Manche Arten halten sich streng an ihr spezifisches Baumaterial und ihre besondere Konstruktion, aber andere wieder bauen im Freiland relativ typische Säcke, können aber in der Zucht auch ganz anders bauen. In manchen Bestimmungstabellen wird z. B. die Larve von *Anabolia nervosa* dadurch charakterisiert, dass sie Köcher aus Pflanzen mit einem eingebauten viel längeren Halm baut. In der Zucht kann sie aber manchmal Säcke ausschließlich aus Sand bauen.

Wichtig ist die Beleuchtung der Zuchtbehälter. Unter Langtagsbedingungen entwickeln sich viele Arten viel schneller als bei natürlicher Tageslänge. Man kann manche Zuchten um Monate beschleunigen, wenn man ihnen pro Tag 20 h lang Licht gibt und sie gleichzeitig mit frischen Löwenzahnblättern füttert.

Für die meisten heimischen Trichopterenlarven ist eine Wassertemperatur im Zuchtbehälter von ungefähr 5 °C bis 15 °C, also die übliche Kellertemperatur, ausreichend. Höhere Temperaturen haben höhere Verluste zur Folge. Für die wenigen wirklich kaltstenothermen Arten braucht man eine besondere Kühlanlage, aber die meisten Arten, die in der Literatur als „kaltstenotherm" bezeichnet werden, wachsen bei den gleichen Temperaturen wie alle anderen.

Bei manchen Arten hat man das Problem des Kannibalismus: Die Larven fressen einander auf. Bei den meisten Arten hält sich das in Grenzen, sodass man aus einem Gelege von vielleicht 200 Eiern schließlich 30 oder 50 Adulte bekommt, wobei die Verluste aus anderen Gründen berücksichtigt sind. Einzelne Arten sind aber extreme Kannibalen, weshalb man in jedem Behälter nur eine Larve halten kann. Besonders aufgefallen sind mir dabei die Larven von *Limnephilus fuscinervis*.

Manche Larven sind gelegentlich oder dauernd ziemlich wanderlustig, d. h., sie klettern im Aquarium an den Wänden hoch, vor allem, wenn diese durch Kalkablagerungen rau geworden sind, fallen hinaus und gehen verloren. Manche Arten tun das auch im Freiland. Die Larven von *Potamophylax pallipes* oder *P. nigricornis* kann man gelegentlich an moosbewachsenen Felsen einen halben Meter oberhalb des Wassers beobachten. Im Aquarium verhindert man solche Wanderungen mit einem mit einem feinen Metallgitter versehenen Deckel. Gitter aus Stoff oder Plastik werden oft durchgebissen.

Zur Verpuppung spinnen die Larven den Sack irgendwo am Boden oder an größeren Steinchen fest und verschließen beide Öffnungen. In diesem Zustand sind sie durch den Kannibalismus ihrer Zuchtgenossen besonders gefährdet, und man bringe sie daher, wenn möglich, gleich in einen Behälter ohne aktive Larven. Das Puppenstadium dauert in der Regel 2–3 Wochen; Puppendiapausen sind mir bei Köcherfliegen nicht bekannt. Zum Schlüpfen beißen die schlüpfreifen Puppen eine Öffnung in die Verschlussmembran des Sackes und schwimmen zur Oberfläche, bis sie auf eine feste Oberfläche treffen, auf der sie schlüpfen und die Exuvie hinterlassen. Das kann an der rauen Glaswand sein, aber sicherheitshalber stelle man einen rauen Stein oder ähnlichen Gegenstand, der aus dem Wasser herausragt, in das Aquarium mit den schlüpfreifen Puppen. Manche Arten von Puppen, die in kleinen Quellen leben, haben das Schwimmen verlernt und ertrinken im Wasser. In solchen Fällen lasse man nur sehr wenig Wasser und lege grobe Steine hinein.

Literatur

Friedrich E (1975) Handbuch der Schmetterlingszucht. Kosmos, Stuttgart, S 186

Friedrich E (1986) Breeding butterflies and moths. Harley Books, Colchester, S 176

Malicky H, Waringer J, Uherkovich Á (2002) Ein Beitrag zur Bionomie und Ökologie von *Platyphylax frauenfeldi* Brauer, 1857 (Trichoptera, Limnephilidae) mit Beschreibung der Larve. Entomol. Nachr. Ber. 46:73–80

Peterson A (1964) Entomological Techniques, 10. Aufl. Entomol.Reprint Spec, Los Angeles, S 435

10 Informationsbeschaffung

Grundlage jeder selbstständigen wissenschaftlichen Arbeit ist ausreichende Information darüber, was schon bekannt ist und welche Arbeitsmöglichkeiten es gibt. Dabei ist Information im weitesten Sinne zu verstehen und schließt Literatur und Material ein.

Biologiestudenten haben es an den Universitäten heute schwer, an Information über Insektentaxonomie heranzukommen, wenn man nicht zufällig einen Spezialisten im Institut hat. Zoologische Institutsbibliotheken und Universitätsbibliotheken enthalten wenig Einschlägiges, und das Wenige ist oft veraltet und unbrauchbar. Lehrbücher über Taxonomie gibt es praktisch keine. Vorlesungen und Kurse gibt es gelegentlich, aber nicht überall.

Wenn man Amateur ist und den Wunsch hat, sich über das reine Insektensammeln hinaus in die Insektenkunde zu vertiefen, hat man es auch schwer. In öffentlichen und in Schulbibliotheken findet man zwar viele populärwissenschaftliche Bücher, die aber nicht weiterhelfen.

Das ist einer der Gründe, warum ich dieses Buch geschrieben habe.

Für den Anfang kann ich jedem nur raten, persönlichen Kontakt mit erfahrenen Insektenleuten aufzunehmen, seien es Berufswissenschafter oder Amateure. Aus keinem Buch kann man so viel lernen wie aus dem dauernden Gespräch mit anderen. Solche Personen findet man am leichtesten:

- An Naturhistorischen Museen. Man begnüge sich nicht, die Schausammlungen zu betrachten, sondern frage nach den zuständigen Kustoden.
- In entomologischen Vereinen. Sie sind überhaupt die beste Schule für Anfänger. Man bleibe aber nicht auf Dauer einem einzigen Verein verhaftet, sondern suche weitere Kontakte. Im Dunstkreis eines einzigen Vereins wird man leicht zu sehr „eingenebelt“. Nach kurzer Zeit kennt man alle Geschichten auswendig, die dort erzählt werden. Da ist sehr viel „Sammlerlatein“ dabei, und die Welt wird ziemlich einseitig betrachtet. In manchen Vereinen bewegt sich das Um und Auf der Mitglieder um Fragen der Art,

H. Malicky, *Vom Handwerk der Entomologie*,
https://doi.org/10.1007/978-3-662-59525-1_10

wie man Insekten perfekt präparieren soll, und es gibt Feindschaften zwischen einem, der die Schmetterlinge mit vorgestreckten Vorderbeinen präpariert, und einem, der dies grundsätzlich ablehnt ... Doch man lasse sich von den Vereinen nicht abschrecken. Außer dem Ritual, wie es auch bei Jägern und Fischern üblich ist, gibt es immer wieder viel Wertvolles zu lernen.

- Wenn man von entomologischen Tagungen oder Insektenbörsen erfährt, fahre man hin. Man beteilige sich an den Diskussionen nach den Vorträgen und scheue sich nicht, endlos zu fragen. Dumme Fragen gibt es nicht, sondern nur dumme Antworten. Im Verein und bei der Tagung wird bald ein Kompetenter auf den wissbegierigen Anfänger aufmerksam werden und sich seiner annehmen.

Aus unerfindlichen Gründen sind bei Vereinsabenden und bei Entomologentagungen überwiegend Männer zu finden, Frauen meist als Begleitung. Warum sich so wenige Frauen mit Insekten befassen, wird ein ewiges Rätsel bleiben. In Vereinen, die sich z. B. mit Volkskunst, Literatur, Keramik, Heimatforschung usw. befassen, ist es eher umgekehrt, und dort gibt es genug weibliche „Vereinsmeier". Auch in zoologischen Instituten gibt es viele Frauen. Aber einige besondere Entomologinnen gibt es doch, und ihre Ahnfrauen reichen von Maria Sibylla Merian bis Miriam Rothschild und Eva Vartian. Weibliche Zurückhaltung beim „Insektieren" ist nicht angebracht.

Anfänger sollten große entomologische Kongresse meiden und lieber kleine lokale und regionale Tagungen besuchen. Von den großen Kongressen wird man eher abgeschreckt, wenn man allein und verloren im Gewimmel von dreitausend Teilnehmern steht.

Grundsätzlich soll man ein fleißiger Briefschreiber sein. Briefe sind wichtig! Heute gehen die meisten Briefe über E-Mail, was sehr viel schneller, aber keineswegs verlässlicher ist. Eine gute Sache, die ihre Nebenwirkungen hat. Ein Kollege, der gerade aus dem Urlaub zurück war, hat mir „freudestrahlend" mitgeteilt, dass er 1400 E-Mails vorgefunden hat. Und wenn ein Korrespondent auf eine dringende Anfrage monatelang nicht antwortet, nützt auch das schnellste E-Mail nichts. In manchen Ländern, in denen der Postdienst zu wünschen übrig lässt, ist E-Mail oder Fax ein nützlicher Ausweg. Das Telefon kann Briefe nicht ersetzen. Wissenschafter, die keine Briefe schreiben und nur telefonieren, isolieren sich selbst. Man scheue sich als Anfänger nicht, prominente Wissenschafter anzuschreiben, deren Adressen man erfahren hat. Die meisten werden gern Auskunft geben. Nur einzelne unter ihnen sind, wie andere Menschen auch, abweisend und unverdaulich. Das ist kein Grund zur Entmutigung.

Man abonniere die eine oder andere entomologische Zeitschrift. Viele von diesen werden von Amateurvereinen herausgegeben und sind daher billiger, aber deswegen nicht schlechter. Gerade solche Zeitschriften helfen dem Anfänger am meisten, wenn sie auch von der „hohen Wissenschaft" geringgeschätzt werden.

Ich würde gerne hier eine Liste von Vereinen, Newsletters, Zeitschriften usw. einfügen. Aber das würde ein eigenes Buch ergeben, und die Arbeit daran wäre eine Lebensaufgabe. Bei einer Umfrage im Jahre 1978 ergab sich, dass es damals allein in Österreich 35 einschlägige Zeitschriften gab.

Im Lauf der Zeit versuche man, an weitere Informationsquellen heranzukommen. Das sind beispielsweise:

- Prospekte und Kataloge von Buchhandlungen, Verlagen und Antiquariaten. Abgesehen davon, dass man durch sie auf Literatur aufmerksam wird, sind sie auch sonst reiche Informationsquellen. Man werfe sie nicht weg, denn erfahrungsgemäß will man später wieder nachschlagen, und man kann sie mit Nutzen für alle Beteiligten weitergeben. Heute findet man solche Verzeichnisse fast nur mehr im Internet.
- Mitgliederverzeichnisse von Vereinen, Teilnehmerverzeichnisse von Tagungen, Spezialistenverzeichnisse mit Adressen und Arbeitsgebieten.

Bei der Beschaffung von Literatur muss man zwei Vorgänge unterscheiden: erstens, zu erfahren, was es an Literatur gibt, und zweitens, wie man an sie herankommt.

Wie erfährt man, welche Literatur existiert?

Für den Anfang genügen bei bescheidenen Ansprüchen die Zeitschriften und Bücher, die man selber kauft oder in der nächsten Vereinsbibliothek findet. Für die ernsthafte Arbeit braucht man aber mehr. Halbpopuläre Schmetterlings- und Käferbestimmungsbücher reichen nicht aus, sie sind in der Regel unvollständig, fehlerhaft und meist überhaupt veraltet. Auch das, was man an üblichen Bestimmungsbüchern in Institutsbibliotheken findet, verdient diese Beurteilung, ebenso die Literatur, die man in den Anfänger-Bestimmungsübungen (sofern es solche überhaupt gibt) in den Universitäten verwendet.

Die Zahl der entomologischen Zeitschriften geht in die Hunderte. Keine Bibliothek der Welt hat alle davon. Man kann also nicht einfach in die nächste Museumsbibliothek gehen und alles durchschauen. Abgesehen davon, dass man dafür so viel Zeit brauchen würde, wie sie niemand hat. Man braucht also Kataloge und Referierzeitschriften.

Über viele Insektengruppen gibt es Literaturkataloge von verschiedener Genauigkeit und Qualität. Für die Köcherfliegen (Fischer 1960–1973) gibt es einen Katalog, der alle Zitate der gesamten bis 1960 erschienenen Literatur enthält. Das ist ein seltener Glücksfall, und man kann dem Verfasser nicht genug dankbar für seine lebenslange Arbeit an diesem Katalog sein. Allerdings gibt es für die folgende Zeit nur eine Zusammenfassung bis 1970 (Nimmo 1996) und seither nichts mehr. Die meisten Kataloge enthalten nur eine Auswahl von Literaturzitaten und sind normalerweise veraltet. Für die neueste Literatur ist man auf die Referierzeitschriften angewiesen, von denen es viele gibt. Gemeinsam ist ihnen, dass sie unvollständig sind.

Früher war der **Zoological Record** das Um und Auf der Information über taxonomische Literatur. So lange er vom British Museum (Natural History) oder der Zoological Society of London herausgegeben wurde, war er zwar oft jahrelang in Verzug, aber man konnte sich darauf verlassen, dass er die neue Literatur praktisch vollständig erfasste, vielleicht mit Ausnahme russischer Zeitschriften. Seit 2003 wird er von einer privaten

Firma herausgegeben, wobei der Preis (z. B. des Teils „General Insects and smaller orders" von ungefähr 500 auf über 1300 EUR pro Jahr) von sehr teuer auf wahnsinnig teuer parallel zur zunehmenden Schlampigkeit angestiegen ist und die Vollständigkeit parallel dazu abgenommen hat. Andere Referierzeitschriften sind noch „selektiver", aber die wirklich ordentlichen unter ihnen haben ihr Erscheinen längst eingestellt. Falls jemand von den Lesern doch eine vernünftige Referatzeitschrift kennen sollte, bitte ich dringend um Nachricht.

Heute ist man leider auf die Literatursuche im Internet angewiesen, bei der man mit Suchfunktionen ein merkwürdiges Sammelsurium von Ergebnissen bekommt. Wenn man Glück hat, erfährt man irgendwo die Suchadressen von ordentlichen Literaturlisten, die aber nur Teilbereiche umfassen. Solche gibt es viele im Internet, aber einen brauchbaren Überblick hat vermutlich niemand. Falls jemand unter den Lesern ihn haben sollte, bitte ich um Nachricht.

Ein Hinweis: Österreichische Literatur über Zoologie und Botanik ist unter www.zobodat.at zu finden.

Mithilfe der Referierzeitschriften sollte man also erfahren, welche Publikationen es gibt, und man hat dann auch eine grobe Vorstellung, ob man die betreffenden Arbeiten selber lesen muss oder ob es sich nicht lohnt.

Eine andere wichtige Informationsquelle sind die Literaturverzeichnisse am Schluss von Publikationen. Da stehen natürlich nur Arbeiten drin, die älter als diese sind, und die neuesten Arbeiten fehlen aus naheliegenden Gründen. Aber man kann sich mit ihnen zur früheren Literatur vortasten.

Eine überaus wichtige Quelle von Literaturzitaten sind diverse Mitteilungsblätter oder „Newsletters", von denen es eine Menge gibt. Viele Entomologen haben sich über die Unzuverlässigkeit und die hohen Preise der Referierzeitschriften geärgert und daher zur Selbsthilfe gegriffen. Newsletters kursieren in den engeren Interessentenkreisen zur Verbesserung der gegenseitigen Information und werden von den Wissenschaftern selbst hergestellt. Viele sind sogar gratis zu bekommen.

Von neu erschienenen Büchern erfährt man außer durch Prospekte und Listen von Buchhändlern vor allem durch Besprechungen in entomologischen Zeitschriften. Am einfachsten ist es aber, einen erfahrenen Spezialisten zu fragen.

Aber insgesamt wird es immer mühsamer, einen vernünftigen Überblick über die Literatur zu bekommen.

Die Literaturkartei

Wenn man auf Dauer ernsthaft arbeiten will, braucht man unbedingt eine eigene Literaturkartei. Man lege sie daher möglichst frühzeitig an; später im Nachhinein kostet so etwas viel mehr Arbeit und Zeit. In diese Kartei nehme man alles auf, was einmal vielleicht von Interesse sein könnte. Man vertraue nicht sehr dem menschlichen Gedächtnis. Erfahrungsgemäß ähnelt dieses einem Sieb, bei dem einen Menschen mit größeren, bei dem anderen mit kleineren Löchern. Leute, die auf ihr perfektes Gedächtnis pochen, sind besonders verdächtig. Das Gedächtnis ist wie ein Suppensieb oder, wie es Hans Weigel definierte: Das Gedächtnis des Menschen ist eine Kombination von Protokoll und Märchenbuch.

Es gibt viele Möglichkeiten, die Literaturkartei zu gestalten. Heute wird man sie in einen Computer einfüttern. Der Computer hat zwar eine sehr hohe Zugriffsgeschwindigkeit, aber nur dann, wenn ihm gesagt wird, was er greifen soll. Das heißt, dass die Einspeicherung des Literaturzitats in der üblichen Form (Autor, Titel der Arbeit, Titel der Zeitschrift) einen Zugriff nur auf diese Wörter erlaubt. Man kann also sehr schnell die Autoren heraussuchen, aber wenn man auf den Inhalt zugreifen will, muss man bei jedem einzelnen Zitat zuerst den ganzen Inhalt analysieren, Schlüsselwörter herausschreiben und diese mit dem Zitat eingeben. Oder gleich die ganze Publikation digitalisieren. Das macht derart viel Arbeit, dass die meisten Kollegen es erfahrungsgemäß bald aufgeben. Man kann auch Referierzeitschriften auf Disketten kaufen und gleich die mitgelieferten Indices von Suchwörtern benützen, aber die sind leider unvollständig. Wenn man beispielsweise in einer solchen Zeitschrift oder auf der Diskette das Schlüsselwort „Orthoptera" sucht, dann bekommt man vielleicht fünf Zitate heraus. Wenn man aber Seite für Seite durchblättert, dann findet man vielleicht zwanzig Zitate, die eigentlich schon beim Schlüsselwort erscheinen hätten sollen. Wer es nicht glaubt, möge es selber probieren. Das ist leider die böse Wirklichkeit, die man zur Kenntnis nehmen muss, und das ist auch ein Gesichtspunkt, der vor der Anschaffung eines meist sehr teuren Systems bedacht werden muss. Wenn das Suchwortregister unvollständig ist bzw. wenn außer Autor, Titel und Zeitschrift nichts anderes gespeichert ist, dann bleibt einem nichts anderes übrig, als auf dem Bildschirm die ganze Kartei von hunderten oder tausenden Zitaten „durchzublättern". Damit hat man am Computer aber keinen Vorteil und kann das ganze genauso gut auf traditionelle Karteikarten schreiben, die auch dann funktionieren, wenn der Strom ausfällt oder der Computer kaputt ist oder wenn sein neues System die zwanzig Jahre alten Eintragungen nicht mehr lesen kann.

Die Verwendung von Randlochkarten und Sichtlochkarten ist nicht mehr zeitgemäß und muss daher nicht mehr besprochen werden. Man bekommt auch gar keine solchen Karten mehr im Handel. Sie seien erwähnt, weil sie in vergangenen Jahrzehnten eine gewisse Rolle für diesen Zweck gespielt haben. Für besondere Zwecke, wenn es beispielsweise um raschen Zugriff auf nicht zu große Datenmengen geht, können sie aber nach wie vor nützlich sein.

Traditionelle Karteikarten haben nach wie vor ihre Bedeutung. Papier hält Jahrhunderte und ist nicht von Computer-Abstürzen bedroht. Den Vorwurf, altmodisch zu sein, kann man ertragen.

Zuerst muss man sich für ein Kartenformat entscheiden. Man kann natürlich das Ganze auch auf beliebige Zettel schreiben, aber wenn man ein paar tausend solche hat, wird die Sache äußerst unhandlich. Die Formate A6 oder A7 sind zwei Möglichkeiten, aber es gibt auch andere Formate. Man vergewissere sich, ob man Karten eines bestimmten Formats später wieder nachbekommt. Andernfalls muss man sie später auf

Bestellung anfertigen lassen (was aber kein großes Problem ist). Ich verwende Karten der Größe 80 × 120 mm, die ich seit vielen Jahren von einem bestimmten Geschäft beziehe. Mit geringer Mühe kann man solche Karten aber jederzeit selber zuschneiden. Ob die Karten glatt, liniert, kariert sind, ist nicht so wichtig. Ich verwende unlinierte (Abb. 10.1).

Meine Karten sehen so aus: Oben links steht der Name des Autors; wenn es mehrere Autoren sind, stehen ihre Namen in der Reihenfolge wie in der Originalarbeit, und zwar einheitlich zuerst mit Familiennamen, dann mit voll ausgeschriebenen Vornamen (wie auf der Originalarbeit). Rechts oben steht das Erscheinungsjahr. In der rechten oberen Ecke

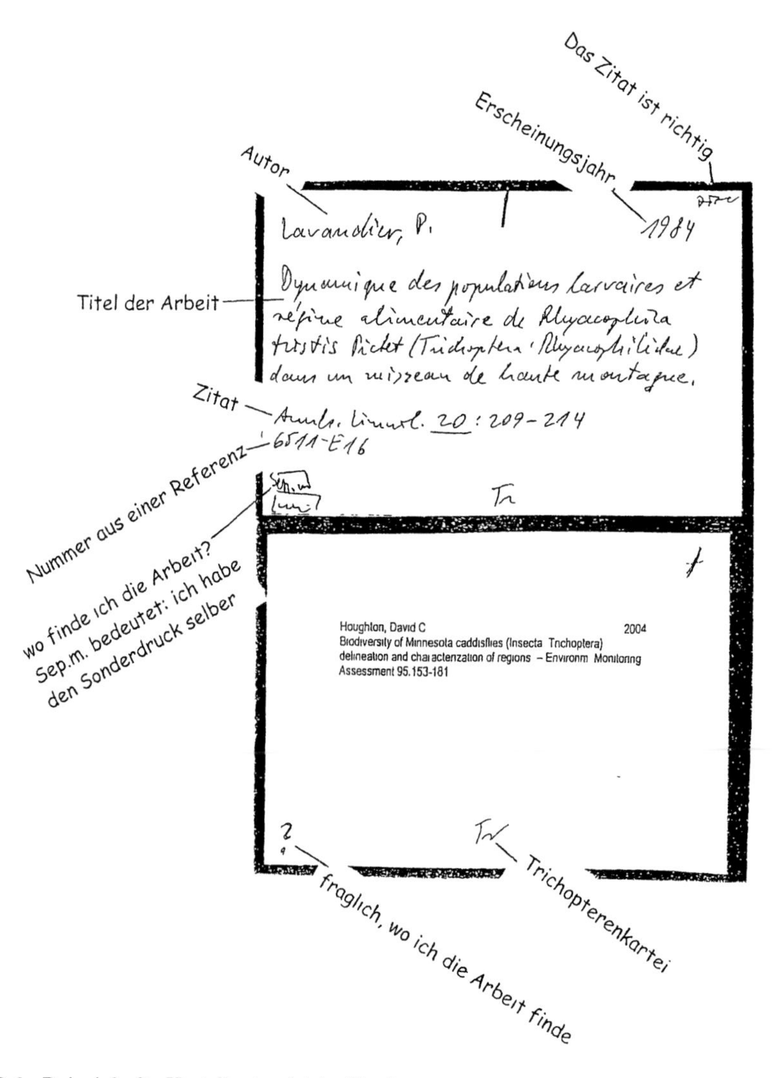

Abb. 10.1 Beispiele für Karteikarten (siehe Text)

mache ich einen Vermerk, ob ich das Zitat selber überprüft habe; wenn ich das Zitat von anderswo habe und die Arbeit nicht gesehen habe, fehlt dieser Vermerk. Das ist manchmal nützlich, wenn es Unklarheiten beim Zitieren gibt. Unter den Autorennamen steht der Titel der Arbeit, und zwar ganz genau so wie auf der Originalarbeit, darunter der Name der Zeitschrift, Jahrgang und Seiten von … bis. Darunter, falls nötig, noch weitere Notizen. In der linken unteren Ecke vermerke ich, wo diese Arbeit zu finden ist: Wenn ich die Zeitschrift selber habe, steht dort „m"; wenn ich die Arbeit als Sonderdruck habe, steht dort „Sep.m.". Sonst steht dort der Name der Bibliothek, wo sie zu finden ist. Dieser Vermerk erspart viel Mühe beim Suchen. In der Mitte des Unterrandes steht die Abkürzung für die Kartei, in die diese Karte gehört, für den Fall, dass ich mehrere getrennte Karteien habe. Bei der Trichopterenkartei steht „Tr", bei der Schmetterlingskartei „Lep", bei der Lichtfallenkartei „LF".

Normalerweise brauche ich nur eine begrenzte Zahl von Karten für ein Thema, an dem ich gerade arbeite, und dann weiß ich zumindest die Autorennamen auswendig, unter denen ich suchen muss, oder besser gesagt, ich kann sehr viele Autoren von vornherein ausschließen, weshalb der Zugriff auf die Zitate beim Durchblättern der Karten relativ wenig Zeit braucht. Wenn ich aber ein ganz neues Thema zu bearbeiten beginne, dann bleibt es mir nicht erspart, einige tausend Karten von A bis Z durchzusehen. Das klingt beunruhigend, ist aber halb so schlimm. Erstens kommt so ein Neubeginn nur selten vor, jedenfalls weniger als einmal pro Jahr. Wenn ich also plötzlich alle Zitate mit dem Stichwort „Skandinavische Köcherfliegen" aus meiner Kartei händisch heraussuchen muss, dann brauche ich erfahrungsgemäß kaum länger als zwei Stunden. Ich habe das Ganze außerdem auf Computer, aber dort dauert es genauso lange, denn das Stichwort „Skandinavien" steht weder auf jeder Karte noch bei den Computerdaten. Alle Karten von vornherein mit den Suchwort „Skandinavien" zu versehen, würde beim Kartenschreiben ein Vielfaches dieser Zeit kosten, denn es ist ja nicht vorauszusehen, welche Suchwörter irgendwann einmal plötzlich wichtig werden können. Man halte an dem einmal gewählten Schema der Karteikarten fest und notiere alle Angaben mit großer Sorgfalt. Nichts ist ärgerlicher, als wenn man schnell ein Zitat braucht und feststellen muss, dass die Bandzahl oder die Jahreszahl fehlt. Man glaubt gar nicht, wie viel Arbeit es kostet, das später nachzutragen.

Wie erfährt man, wo man die Publikationen findet?

Im einfachsten Fall hat man die Originalarbeit selbst, entweder indem man die Zeitschrift abonniert hat oder vom Autor einen Sonderdruck oder eine Kopie bekommen hat. Man kann aber als Privatperson nicht allzu viele Zeitschriften abonnieren. „Normale" entomologische Zeitschriften kosten ungefähr 30 bis 60 EUR im Jahr, aber es gibt zunehmend welche, die zwanzigmal so viel oder noch viel mehr kosten. Will man eine Arbeit aus einer solchen Zeitschrift im Internet lesen, muss man jedesmal rund 40 EUR zahlen.

Sonderdrucke sind für den Einzelnen, der keine große Bibliothek in der Nähe hat, die ideale Wissensvermittlung. Unter Autoren ist es üblich, von Arbeiten, die man in einer Zeitschrift veröffentlicht, Sonderdrucke zu bestellen, deren Zahl vom Tauschbedarf abhängt. Man sendet jedem interessierten Fachkollegen, den man kennt, ein Exemplar und hält sicherheitshalber noch einige in Reserve für allfälligen späteren Bedarf. Früher waren 25 oder 50 Sonderdrucke gratis, und den Mehrbedarf musste man bezahlen. Die „großen" Zeitschriften hingegen geben nichts gratis und verlangen viel zu hohe Preise für Sonderdrucke. Inzwischen gibt es bei den meisten Zeitschriften keine Sonderdrucke mehr, sondern nur mehr „PDF", die man selber auf Papier ausdrucken kann.

Aus Sonderdrucken kann man sich eine eigene Fachbibliothek aufbauen. Den gleichen Zweck erfüllen Xerokopien, die man heute leicht überall herstellen kann. Kopiermaschinen findet man in jedem Büro, und auch Private können sich Kopiermaschinen leisten. Für den privaten Gebrauch kann man kopieren, was man will. Für gewerbliche Zwecke muss man aber beim Kopieren die gesetzlichen Vorschriften beachten, die in verschiedenen Staaten verschieden sein können.

Bis vor wenigen Jahren war es leicht, Sonderdrucke von den Autoren zu bekommen. Wenn man das Zitat der Arbeit und die Adresse des Verfassers kannte, die normalerweise am Ende der Arbeit steht, schrieb man eine Postkarte mit der Bitte, einen Sonderdruck zu senden. Das war früher meistens erfolgreich (Abb. 10.2). Heute ist das ziemlich zwecklos,

Abb. 10.2 So viele Bestellungen für einen Sonderdruck konnte man aus aller Welt bekommen

denn man bekommt meist keine Antwort. Heute gibt es nur mehr selten Sonderdrucke, dafür aber „PDF“ auf elektronischem Wege. Aber die bekommt man auf Anfrage genauso selten wie Sonderdrucke, und wenn doch, stellt es sich erst nachher heraus, ob der Computer des Empfängers sie lesen kann oder nicht.

Ich gehöre derzeit noch zu jenen, die auf eine solche Anfrage etwas schicken, aber ich bin nicht sicher, wie lange ich das noch durchhalte, wenn meine eigenen Bitten immer wieder erfolglos bleiben. Einige Autoren verteilen Kopien und Sonderdrucke nur mehr an einen kleinen Kreis von Kollegen, die man gut kennt. Man trachte also, mit den wichtigsten Kollegen engen Kontakt zu halten und bei Bedarf auch Neujahrskarten oder Urlaubsgrüße auszutauschen, damit man nicht vergessen wird.

Die eigene Sonderdrucksammlung muss man übersichtlich ordnen, sonst hat sie keinen Wert. Meine Sonderdrucke sind in flachen Schachteln untergebracht und nach Autoren alphabetisch geordnet. Wenn man in einem Institut gemeinsam mit anderen Leuten arbeitet, die sich Sonderdrucke gelegentlich ausborgen, neigen diese stark zum Verschwinden. Eine gute Methode dagegen ist, seine Sonderdrucke nach ihrem zeitlichen Erscheinen so bald wie möglich in dicke Bände zusammenbinden zu lassen. Man hat dann natürlich keine alphabetische Ordnung, also muss man die Nummer des Bandes, wo man die Arbeit findet, auf der Karteikarte vermerken. So ein dicker Band, auf dem der Name des Eigentümers steht, verschwindet kaum. Das „Sublimieren“ beruht ja nicht auf unredlicher Absicht, sondern auf Unachtsamkeit.

Wie findet man heraus, wo eine bestimmte Zeitschrift vorhanden ist? Jede halbwegs ordentliche Bibliothek hat ein Verzeichnis über ihre Bestände aufliegen. Solche Bibliotheken findet man vor allem in den großen Museen, die auch über große Insektensammlungen verfügen. Das sind die Naturhistorischen Museen. Nationalbibliotheken und die Universitätsbibliotheken haben zwar große Bestände, aber nicht viel Entomologisches. In solchen Bibliotheken findet man aber, wenn man Glück hat, Verzeichnisse anderer Bibliotheken.

Gelegentlich kommt es vor, dass eine gesuchte Zeitschrift nicht zu finden ist. Dann besteht die Möglichkeit der Fernleihe. Manche großen Bibliotheken, wie z. B. die Österreichische Nationalbibliothek und die Universitätsbibliotheken, unterhalten einen Suchdienst, bei dem der Wunsch nach einer Zeitschrift oder einem Buch an ausländische Bibliotheken weitergeleitet wird. Man erkundige sich nach den Bedingungen bei den zuständigen Stellen.

Aber inzwischen ist die Literatursuche mithilfe des Internet ein Abenteuer mit ungewissem Ausgang geworden.

Schwieriger ist die Suche nach Büchern. Jede Bibliothek hat ein Verzeichnis der eigenen Bestände, aber Buchverzeichnisse, die viele Bibliotheken umfassen, gibt es kaum. So wird man sich auf die Suche nach einem Buch zuerst an jene Bibliotheken wenden, bei denen das Vorhandensein am wahrscheinlichsten ist, also in erster Linie an große Naturhistorische Museen, an die größeren Landesmuseen, an die zoologischen Universitätsinstitute. Die Suche ist mühsam. Oft findet man rare Bücher in Privatbüchereien von Fachkollegen. Das kann man in Vereinen oder durch persönlichen Kontakt erfahren. Kataloge von Buchhändlern und Antiquariaten führen manchmal ebenfalls zum Ziel, wenn man Glück hat. Man kann solchen Händlern Wunschlisten schicken und bekommt vielleicht das eine oder andere Stück nach einiger Zeit, wenn ein Exemplar in den Handel gelangt. Aber dieser Weg wird immer schwieriger, weil Buchhändler rationalisieren und sich nicht mehr mit Kleinaufträgen befassen, die viel Arbeit kosten und finanziell wenig bringen. Buchhändler, die sich mit solchen Detailgeschäften befassen, stehen auf der Aussterbeliste.

Die Bücher von Gilbert und Hamilton (1990) und Ewald (1983) mögen bei der Suche hilfreich sein.

Auf eine unkonventionelle Methode der Beschaffung von neu erschienenen Büchern sei noch aufmerksam gemacht: auf das Anfordern von Besprechungsexemplaren. Jeder Verlag hat eine gewisse Anzahl von Exemplaren reserviert, die gratis an Leute gegeben werden, die darüber in der Fachliteratur Besprechungen schreiben. Wenn man also z. B. Mitglied eines Vereins ist, der eine Zeitschrift herausgibt, und der Schriftleiter einverstanden ist, dann schreibt man an den Verlag einen Brief mit dem Ersuchen, ein Besprechungsexemplar zu senden. Das muss man dann selbstverständlich auch wirklich besprechen, und die Besprechung muss in der Zeitschrift gedruckt werden. Manche Leute schreiben viele Besprechungen und bekommen damit eine ganz schöne Bibliothek zusammen. Durch die Besprechungen werden viele potenzielle Käufer auf das Buch aufmerksam, und der Verlag profitiert davon.

Das hat aber eine Kehrseite. Am Rande einer Tagung saßen einmal drei prominente Entomologen beisammen und unterhielten sich über ein soeben erschienenes Buch. Der Wiener sagte: Nebbich. Der Münchner sagte: Schmorrrrn. Der Hamburger sagte: Schiet. Die Fama berichtet, dass zumindest zwei dieser Missvergnügten Besprechungen dieses Buches geschrieben haben unter fleißiger Verwendung von Wendungen wie: „sowohl für Experten als auch für interessierte Einsteiger sehr empfehlenswert“, „ein ausgezeichnetes Nachschlagewerk“, „sowohl der interessierte Naturfreund wie auch ein Entomologe wird es mit viel Gewinn lesen“, „gehört unbedingt in den Bücherschrank eines jeden Entomologen“, „möchte ich dieses Buch uneingeschränkt empfehlen“ usw. Denn wenn man ein Buch wahrheitsgemäß bespricht, besteht die Gefahr, dass einem die Verlage keine Besprechungsexemplare mehr schicken. Es sei denn, das Buch wäre wirklich gut.

Literatur

Ewald G (1983) Biologische Fachliteratur. Eine Anleitung zur Erschließung, Erfassung und Nutzung, 2. Aufl. Gustav Fischer Verlag, Stuttgart. ISBN 3-437-20291-X

Fischer FCJ (1960–1973) Trichopterorum Catalogus, 15 Bände + Indexband. Nederlandse Entomologische Vereniging, Amsterdam

Gilbert P, Hamilton CJ (1990) Entomology. A guide to information sources, 2. Aufl. Publishing Ltd, Mansell. ISBN 0-7201-2052-7

Nimmo AP (1996) Bibliographia Trichopterorum, Bd 1. Pensoft Publishers, Sofia, S 597. ISBN 954-642-012-3

11 Wie beschreibt man einen Gegenstand?

Zweck einer Beschreibung ist, die Wiedererkennbarkeit des Gegenstandes zu sichern. Sehen wir erst einmal von Insekten ab und versuchen wir, uns über den Vorgang des Beschreibens klar zu werden, und betrachten wir den in Abb. 11.1 dargestellten Gegenstand. Ich setze voraus, dass der Leser diesen Gegenstand nicht kennt. Man kann auch einen beliebigen anderen Gegenstand für diesen Versuch auswählen. Alte Handwerksgeräte aus Heimatmuseen, die keiner mehr kennt, eignen sich gut dafür.

Die Beschreibung wird voraussichtlich ungefähr so ausfallen: Ein drehrunder Gegenstand aus gebranntem Ton von verkehrt apfelförmiger Gestalt, mit flachem Boden und eingetieftem oberen Ende, mit je einem runden Loch in der Mitte oben und unten, Durchmesser 18,5 cm, Höhe 11,3 cm, Gewicht 1205 g, mit einem ringförmigen vortretenden, 3 mm breiten Wulst in etwa 2/3 der Höhe, innen hohl, Wandstärke ungefähr 15 mm, Durchmesser des oberen Loches 2 cm, des unteren 3 cm. Mehr lässt sich kaum beschreiben.

Daraus geht zweierlei hervor. Erstens kann der Leser mit dieser Beschreibung recht wenig anfangen, denn er weiß noch immer nicht, was das ist. Um den Gegenstand gedanklich einordnen zu können, muss man wissen, wozu er dient, wie er hergestellt wurde usw. Zweitens sieht man selbst an dieser kurzen Beschreibung eines sehr einfachen Gegenstandes, dass man ohne Vergleiche nicht auskommt. Wie soll man sonst die „apfelförmige" Form mit einfachen Ausdrücken näher umschreiben? Da ist die Alltagssprache weit überfordert.

Dieser abgebildete Gegenstand gehört in die Kategorie der Gegenstände aus Ton, oder in die Kategorie der Feuerwerkskörper, aber nicht in die Kategorie der Äpfel. Hat man ihn also solchermaßen eingeordnet, kann man die weitere Beschreibung auf eine Differenzialdiagnose reduzieren, d. h., es genügt, deutlich zu sagen, wodurch dieser Gegenstand sich von ähnlichen (z. B. von einem Blumentopf) unterscheidet. Ebenso ist es bei der Beschreibung eines Insektes, wobei natürlich vorausgesetzt wird, dass die

H. Malicky, *Vom Handwerk der Entomologie*,
https://doi.org/10.1007/978-3-662-59525-1_11

Abb. 11.1 Wie beschreibt man diesen Gegenstand, wenn man nicht weiß, was er ist?

Hypothese, die sich der Autor gebildet hat, auf der genauen Kenntnis der Ordnung, der Familie, der Gattung und der Artengruppe beruht, in die er die zu beschreibende Art stellen will.

Ein zweites Beispiel ist in Abb. 11.2 zu sehen. Versuchen Sie, diesen Gegenstand zu beschreiben und herauszufinden, was er ist. Es handelt sich um einen Gegenstand des praktischen Gebrauchs.

Und ein drittes Gebilde ist in Abb. 11.3 zu sehen. Selbst wenn ich Ihnen verrate, dass das eine Kopulationsarmatur eines Insekts ist: Versuchen Sie, ihn so zu beschreiben, dass ein anderer, der ihn nicht kennt und Ihre Beschreibung liest, genau weiß, wie er aussieht. Ich sage voraus: Das geht nicht. Die Sprache ist nicht präzise genug, um so komplizierte Strukturen zu beschreiben. Folgerung: Ohne Abbildung geht es nicht.

Wie geht wissenschaftliche Arbeit im Prinzip vor sich? Nach einer Beobachtung kommt es zu der Aufstellung einer Hypothese, die später falsifiziert wird, dann zur Aufstellung einer verbesserten Hypothese, dann wieder zur Falsifizierung, und so endlos weiter. Theorien sind nichts anderes als Hypothesen, die sich bewährt haben, aber sie können genauso falsifiziert werden. Logik gibt es in der Forschung, aber in der Natur gibt es keine Logik. Früher dachte man, die Wissenschaft suche nach der Wahrheit, aber wie soll das gehen? Was ist Wahrheit? Wir sind Entomologen und keine Philosophen und suchen nach falsifizierbaren Hypothesen.

Abb. 11.2 Was ist dieser Gegenstand, wie beschreibt man ihn?

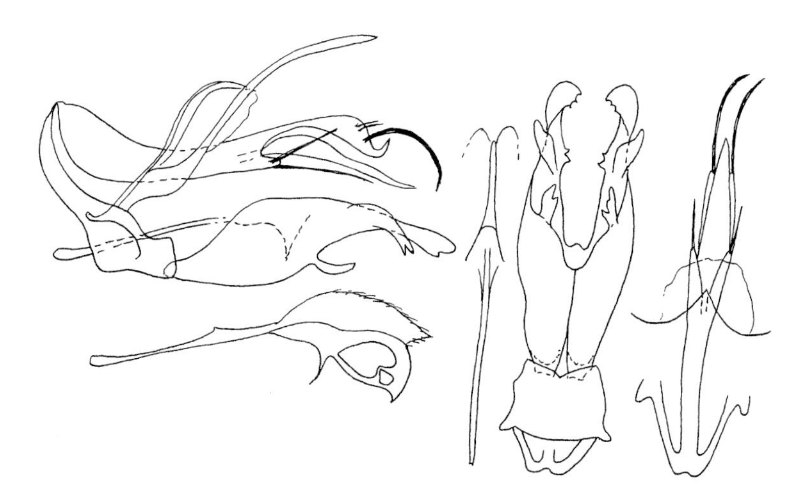

Abb. 11.3 Wie soll man so komplizierte Strukturen mit Worten beschreiben, dass man sie eindeutig wiedererkennt?

Die wissenschaftliche Beschreibung eines Gegenstandes setzt also in jedem Fall eine Hypothesenbildung voraus. Man muss den Gegenstand in irgend ein bekanntes Denkschema einordnen. Sobald man weiß, dass der Gegenstand in Abb. 11.1 ein Feuerwerkskörper ist, der mit brennbarem Material gefüllt wird, das beim Entzünden eine farbige Feuerfontäne aus dem oberen Loch hervorsprüht, dann erklärt sich leicht, warum er diese Form haben muss (damit er fest steht und nicht umfällt) und warum er so dickwandig, also schwer, sein muss. Bei der Beschreibung eines Insekts fängt man nicht mit der Angabe an, dass der Körper segmentiert ist, dass er sechs Beine und vier Flügel usw. hat, denn das ist in der Hypothese schon inbegriffen, wenn man die Beschreibung übertitelt „Eine neue Libelle der Gattung *Cordulegaster* aus Griechenland". Es kann vorkommen, dass die Hypothese falsch ist, wenn man z. B. einen neuen Carabiden beschreibt und es sich nachher herausstellt, dass es in Wirklichkeit ein Tenebrionide war. Hypothesen müssen so formuliert sein, dass sie falsifizierbar, d. h. formal widerlegbar sind. Eine nicht widerlegbare Behauptung (z. B. „Apfelstrudel ist besser als Schweinsbraten") ist keine wissenschaftliche Hypothese. Die Hypothese muss durchaus nicht ausführlich sein; man kann sich lange Beschreibungen ersparen, wenn man anderweitig wesentliche Informationen gibt. In den Naturwissenschaften gehört dazu vor allem die Nachprüfbarkeit. Wer sich näher für die theoretischen Grundlagen dieser Überlegungen interessiert, dem sei die Lektüre der Werke von Karl Popper (1979, 2002) empfohlen.

Die beschreibende Tätigkeit eines Taxonomen spielt sich im Wesentlichen im Rahmen von Neubeschreibungen, Revisionen, Übersichtswerken (Handbüchern etc.) und Bestimmungswerken ab.

Bei der Auswahl der Merkmale muss man versuchen, das Wesentliche zu erkennen. Das ist nicht immer einfach, und es ist eine Frage des Talents des Beschreibers. Manche Leute erkennen das Wesentliche spontan, andere haben Schwierigkeiten damit und brauchen Übung. Dieses Talent ist anscheinend angeboren, aber natürlich in hohem Maße erlernbar. Manche Autoren lernen es nie, produzieren aber leider trotzdem Beschreibungen, mit denen sich dann die Nachwelt herumplagen muss. Zur Nachprüfbarkeit gehört unbedingt auch die Angabe, in welcher Sammlung das Typenmaterial ist und welches der genaue Fundort ist, damit jeder andere, den es interessiert, prüfen kann, ob die Angaben des ersten Autors stimmen. Wenn sogar diese Angaben fehlen (jeder erfahrene Taxonom kann dazu Beispiele nennen), dann hat man es schwer. Zum Glück sind das Ausnahmen.

Wie genau soll eine Beschreibung sein? Einfach gesagt, aber schwer getan: so genau wie notwendig. Es nützt nicht viel, wenn sich die Beschreibung einer neuen Art über zwei Druckseiten hinzieht, aber die wesentlichen Unterschiede zu den ähnlichen Arten nicht angegeben sind. Normalerweise wird für die Beschreibung einer neuen Art ein Umfang von ungefähr 15–20 Zeilen genügen. Diese Beschreibung in Worten wird aber meistens nicht ausreichen; nach heutigen Ansprüchen muss man unbedingt Abbildungen dazugeben, denn bei komplizierten Strukturen, wie sie bei Insekten üblich sind, reicht die Sprache zur Charakterisierung nicht aus (Abb. 11.3).

Übrigens: Der Gegenstand in Abb. 11.2 ist ein Steigbügel für einen Elefantenreiter aus Indien.

Welche Merkmale soll man auswählen? Die Beschreibung erfolgt zum Zwecke der Wiedererkennbarkeit. Daher müssen die Merkmale erstens klar erkennbar (leicht sichtbar) und zweitens signifikant sein. Es hat wenig Sinn, genaue Details etwa vom Flügelgeäder winziger Schmetterlinge anzugeben, bei denen das Geäder erst nach mühsamer Entfernung der Schuppen und dann auch noch schlecht sichtbar wird. Für die Signifikanz eines Merkmals sollte man die Variationsbreite berücksichtigen, also Serien vergleichen, soweit vorhanden. Es schafft Verwirrung, wenn als Unterschied zwischen *Rhyacophila* A und *Rhyacophila* B angegeben wird, der Dorsalfortsatz auf Segment 9 wäre bei A gegabelt und bei B einfach, wenn sich nachher herausstellt, dass er bei beiden beides sein kann und man ein besser geeignetes Merkmal suchen muss.

Übertriebene Genauigkeit ist nicht gefragt. „So genau wie nötig" schließt die Notwendigkeit des Abstrahierens ein. Wie weit man abstrahieren kann und darf, entscheidet die individuelle Erfahrung des Taxonomen. Dies ist anhand von Beispielen im Lauf der Zeit erlernbar.

Wie benennt man neue Arten?

Der Autor einer neuen zu beschreibenden Art ist frei in der Namengebung. Vorschrift ist nur, dass der Name in Lateinbuchstaben geschrieben ist, aus **einem** Wort besteht und als Wort verwendet werden kann, und zwar mit den 26 verfügbaren Buchstaben des lateinischen Alphabets ohne Akzente, Umlaute oder Sonderformen. Mülleri, chrétieni und růžičkai müssen muelleri, chretieni und ruzickai heißen. Konstruktionen wie 4-punctata, sancti-georgi oder ?maculata sind nicht zulässig, sie müssen quadripunctata oder sanctigeorgi geschrieben werden. Es muss kein lateinisches oder griechisches Wort sein, es kann aus beliebigen Sprachen stammen oder eine beliebige Erfindung sein. Das Wort muss nichts bedeuten. Der Name kann heißen silvatica, linnaei, terraenovae, abudefduf, nakpo, canguru, anoane, episkopi, simafiazga, muoimot, aber **nicht** cbafdg. Die Bedeutung des gegebenen Namens ist für den Code unwichtig, denn seine Regeln sind rein formal. Man kann also eine Art, die 3 mm groß ist, ohneweiters „gigantea" nennen, oder eine Art, die in Brasilien vorkommt, „asiatica", und dergleichen. Es gibt seit Langem solche Namen. Die häufige rote Weberameise in Südostasien heißt *Oecophylla smaragdina.*

Am Nächsten liegt ein Name, der irgend eine Eigenschaft des Tieres ausdrückt oder auf seine Herkunft deutet: bicolor, alpina, palustris. Man bedenke aber, dass solche Namen allzu nahe liegen und sehr oft von jemand anderem schon früher gebraucht wurden. Das gilt auch für Widmungen, die man zu Ehren von einem Freund, einem Prominenten oder einfach nach dem Sammler vergibt: Ein fleißiger Sammler bekommt manchmal ziemlich viele neue Arten gewidmet, und wenn der Name „muelleri" zum zweitenmal in der Gattung vergeben wird, ist er ein Homonym, und die Art muss neu benannt werden.

Manchmal kommt ein Taxonom in die Lage, besonders viele Namen für neue Arten vergeben zu müssen. Man schreibt die Revision einer Gattung und hat sechzig neue Arten zu benennen – aber wie? Mit Namen wie annulata, bifida und dergleichen kommt man nicht weit. Ich habe mir dabei mit einem Büchlein „Wer ist wer in der klassischen Antike?" geholfen, einer Art Telefonverzeichnis aus dem alten Griechenland und Rom. Viele Namen findet man in der Bibel und ähnlichen Büchern. Im Moment verwende ich das Buch über die Listen der Engel von Umberto Eco. Wer hat noch weitere Ideen?

Literatur

Popper KR (1979) Ausgangspunkte. Meine intellektuelle Entwicklung. Hoffmann & Campe, Hamburg. ISBN 3-455-08982-8

Popper KR (2002) Alles Leben ist Problemlösen. Piper, München. ISBN 3-492-23624-3

12 Was ist eine Art, eine Unterart, eine Gattung?

Unsere Untersuchungen haben die Welt der Sinne zum Gegenstand, nicht eine Welt von Papier.

(Galilei)

Die grundlegende natürliche Einheit der Systematik ist die Art. Den Begriff der Art kann man annähernd charakterisieren als die Gesamtheit aller Individuen, die wesentliche Merkmale gemeinsam haben und in Fortpflanzungsgemeinschaft miteinander stehen.

Freilich ist diese Definition höchst wacklig, und man kann für jedes Wort Ausnahmen anführen, die dieser Definition widersprechen und den Artbegriff trotzdem nicht sinnlos machen. Was heißt „Individuen" bei Tierkolonien? Was sind wesentliche Merkmale und was unwesentliche? Was ist „Fortpflanzungsgemeinschaft" bei Ameisenarbeiterinnen, die sich nicht fortpflanzen? Was ist mit parthenogenetischen Populationen, die sich dauernd auseinander entwickeln? Wo gehören Bastarde zwischen zwei Arten hin? Es gibt freilich eine allgemein gültige Definition: „Eine Art ist das, was der zuständige Spezialist dafür hält" – aber die erklärt nichts, sondern verschiebt die Erklärung auf die nächst niedrigere Ebene, denn niemand anderer als der zuständige Spezialist kann aufgrund seines Wissens entscheiden, was im Einzelfall eine Art ist und was nicht. Die Literatur über dieses Thema ist unübersehbar. Wer mehr über diese Dinge erfahren will, lese z. B. die im Literaturverzeichnis angeführten Bücher von Hennig, Mayr, Wägele und Willmann und wundere sich nicht, wenn dann alle Klarheiten beseitigt sind. Heutzutage sind molekulargenetische Analysen („Barcoding") üblich, die mithilfe von Statistik Arten unterscheiden helfen, aber das funktioniert auch nicht unbeschränkt.

Ich meine, dass nach unserem derzeitigen Wissen eine für alle Organismen einheitliche und streng gültige Artdefinition nicht möglich ist. Dabei lasse ich mich von den Chemikern und Physikern nicht beirren, die an den Biologen ihren reichlich vagen Artbegriff beanstanden. Was nicht geht, geht nicht, und das Maß anderer (angeblich exakter)

H. Malicky, *Vom Handwerk der Entomologie*,
https://doi.org/10.1007/978-3-662-59525-1_12

Wissenschaften kann man an der Biologie eben nicht anlegen. Das wird uns aber nicht daran hindern, trotzdem sehr viel über die Biologie und die Arten zu wissen. Wir wissen, dass in der Welt lauter Arten herumlaufen, -fliegen und -schwimmen, können es aber nach den strengen Kriterien der Physiker nicht beweisen. Daher tun wir in der Praxis so, als ob wir typologische Arten vor uns hätten (d. h., was in unser Linné'sches Schubladensystem hineinpasst), postulieren diese aber nicht als der Weisheit letzten Schluss, sondern als falsifizierbare Hypothesen, die man jederzeit korrigieren und verbessern kann. So haben wir gute Chancen, letzten Endes doch bei der wirklichkeitsgerechten Erfassung der wirklich existierenden Arten zu landen. Definitionen passen gut in das europäisch-logisch-idealistische Denkschema, aber in der Natur ist nichts logisch.

Für die praktische Arbeit in der Taxonomie ist der *International Code of Zoological Nomenclature,* kurz ICZN genannt, grundlegend. Es würde zu weit führen, hier auch nur seine wichtigeren Bestimmungen anzuführen. Der ganze Text kann auf www.nhm.ac.uk gefunden werden. Der „Code" enthält aber nur formale Vorgaben. Für die inhaltliche Gestaltung einer taxonomischen Tätigkeit ist allein der Autor selbst verantwortlich.

Für mich ist eine Art das, was ich in der Natur finde und unmittelbar erkenne. Das ist selbstverständlich ganz subjektiv. Wenn die Tiere reden könnten, müssten sie sagen: Wir haben diese gescheiten Definitionen nicht gelesen und wissen daher nicht, was wir von uns denken sollen, daher machen wir, was wir selber für richtig halten. Es ist Tatsache, dass die Tiere und Pflanzen selber „wissen", was zur eigenen Art gehört und was nicht. Freilich erkennen sie einander an anderen Merkmalen als der Biologe, der nach leicht erkennbaren Merkmalen sucht. Eine Art ist nicht deswegen eine Art, weil irgendein Anhang an den Kopulationsarmaturen länger oder kürzer ist, sondern eine Art ist eben eine Art, und wir versuchen sie an solchen Merkmalen zu erkennen.

In der Praxis wird das oft aus Tradition gehandhabt. Wenn *Chaetopteryx villosa* und *Chaetopteryx fusca* schon im 19. Jahrhundert als Arten beschrieben wurden und jeder weiß, was das ist, so behält man sie als Arten bei, auch wenn man längst weiß, dass sie sich genetisch nur minimal unterscheiden und sowohl in der Zucht als auch im Freiland beliebig fruchtbare Bastarde produzieren. Andrerseits hält man *Rhyacophila dorsalis* für eine gute Art und *persimilis, acutidens* und noch einige andere für ihre Unterarten, die ebenfalls verschiedene Areale bewohnen und an den Grenzen dazwischen breite Übergangszonen mit intermediären Individuen bilden. Es ist besser, solche Verhältnisse beizubehalten, wenn radikale Änderungen Verwirrung stiften. Doch ist manchmal eine radikale Änderung angebracht, wenn der nachherige Überblick besser ist, wenn aus einer unübersichtlichen Fülle artenarmer Gattungen eine übersichtliche, große Gattung (z. B. *Lepidostoma*) gewissermaßen „wieder"hergestellt wird.

Die ewig wiederkehrende Frage: Ist das eine gute Art oder nur eine Unterart? mag inhaltlich schwer zu beantworten sein. Formal ist sie aber nach dem Code eindeutig: Sowohl Art als auch Unterart sind Taxa im Artrang. Eine Unterart ist nicht etwa eine minderwertige Art, die noch nicht voll zu zählen ist. In Faunenlisten liest man gelegentlich Formulierungen wie „In Spanien gibt es 345 Arten und 15 Unterarten dieser Familie" (wenn diese Unterarten zu anderen als diesen 345 Arten gemeint sind). Das sollte richtig heißen: „In Spanien gibt es 360 Arten, von denen 15 nicht in der Nominat-Unterart, sondern in anderen Unterarten vorkommen.“ Jede Unterart gehört selbstverständlich zu einer Art und bildet keine selbstständige Einheit außerhalb von Arten.

Wenn in der Literatur Namen von Arten geändert werden, ist das tägliche Praxis. Wenn dafür vernünftige Gründe vorliegen, ist es nicht zu beanstanden. Jede wissenschaftliche Aussage ist zunächst eine Hypothese und kann falsifiziert werden. Meistens gibt es solche Änderungen, wenn ein nachfolgender Untersucher bemerkt, dass für ein und dieselbe Art zwei oder mehrere Namen verfügbar sind. Dann hat der älteste, also der als erstes vergebene, Priorität, und die folgenden werden zu Synonymen, bleiben aber weiter verfügbar. Es kann ja sein, dass eine noch neuere Untersuchung erweist, dass es doch nicht dasselbe war. Alles ist in Fluss, aber wenn sich die Spezialisten nicht über Details einigen können oder weil sie meinen, jeden Erkenntnisfortschritt sofort durch Namensänderungen ausdrücken zu müssen (was z. B. bei den Schmetterlingen ein unerträgliches Ausmaß angenommen hat), so ändert das nichts an der Brauchbarkeit des Systems und der Arbeitsmethoden. Ebensowenig ändern sich diese, wenn die moderne Genetik in vielen Fällen nachwies, dass es in Wirklichkeit ganz anders und vor allem viel komplizierter sei, und ebenso wenig, wenn die moderne und überaus aktive Schule der Kladisten oder irgendeine andere, ebenso moderne Schule uns weismachen will, sie habe die einzige richtige und objektive Methode der Klassifikation gefunden. Objektive Methoden gibt es in den Naturwissenschaften nicht, denn jede Methode ist grundsätzlich subjektiv!

Ein Vorwand für Namensänderungen ist die subjektive Auslegung des Prioritätsgrundsatzes. Der erste für ein Taxon vergebene Name hat vor den späteren Vorrang. Das ist ein nützliches Prinzip, ohne das die ganze Taxonomie zusammenbrechen würde. Aber manche Taxonomen machen sich geradezu einen Sport daraus, alte Namen, die Priorität hätten, aus der älteren oder eher uralten Literatur auszugraben, wobei es nicht immer sicher ist, ob ein Autor vor zwei Jahrhunderten wirklich dieselbe Art und keine andere gemeint hat. Gegenmittel: Jeder Entomologe ist berechtigt, über solche Vorgänge seine eigene Meinung zu haben, und wenn ich mit einer solchen Deutung nicht einverstanden bin, dann übernehme ich sie ganz einfach nicht! Niemand ist gezwungen, inhaltliche Deutungen zu übernehmen, die seiner Ansicht nach falsch sind. Der Code regelt nur das Formale!

Dazu gibt es seit dem Jahr 2000 eine neue Bestimmung im „Code“, dass der gebräuchliche (also neuere) Name beizubehalten ist, wenn der alte Name nach 1899 nicht verwendet worden ist und der neue Name in den letzten 50 Jahren von mindestens 10 Autoren in mindestens 25 Publikationen über mindestens 10 Jahre hinweg verwendet worden ist.

Gerade im Zeitalter der Datenbanken und der Computerisierung ist es besonders absurd, dauernd die Namen von Tieren und Pflanzen zu ändern.

Im Gegensatz zur Art ist eine Gattung (und auch jede übergeordnete Kategorie: Familie, Ordnung …) ein künstlich geschaffener Ordnungsbegriff und kommt in der Natur nicht vor. Ebenso wie „das Tier“ in Wirklichkeit nicht existiert; das ist eine Gedankenkonstruktion. Egal, nach welcher Methode man die Arten anordnet, ob typologisch, kladistisch oder sonstwie: Die Grenze zwischen den Gattungen wird vom Bearbeiter individuell und willkürlich gezogen. Der Gattungsname ist ein Ordnungsbegriff und dient dazu, dem Leser den Überblick zu erleichtern. Man lasse sich nicht durch die seit einigen Jahrzehnten gebräuchliche Ansicht verwirren, die höheren Kategorien müssten unbedingt monophyletisch sein (wie es manche Herausgeber von Zeitschriften obligat verlangen). Monophyletisch oder nicht: Wo ein Spezialist die Grenze zwischen zwei Gattungen festsetzt, bleibt ihm und seiner weisen Einsicht überlassen!

Vorwände für Änderungen gibt es viele. Oft ist es nur die Meinung des Autors, eine Gattung wäre zu groß, es wären zu viele Arten in ihr zusammengefasst und sie müsse daher geteilt werden. Das ist eine subjektive Ansicht, der auf keinen Fall zugestimmt werden kann. Wenn der Autor eine große Gattung unbedingt übersichtlicher gestalten will, kann er jederzeit Untergattungen vorschlagen, die die Literatur weniger belasten und die Übersichtlichkeit nicht gefährden.

Es besteht auch keine zwingende Notwendigkeit, im anderen Extremfall mehrere Gattungen ohne besonderen Grund zusammenzufassen. Sicherlich wird es manchmal notwendig sein, eine Art aus einer Gattung, in die sie nach neuen Erkenntnissen überhaupt nicht hineinpasst, herauszunehmen und woanders hin zu versetzen, aber nur, wenn sie wirklich gar nicht dorthin gehört! Eine neue Gattung zu schaffen, die phylogenetisch „gleich daneben“ steht, ist überflüssig. Dafür gibt es allenfalls Untergattungen. Ein neues Kladogramm mit einer etwas verschiedenen Anordnung der Arten ist kein triftiger Grund. Aus der altbekannten Gattung Carabus mit 850 Arten 137 neue Gattungen zu machen, ist keine Wissenschaft, sondern Unfug. Das beste Mittel sich dagegen zu wehren, ist, eine solche „neueste“ Nomenklatur nicht zu verwenden. Nirgends steht geschrieben, dass man Aussagen und Hypothesen, die man für falsch hält, übernehmen muss.

Unser „natürliches“ System ist alles andere als natürlich. Von Carl von Linné vor zweieinhalb Jahrhunderten geschaffen, war es zuerst als statisches Schubladensystem gedacht: Der liebe Gott habe all die Arten geschaffen, sie hätten sich seither nicht geändert, und daher täte man gut daran, ein für allemal festzulegen, dass sie in diese oder jene Schublade gehörten. Inzwischen wissen wir längst, dass die Arten alles andere als unveränderlich sind, aber das System hat sich bewährt, sodass wir es weiter verwenden. Versuche, es aufzuweichen oder etwas Besseres zu schaffen (z. B. die numerische Taxonomie), haben zu nichts Brauchbarem geführt. Endlose Aminosäuresequenzen sind in der täglichen Arbeitspraxis unbrauchbar.

Jede Art hat einen Namen, der ihr von ihrem Beschreiber gegeben wird und damit ein für allemal festgelegt ist. Dieser Name besteht aus zwei Wörtern: aus dem Gattungsnamen (in welche Gattung der Beschreiber sie gestellt hat) und dem Artnamen, der ihr vom Beschreiber verliehen wird. Das System ist hierarchisch aufgebaut: Mehrere Arten werden zu einer Gattung zusammengefasst, mehrere Gattungen zu einer Familie, mehrere Familien zu einer Ordnung, mehrere Ordnungen zu einer Klasse usw., wozu noch verschiedene Zwischenkategorien (Überfamilien, Unterordnungen) kommen. Die natürliche Grundkategorie von allen diesen ist die Art; die anderen (höheren) sind gedankliche Ordnungsprinzipien. Es ist allgemein anerkannt, dass auch die höheren Kategorien natürlichen Ursprungs sind, aber in der Praxis kann man das nur indirekt über die Phylogenie (mit vielen verschiedenen Methoden) erschließen. Die Taxonomie muss sich dabei auf das Registrieren beschränken.

Wenn für eine Art mehrere **Namen** vorgeschlagen wurden, so hat der jeweils älteste Vorrang, sofern er **„verfügbar"** ist. Verfügbar ist er, wenn er in Lateinbuchstaben geschrieben ist, die Beschreibung in Druck auf Papier erschienen ist (neuerdings sind unter bestimmten Bedingungen leider auch elektronische Publikationen verfügbar), die Beschreibung allgemein erhältlich ist und ein Holotypus fixiert wurde, von dem angegeben sein muss, in welcher Sammlung er sich befindet. Dass er in einer öffentlichen Sammlung sein muss, wird nur empfohlen, ist aber nicht vorgeschrieben. Aber „verfügbar" heißt bei Weitem nicht „gültig"!

Dieses Buch will sich nicht mit den Details der Klassifikation befassen. Die Regeln, nach denen die Namengebung vor sich geht, sind in dem Code sehr ausführlich besprochen. Dort kann man nachlesen, unter welchen Bedingungen ein Name verfügbar wird; wie man Namen geben soll; über Priorität, Synonymie und Homonymie; wie und wo und unter welchen Bedingungen die Beschreibung erfolgen muss, um gültig zu sein. Diese Regeln sind die unentbehrliche Grundlage für jede taxonomische Arbeit. Man verlasse sich nicht darauf, was vor allem in Amateurkreisen für „Vorschriften" gehalten wird, sondern lese den authentischen Text im Code nach. Es sind viele unzutreffende Ansichten über diese Dinge im Umlauf. Anfängern muss aber trotzdem geraten werden, die Bestimmungen des Code mit Vorsicht zu genießen, denn sie enthalten auch allerhand Ungereimtheiten.

Hier versuche ich, das Handwerkliche der entomologischen Arbeit in den Vordergrund zu stellen. Traditionellerweise muss man sich dieses mühsam selber zusammentragen, denn es wird praktisch nirgends gelehrt. Die „eigentliche" wissenschaftliche Arbeit beginnt aber erst bei einem konkreten Anlassfall: Man fängt ein Insekt, stellt fest, dass es noch unbekannt ist – und was tut man dann? Über die Theorie dessen, was man dann zu tun hat, gibt es viele Bücher und sehr viele Zeitschriftenartikel, aber an der Praxis fehlt es. Ich gebe aber trotzdem einige Hinweise, denn sowohl in Amateurkreisen als auch in den Reihen der Universitäts- und Museumsleute sind verschwommene und manchmal geradezu abenteuerlich unrichtige Vorstellungen verbreitet.

Grundsätzlich muss man bei einer taxonomischen Aussage Inhalt und Form unterscheiden. Mit der Form ist es einfach: Da ist alles im Code festgelegt. Dort steht genau, was man alles beachten muss, wenn man einen Namen verwendet oder neu vorschlägt, unter welchen Bedingungen er gültig ist, was bei Namensänderungen zu beachten ist. Hier ist nicht der Platz, näher darauf einzugehen. Jeder, der ernstlich taxonomisch arbeiten will, muss den Code kennen und immer wieder darin nachschlagen.

In der Präambel des Code steht klar und eindeutig, wozu diese Nomenklaturregeln gut sind: nämlich zur Stabilisierung der Namen, damit sich die Leute auskennen und jeder weiß, was gemeint ist, wenn ein Name genannt wird. Der Passus ist so wichtig, dass ich ihn hier in deutscher Übersetzung wörtlich wiedergebe:

Zweck des Code ist, Stabilität und Allgemeingültigkeit bei den wissenschaftlichen Namen von Tieren zu gewährleisten und dafür zu sorgen, dass der Name jedes Taxons einzigartig und verschieden ist. Alle seine Vorschriften und Empfehlungen dienen diesen Zielen, und keine davon beschränkt die Freiheit von taxonomischen Gedanken oder Vorgängen.

Das heißt also: Änderungen von Namen sind nicht verboten und können auch nicht verboten werden, aber das erste und wichtigste Ziel ist, die Namen von Tieren stabil zu erhalten! Das wird heute von vielen Autoren vergessen, die meinen, der Name eines Tieres müsse die phylogenetische Verwandtschaft ausdrücken und daher jedesmal, wenn darüber eine neue Erkenntnis vorliegt, geändert werden. In manchen Insektengruppen haben diese Namensänderungen ein unerträgliches Ausmaß angenommen. Wenn sogar bei demselben Autor in zwei unmittelbar aufeinander folgenden Arbeiten im Abstand von einigen Monaten jedesmal ein neuer Name für dasselbe Tier zu finden ist, dann widerspricht das eindeutig dem Sinn der Nomenklaturbestimmungen.

Das Inhaltliche: Es gibt immer wieder die große Frage „Ist ein Tier eine ‚gute Art' oder nicht vielleicht ‚nur' eine Unterart oder eine Varietät oder wer weiß was sonst". Dafür gibt es inhaltlich keine objektiven Kriterien, man muss von Fall zu Fall einzeln entscheiden. In der Praxis ist eine Art dasjenige, was der zuständige Spezialist nach Abwägung aller Informationen dafür hält. Wer sonst sollte das entscheiden, wenn nicht der Spezialist, der mehr darüber weiß als alle anderen?

Freilich kommt es sehr häufig vor, dass zwei qualifizierte Spezialisten zu gegensätzlichen Ergebnissen kommen; wenn es verträgliche Zeitgenossen sind, werden sie sich zusammensetzen und bei gutem Willen feststellen, dass ihre Ansichten sowieso nicht so gegensätzlich sind. Aber wie jeder weiß, gibt es auch unverträgliche Zeitgenossen, und was dann folgt, gehört eher in den Bereich der Psychologie.

Kladistik und Biospezies

Spätestens seit Charles Darwin wissen wir, dass sich die Arten im Lauf der Zeit verändert haben und noch verändern, und aus einer Art können im Lauf der Zeit mehrere werden. Ausgedrückt wird das üblicherweise in Kladogrammen, früher Stammbäume genannt (Abb. 12.1, 12.2). Solche Veränderungen finden dauernd statt, und nah verwandte Arten, die aus einer gemeinsamen Mutterart hervorgegangen sind, kennt jeder Praktiker aus vielen Beispielen. Sind die Tochterarten lange genug voneinander isoliert, sind sie schließlich so verschieden geworden, dass sie einander nicht mehr „kennen" und sich miteinander nicht mehr fruchtbar fortpflanzen können, und wir haben dann als Ergebnis mehrere gute Arten vor uns. Es gibt seit Langem Bestrebungen, diesen Entwicklungsverlauf an konkreten Fällen zu rekonstruieren. Ein Konzept sieht vor, dass aus einer Mutterart grundsätzlich nur zwei Tochterarten hervorgehen, d. h., dass es sich immer um eine Dichotomie handelt. Jeder erfahrene Systematiker wird da widersprechen und Belege dafür anführen, dass drei, vier oder noch mehr Arten aus einer früheren

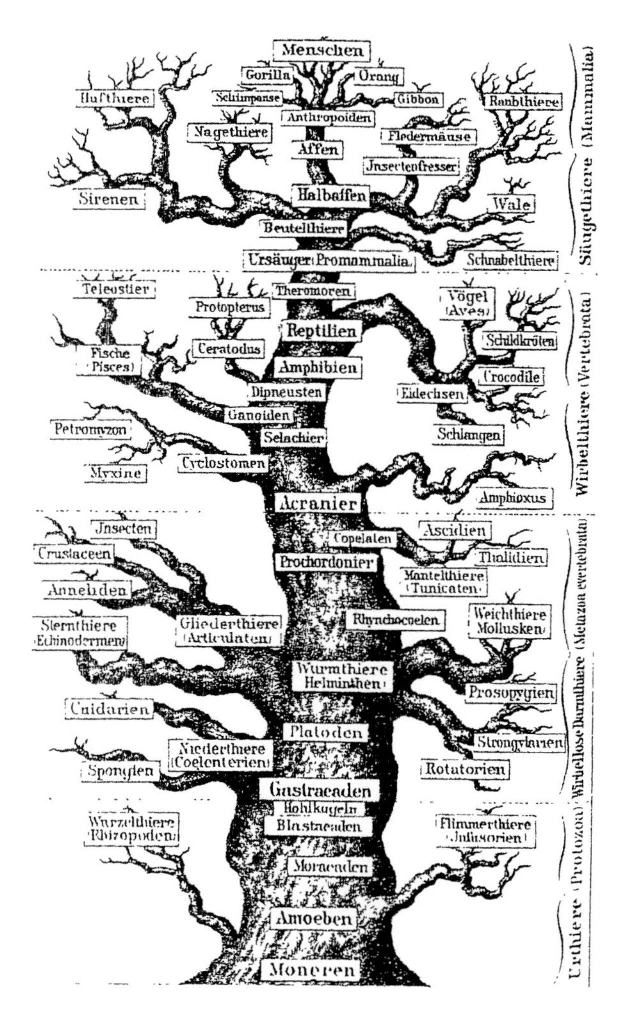

Abb. 12.1 „Stammbäume" = Kladogramme im Wandel der Zeit: der Haeckel'sche Stammbaum von 1891

hervorgegangen sind. Das Konzept sagt aber, dass immer nur zwei Arten gleichzeitig entstehen, und sobald diese beiden fortpflanzungsmäßig völlig getrennt sind, haben wir zwei Biospezies vor uns, und die ursprüngliche Art ist damit erloschen und wird als weitere (ausgestorbene) Biospezies gehalten. Wenn also mehr als zwei Arten aus einer ursprünglichen hervorgegangen sind, dann muss das in mehreren, immer dichotomen Schritten nacheinander geschehen sein.

Diese Überlegung ist ein genialer methodischer Trick, der sich als überaus fruchtbar für die Rekonstruktion der Phylogenie erwiesen hat. Die Literatur, die darauf beruht, ist schon lange nicht mehr überblickbar. Man kann also wunderschöne „Stammbäume" (heute heißen sie Kladogramme) rekonstruieren. Aber man darf nicht vergessen, dass

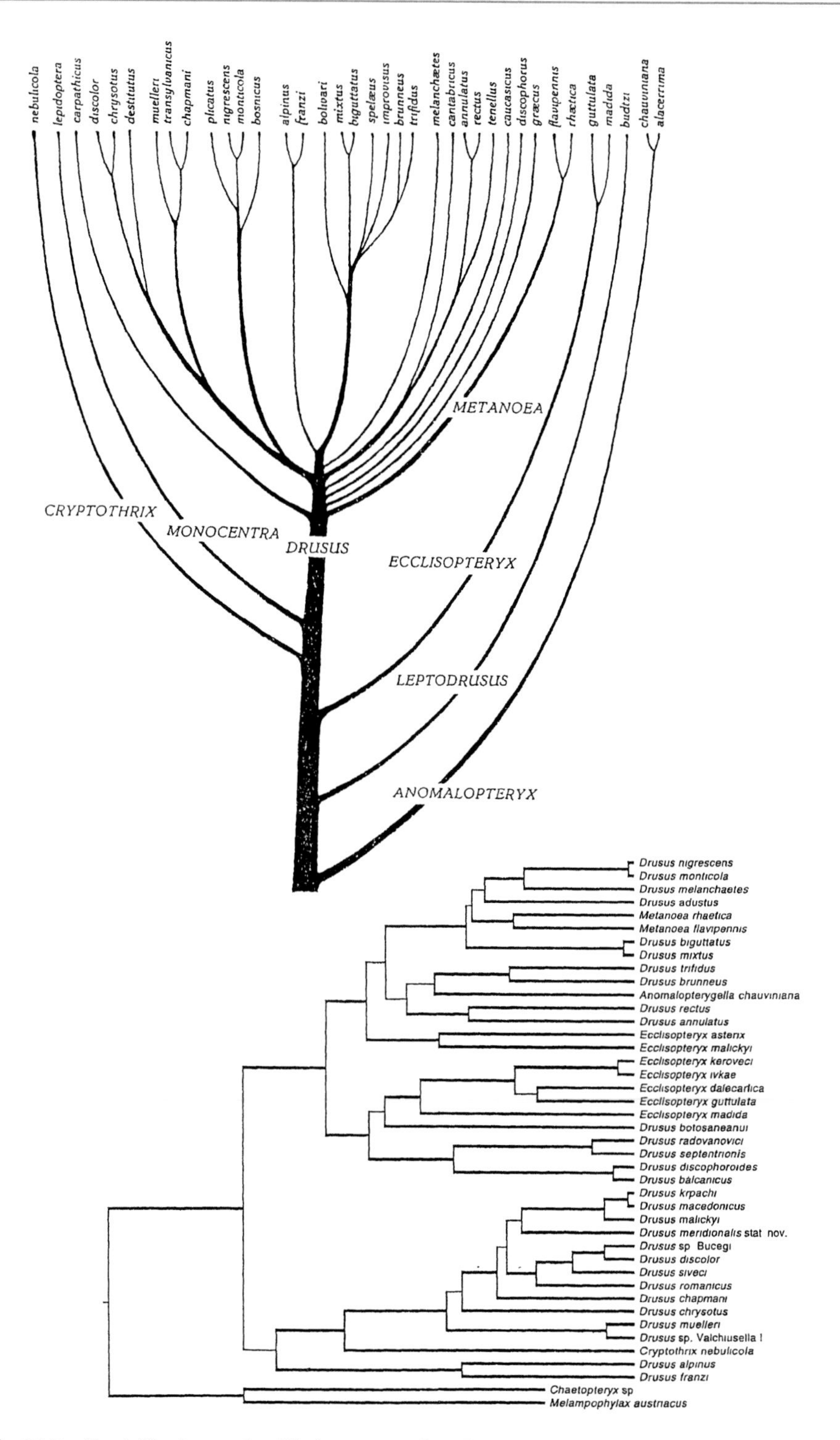

Abb. 12.2 Zwei Versionen des Kladogramms derselben Insektengruppe von 1956 und 2015. (Fernand Schmid und Simon Vitecek)

es sich dabei um eine Methode wie jede andere handelt. Sie ist keineswegs allein seligmachend, und die Ergebnisse sind sicher nicht immer objektiv. Hier ist nicht der Platz, näher auf die Vorgangsweise einzugehen, dafür gibt es genug Literatur.

Isolation durch natürliche Mittel: Was heißt da natürlich? Geografische Trennung, Trennung durch verschiedene Aktivitätsperioden oder doch Trennung durch Unfruchtbarkeit der Nachkommen? Gilt die geografische Isolation als absolute Fortpflanzungsisolation, wenn die Populationen einfach wegen der unüberwindlichen Entfernung mit an Sicherheit grenzender Wahrscheinlichkeit nie wieder zusammenkommen? Wenn ja, dann müsste ich die türkischen und die koreanischen Populationen von *Lepidostoma hirtum* zu derselben Biospezies rechnen (weil sie irgendwann doch zusammenkommen könnten) und die zyprischen Populationen zu einer anderen, denn die können die 60 km Meer niemals überwinden. Wenn zwei Arten im Freiland nicht bastardieren, im Labor eventuell schon, dann zeigt das, dass sie eben doch nicht vollständig fortpflanzungsisoliert sind. Manchmal gibt es dann doch seltene Freilandbastarde, wobei es wohl belanglos ist, ob die Sterilität schon in der F2 oder erst in der F14 oder gar nicht auftritt; eine komplette Wiedervermischung der beiden Arten im Freiland könnte trotzdem irgendwann erfolgen.

Ein anderes Problem. Zwischen dem Beginn des Speziationsprozesses und dem Eintritt der vollständigen Fortpflanzungsisolation vergeht eine gewisse Zeit (Abb. 12.3). Nach dem Konzept handelt es sich bei den Populationen zwischen diesen beiden Zeitlinien um ein und dieselbe Biospezies, und erst in dem Moment, in dem die komplette Fortpflanzungsisolation eintritt (wie man das nachweisen soll, ist eine andere Frage), gibt es zwei neue Biospezies. Das bedeutet, dass diejenigen, die wir herkömmlicherweise und in der Praxis als „gute Arten“ betrachten, die sich in allem unterscheiden, woran sich Arten nur unterscheiden können – im Aussehen, in der Phänologie, im

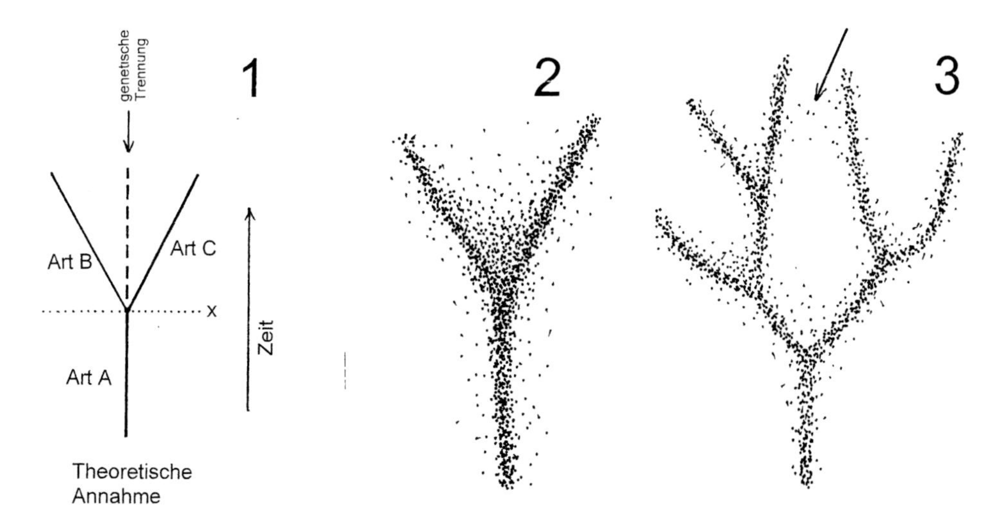

Abb. 12.3 Schema der Aufspaltung einer Stammart in zwei Tochterarten (siehe Text)

Stoffwechsel, in der Futterpflanze, im Verbreitungsgebiet usw. –, Jahrtausende lang vorhanden sein können und ihre Rolle im Ökosystem spielen können, nach diesem Konzept aber nach wie vor zu derselben Biospezies gehören, weil noch eine minimale Bastardierbarkeit vorhanden ist. Also gehören beispielsweise *Celerio euphorbiae, C. galii, C. vespertilio, C. lineata* und sogar *Chaerocampa elpenor* und *C. porcellus* zu derselben Biospezies! Oder: *Cirsium oleraceum, C. vulgare, C. palustris, C. erisithales, C. spinosissimum* und noch viele andere gehörten zu derselben Biospezies, obwohl niemand auf die Idee kommen würde, dass sie alle dieselbe Art wären. Und doch gibt es im Freiland recht häufig Bastarde zwischen ihnen, die noch dazu oft mehr oder weniger unbeschränkt fertil sind.

Problem drei: In den Naturwissenschaften ist wesentlich, dass man Fakten konkret nachweisen können muss. Nehmen wir nun an, von einer weitverbreiteten eurosibirischen Art A separiert sich in der Sierra Nevada eine andere Art B und wird nach einer Zeit, durch welche Mechanismen immer, von A absolut fortpflanzungsisoliert. Das bedeutet nach diesem Konzept, dass durch die Tatsache der Isolation der Art B zwei neue Biospezies entstehen, nämlich außer B noch C als den Rest von A im sonstigen Verbreitungsgebiet, und zwar einzig und allein durch diese Isolation, egal, ob sich in der Art A nach C irgend etwas ändert oder nicht, egal wie polymorph diese ist. Die zentralasiatischen Populationen A wären also allein durch die Abspaltung von B in der tausende Kilometer entfernten Sierra Nevada zu einer anderen Biospezies C geworden, ohne dass sie sich im mindesten verändert hätten. Wenn wir, was zumindest grundsätzlich möglich wäre, aus einer zentralasiatischen Population von A Spermien einfrieren und tausend Jahre später wieder in dieselbe Population, nunmehr C geheißen, einbringen würden, dann würde sich nachweislich genauso viel oder genauso wenig geändert haben, wenn sich die Art B nicht abgespalten hätte. Das heißt weiter, dass, wenn wir von der Abspaltung von B keine Kenntnis haben, in keiner Weise erfahren könnten, dass sich etwas geändert hat, und trotzdem hätten wir vorher und nachher zwei verschiedene Arten. Wie kann, so frage ich mich, das Biospezies-Konzept in dieser Definition trotzdem als real existierend betrachtet werden?

Man kommt nicht darum herum, eine subjektive Auswahl zu treffen. Zuerst muss man entscheiden, welche Arten man in die Untersuchung einschließen will. Nimmt man etwa das Pantoffeltierchen, das Krokodil und die Küchenschabe her, dann wird vermutlich herauskommen, dass das Krokodil und die Küchenschabe Schwestertaxone sind. Dass sie nächst verwandt sind, wird niemand behaupten. Zweitens muss man die Merkmale bestimmen, die man vergleichen will. Dabei ist der Willkür Tür und Tor geöffnet. Im Prinzip nimmt man möglichst viele Merkmale, aber nicht jeder Autor ist imstande, lauter brauchbare Merkmale auszuwählen. Oft findet man Arbeiten mit großen Tabellen von Dutzenden Merkmalen; schaut man sie näher an, bleiben davon nur drei oder vier übrig. Die Ergebnisse sind nur zu oft mehrdeutig. Arbeitet der Autor ordentlich, dann stellt er alle Versionen vor. Es kommt aber vor, dass zur Publikation nur eine Version ausgewählt wird, die dem Autor am besten passt. Bei manchen Versionen der Methode muss der

Autor bei jedem Merkmal willkürlich entscheiden, ob ein Merkmal ursprünglich (plesiomorph) oder abgeleitet (apomorph) ist. Dabei geht jede Objektivität sowieso verloren.

Ein guter Rat: Bevor man sich auf das große taxonomische Abenteuer einlässt, lese man möglichst viele Bücher zu diesem Thema und bilde sich gleichzeitig durch die Beschäftigung mit einer bestimmten Tiergruppe selber eine eigene Meinung. Kladogramme und Schwestergruppen sind eine Sache, aber die Nomenklatur ist eine andere.

Weiterführende Literatur

Hennig W (1950) Grundzüge einer Theorie der phylogenetischen Systematik. Deutscher Zentralverlag, Berlin, S 370

Mayr E (1967) Artbegriff und Evolution. Verlag Paul Parey, Hamburg, S 617

Mayr E (1979) Evolution und die Vielfalt des Lebens. Springer, Berlin, S 275. ISBN 3-540-09068-1

Wägele JW (1994) Rekonstruktion der Phylogenese mit DNA-Sequenzen: Anspruch und Wirklichkeit. Nat Mus 124:225–232

Wägele J W (2001) Grundlagen der phylogenetischen Systematik, 2. Aufl. Verlag Dr. Friedrich Pfeil, München, S 320. ISBN 3-931516-93-8

Willmann R (1985) Die Art in Raum und Zeit. Verlag Paul Parey, Berlin, S 207. ISBN 3-489-62134-4

13 Wie kommt man an schon vorhandenes Material heran?

Wer ernsthaft taxonomisch arbeiten will, kommt ohne eine eigene Arbeitssammlung nicht aus, es sei denn, er oder sie säße berufshalber an einem Museum. Den Aufbau einer eigenen Sammlung haben wir schon behandelt. Hier geht es aber um die Aufgabe, von der Existenz anderer Sammlungen zu erfahren und an sie heranzukommen.

Öffentliche Sammlungen findet man an vielen Museen. Fast jede größere Stadt in Europa hat ein Museum mit irgendwelchen Insektenbeständen. Der wissenschaftliche Wert dieser Sammlungen ist höchst verschieden. Die wertvollsten Sammlungen gibt es in der Regel in den größten Museen in den Hauptstädten, aber ausnahmsweise kann es bedeutende und wichtige Sammlungen in ganz kleinen Museen an unerwarteten Orten geben (z. B. die Dipterensammlung im Stift Admont in der Steiermark). Privatsammlungen sind manchmal wichtiger als Museumssammlungen, aber in der Regel nicht öffentlich zugänglich. Die zoologischen Universitätsinstitute haben normalerweise keine Sammlungen; in ihnen liegt aber oft eine Menge altes Material herum, mit dem niemand mehr etwas zu tun haben will. Im Museum begnüge man sich nicht mit der Schausammlung (das sind die dem Publikum geöffneten Schauräume), in der, wenn überhaupt, nur ein winziger Teil der Bestände ausgestellt ist. Die wissenschaftlichen Sammlungen sind hingegen nicht allgemein zugänglich, sondern man muss um Erlaubnis fragen, diese Teile des Museum betreten zu dürfen, und sich an den zuständigen Kustos wenden, oder besser schon vorher brieflich anfragen.

Oft sucht man ganz bestimmtes Material, d. h. Exemplare, die irgendwo in der Literatur genannt sind und die man nachuntersuchen will. Dann muss man zuerst herausfinden, in welcher Sammlung sie sich befinden. Wenn der Aufbewahrungsort in der Publikation nicht angegeben ist, der Autor aber noch lebt, kann man ihn persönlich fragen. Wenn es sich um ältere Stücke handelt, muss man ausfindig machen, wo sie sein könnten. Eine Hilfe sind dabei Verzeichnisse von Typenmaterial, wie sie gelegentlich extra veröffentlicht werden.

H. Malicky, *Vom Handwerk der Entomologie*,
https://doi.org/10.1007/978-3-662-59525-1_13

Die meisten Museen haben entweder gar keine solche Verzeichnisse, oder sie sind höchst mühsam zu finden. Am besten fragt man Spezialisten oder Museumskustoden. Manchmal hat man Glück und findet etwas im Internet. Hier sind die Bücher von Horn und Kahle (1935–1937), die Neufassung von Horn et al. (1990) sowie die Nachträge von Sachtleben (1961) und Gaedike (1995) unentbehrlich, die über den Verbleib älterer Sammlungen Auskunft geben. In den meisten Museen sollten diese Publikationen zur Einsicht vorhanden sein, aber man kann versuchen, ein antiquarisches Exemplar zu finden. Diese Bücher enthalten lange Listen von Namen von Entomologen und ihrer Sammlungen. Wenn man also beispielsweise ein bestimmtes Exemplar sehen will, das vor etwa hundert Jahren von Robert McLachlan beschrieben und von Johan Axel Palmén gesammelt wurde, dann sucht man unter McLachlan (dessen Sammlung inzwischen an das Britische Museum, jetzt Natural History Museum genannt, gelangt ist) und unter Palmén (von dem viel Material im Museum in Helsinki ist) und schreibt an die zuständigen Kustoden, ob das Stück vorhanden ist und ob man es sehen kann.

Sehr nützlich ist auch das Buch von Gilbert (1977). Es enthält ein Verzeichnis von Nachrufen auf verstorbene Entomologen. In diesen Nachrufen steht häufig etwas über das Schicksal der Sammlung, u. a. an wen oder an welches Museum der Betreffende Material gegeben hat; oft ist auch ein Verzeichnis seiner Publikationen angeschlossen. Verschiedene Newsletters sind auch hier als Informationsquelle nützlich.

Hat man die gewünschten Exemplare gefunden, so kann man sie an Ort und Stelle im Museum untersuchen, die Erlaubnis des Kustos vorausgesetzt. Häufig ist die Anreise zu den Museen aber zu teuer und umständlich, und dann besteht die Möglichkeit, das Material zu entlehnen. Dafür gibt es bestimmte Vorschriften, an die man sich streng halten muss. Grundsätzlich ist die Entlehnung von wertvollem Material Vertrauenssache. Das Museum oder der private Sammlungsbesitzer will sicher sein, dass die Stücke wieder zurückkommen, und zwar in unbeschädigtem Zustand. Ein Anfänger wird meistens Schwierigkeiten haben, wenn er dem Kustos noch nicht bekannt ist. Er kann sich, wenn es sich um Material aus einem weit entfernten ausländischen Museum handelt, an den Kustos seines nächstgelegenen Museums oder an einen anderen prominenten Entomologen wenden und ihn bitten, das Stück für ihn zu entlehnen, und kann es dann unter Aufsicht dieser Person untersuchen. Wenn man in der Fachwelt schon bekannt ist, bekommt man das Material meist ohne Weiteres zugeschickt. Man muss einen Entlehnschein unterschreiben, auf dem das Material genau, mit Angabe des Erhaltungszustandes, verzeichnet ist, und sich verpflichten, es bis zu einem festgesetzten Datum wieder unbeschädigt zurückzuschicken. Für Veränderungen an dem Stück, vor allem für die Anfertigung von mikroskopischen Präparaten, braucht man eine ausdrückliche Erlaubnis. Von der Pünktlichkeit der Rücksendung und vom Erhaltungszustand bei der Rückgabe hängt es ab, ob man bei späteren Anfragen wieder etwas bekommt.

Verpackung und Postversand von Insektenmaterial

Wenn man Material mit der Postversendet, muss man es gut verpacken. Über das gute Verpacken ist erstaunliche Unkenntnis verbreitet, und zwar nicht nur unter Laien, sondern sogar unter erfahrenen Spezialisten. Man bekommt immer wieder schlecht verpacktes Material in katastrophalem Zustand (Abb. 13.1). Deshalb sind einige Bemerkungen angebracht.

Trocken konserviertes Insektenmaterial ist genadelt oder geklebt; im letzten Fall klebt das Insekt auf einem Kartonplättchen, das seinerseits genadelt ist. Solches Material wird in flachen Schachteln aufbewahrt, die eine weiche Bodenplatte haben, die aus mancherlei Material wie gepressten Torfplatten, gepressten Korkplatten oder verschiedenen Schaumstoffen bestehen kann. Eine solche Platte hat ungefähr eine Dicke von 1 bis 2 cm. Die Insektennadel ist 4 cm lang und wird so tief wie möglich in die Platte hineingesteckt. Platten aus EPS (= Polystyrolschaum, Markennamen Porozell, Styropor usw.) sind sehr bequem zu handhaben, aber die Nadeln halten darin nicht sehr fest. Für die normale Aufbewahrung genügt diese Befestigung, für den Versand aber nicht. Postpakete werden sehr unsanft behandelt. Von den Folgen kann man sich überzeugen, wenn man in eine kleine Steckschachtel ein Insekt ohne weitere Befestigung hineinsteckt und die ganze Schachtel dann mehrmals aus zwei Metern Höhe auf den Boden wirft. Auch mit Weitwürfen über 10 m Entfernung kann man den Vorgang realistisch simulieren. Wenn die Insekten heil bleiben sollen, muss man sie so verpacken, dass sie trotz dieser Behandlung gut ankommen. Aufschriften auf dem Paket wie „Vorslicht zerbrechlich" oder Versand als teures Sperrgut sind sinnlos.

Abb. 13.1 So sieht eine schlecht verpackte Insektensendung bei der Ankunft aus

Zum Versand nehme man möglichst kleine, leichte und feste Steckschachteln. Je größer die Schachtel, desto größer die Bruchgefahr. Bei umfangreichem Material lassen sich größere Schachteln nicht vermeiden, aber man nehme lieber mehrere kleinere Schachteln. Niemals stecke man in dieselbe Schachtel sehr große und sehr kleine Tiere zusammen. Jedes Stück muss man einzeln in der Schachtel so fixieren, dass es sich unmöglich bewegen, drehen oder herausfallen kann. Das geschieht mit mehreren Insektennadeln, die man schräg aus verschiedenen Richtungen um jenen Teil des Präparats steckt, der am massivsten ist, also z. B. den Hinterleib oder das Kartonplättchen (Abb. 13.2). Wenn mehrere Tiere in einer Steckschachtel sind, dürfen sie einander nicht berühren. Als zusätzliche Sicherung stecke man mit mehreren Nadeln leichte Watteflöckchen in den Ecken der Schachtel fest: Falls Fühler oder Beine abbrechen, bleiben sie darin hängen und gehen nicht so leicht verloren und werden am weiteren Zerbrechen gehindert. Die Schachtel wird mit einem Deckel fest geschlossen. Sehr bewährt haben sich kleine Steckschachteln aus festem Karton. Früher hat man umgebaute Zigarrenkistchen verwendet. Praktisch sind auch kleine, runde Blechdosen von passender Größe (z. B. von dänischen Butterkeksen), die man mit einem weichen Steckboden versieht. Auch Schachteln aus verschiedenen Kunststoffen kann man verwenden, wenn sie fest genug sind.

Wenn der Versand über den Zoll ins Ausland gehen soll, dann klebe man eine durchsichtige Folie über die offene Schachtel, damit der kontrollierende Zollbeamte den Inhalt gut sehen kann und nicht etwa die Tiere beim Öffnen beschädigt. Erst über diese Folie

Abb. 13.2 Ein Insekt soll vor dem Transport mit Nadeln fixiert werden

kommt der Schachteldeckel, der gut verkeilt oder verklebt wird, damit er auf keinen Fall aufgehen kann.

Diese Schachtel kommt nun in eine wesentlich größere Schachtel, und zwar wird sie da in eine dicke Schicht weichen Stopfmaterials eingebettet, sodass sie allseits in der Mitte liegt und nirgends die Wand der größeren Schachtel berührt. Der Mindestabstand dazwischen soll überall mindestens fünf Zentimeter betragen, besser mehr. Als Stopfmaterial verwendet man heute am liebsten Flocken aus Polystyrolschaum („Peanuts"), wie man sie überall beim Versand zerbrechlicher Dinge verwendet. Wenn man ein solches Paket bekommt, soll man die Flocken nicht wegwerfen, sondern für den späteren Gebrauch aufheben, denn sie sind beliebig oft wieder verwendbar. In der großen Außenschachtel dürfen keine Hohlräume bleiben, alles muss mit dem Stopfmaterial gut ausgefüllt sein, und die Schachtel wird schließlich mit leichtem Druck verschlossen. Statt Polystyrolschaum kann man auch Holzwolle, Papierschnitzel, fest zusammengeknülltes Zeitungspapier, Kapok, Stroh und ähnliche Stoffe verwenden. Das Material muss so locker und elastisch sein, dass es alle Stöße auffängt. Papier in festen Lagen oder Sägespäne sind nicht geeignet.

Die äußere Schachtel, also der Versandkarton, muss sehr fest sein. Die gewöhnlichen Kartons, die zum Transport von Waren in Lebensmittelgeschäften verwendet werden, sind unbrauchbar. Man sammle gute, feste Kartons und hebe sie auf, um sie bei Bedarf zur Hand zu haben. Sie sind gar nicht so leicht zu bekommen. Auch die Kartons, die man auf Postämtern kaufen kann, sind zu schwach und für diesen Zweck kaum geeignet. Gute Kartons gibt es, wenn man z. B. von Chemikalienfirmen flüssige Chemikalien in Glasflaschen geschickt bekommt, oder Kartons zur Verpackung von Glas und Instrumenten. Die sind meistens stark genug und halten einen rauhen Posttransport aus. Der Karton muss zum Versand gut verschnürt oder verklebt sein.

Beim Versand von flüssig konservierten Insekten gilt für den Außenkarton und für das Stopfmaterial das gleiche. Man kann kleine Glasphiolen oder Plastikflaschen verwenden. Bei guter Verpackung besteht für das Glas keine Bruchgefahr. Es besteht aber immer das Risiko des Ausrinnens der Flüssigkeit. Daher: Nur gut verschließbare Behälter verwenden (vorher ausprobieren, ob etwas ausrinnen kann!) und sie zur Sicherheit einzeln oder zu mehreren noch in ein flüssigkeitsdichtes Plastiksäckchen einwickeln, das gut verschlossen wird. Wenn möglich, am besten verschweißen. Proben in Formaldehyd sollte man möglichst nicht verschicken, und wenn doch, dann über den Behälter noch einen zweiten Behälter stülpen und wieder gut schließen, dazwischen gut ausstopfen. Stark giftige oder explosive Flüssigkeiten darf man überhaupt nicht verschicken. Das übliche Konservierungsmittel ist 70 %iger Äthylalkohol, der bei einiger Vorsicht ungefährlich ist; er verhält sich gegenüber Feuer annähernd wie hochprozentiger Schnaps. Glyzerin und Äthylenglykol sind unproblematisch.

Das Fläschchen, das die Insekten enthält, muss zum Versand immer mit Flüssigkeit bis zum Deckel ganz gefüllt sein, sodass kein Luftraum darin bleibt! Das ist sehr wichtig, denn in nur teilweise gefüllten Phiolen schlenkert die Flüssigkeit heftig herum und zertrümmert die Insekten. Auf keinen Fall gebe man Watte in lockerer Form in ein solches Glas! Das wäre die sicherste Methode, die Tiere zu zerstören (Abb. 13.3). Als zusätzlichen, festen Verschlußpfropfen kann man fest zusammengedrehte (aber keine lockere!) Watte verwenden (Abb. 5.17).

Der flüssigkeitshaltige Behälter bekommt dann noch einen weiteren Schutz, indem man ihn einzeln oder zu mehreren (die aber untereinander fest verbunden oder verklebt sein müssen) in eine Schachtel oder Dose tut, allfällige Hohlräume ausstopft und die Schachtel gut verschließt, und erst diese in den Versandkarton stellt, mit einer dicken Schicht Stopfmaterial rundherum und oben und unten.

Große Glasbehälter mit Flüssigkeit, also Litergläser und noch größere, sollte man überhaupt nicht mit der Post verschicken. Wenn irgend möglich, überbringe man sie persönlich oder lasse sie von jemandem Verlässlichen per Bahn oder Auto überbringen, oder nehme feste Plastikflaschen.

Eine recht praktische Versandmethode für einzelne kleine Gläschen ist folgende: Man füllt das Gläschen, wie geschildert, ganz auf und verschließt es gut, umwickelt es sicherheitshalber noch mit einer Plastikfolie, die man auch gut abdichtet, und legt das Gläschen zwischen zwei Platten aus Polystyrolschaum von je 3–4 cm Dicke. Für das Gläschen hebe man mit einem Messer in der Mitte etwas von den Platten ab, sodass die beiden Platten, wenn das Gläschen dazwischen liegt, fugenlos schließen. Die beiden Platten verklebe man mit Klebfolien und packe sie in festes Packpapier wie bei Paketen üblich. Das Material ist elastisch, weich und trotzdem fest, dazu noch sehr leicht, sodass man so kleine Pakete auch als Brief verschicken kann (Abb. 13.4). Man erkundige sich

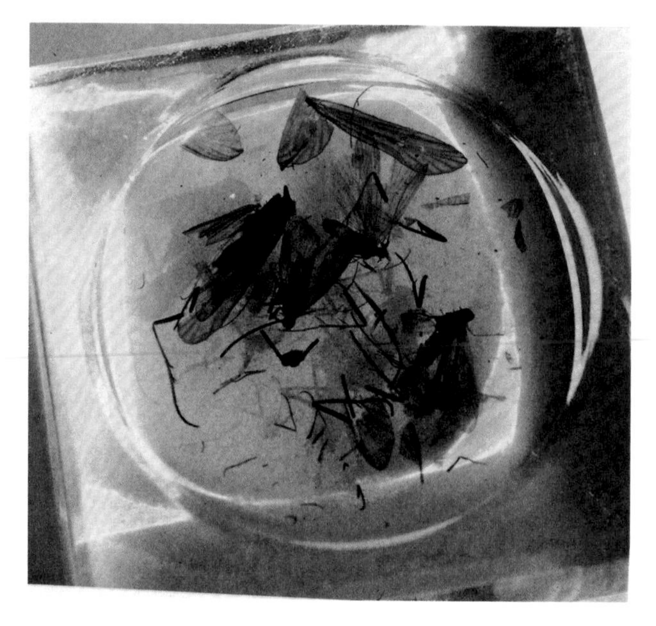

Abb. 13.3 So sieht eine Insektensammlung aus, bei der das Transportgläschen nicht ganz mit Flüssigkeit gefüllt war (siehe Text)

Abb. 13.4 Versand kleiner Röhrchen zwischen Platten aus Polystyrol-Schaum

aber vorher nach den jeweiligen Postgebühren, die oft keinen Unterschied zwischen einem großen Paket und einem winzigen Päckchen machen.

In den letzten Jahren sind kleine, sehr robuste und dicht schließende Plastikröhrchen auf den Markt gekommen, die bruchsicher und so stark sind, dass sie auch ohne besondere Polsterung mit der Post verschickt werden können. Man verwende aber zur Sicherheit trotzdem noch luftgepolsterte Versandtaschen.

Literatur

Gaedike R (1995) Collectiones entomologicae (1961–1994). N Suppl Entomol 6:1–83

Gilbert P (1977) A compendium of the biographic literature on deceased entomologists. British Museum (Natural History), London, S 455

Horn W, Kahle I (1935–1937) Über entomologische Sammlungen, Entomologen und Entomo-Museologie (Ein Beitrag zur Geschichte der Entomologie). Entomologische Beihefte Berlin-Dahlem 2:I–VI + 1–160, 3:161–296, 4:297–536, +38 Tafeln

Horn W, Kahle I, Friese G, Gaedike R (1990) Collectiones entomologicae. Ein Kompendium über den Verbleib entomologischer Sammlungen der Welt bis 1960. 2 Teile. Akademie der Landwirtschaftswissenschaften der Deutschen Demokratischen Republik, Berlin, S 573

Sachtleben H (1961) Nachträge zu „Walther Horn & Ilse Kahle: Über entomologische Sammlungen“. Beitr zur Entomol 11:481–540

14 Das Bestimmen von Material

Bestimmungstabellen werden von Leuten, die sie nicht brauchen, für Leute gemacht, die damit nicht umgehen können; sobald diese gelernt haben, wie man damit umgeht, brauchen sie sie auch nicht mehr.

Jeder weiß aus eigener leidvoller Erfahrung, was für Kummer man mit Bestimmungstabellen hat. Vor allem Anfänger (dazu gehören auch alle, die ausnahmsweise ein Tier aus einer Gruppe bestimmen wollen, von der sie nichts verstehen) fragen sich oft, wie dumm sie selbst und wie genial die Verfasser der Bestimmungstabelle sein müssen, weil man in der Tabelle wieder und wieder hängenbleibt und zu keinem Ergebnis kommt. In Wirklichkeit sind vermutlich weit über 80 % aller Bestimmungstabellen in der Literatur aus dem einen oder anderen Grund unbrauchbar.

Das Wort „bestimmen" ist in der deutschen Sprache zweideutig. Ein Kollege hatte neben seinem Schreibtisch ein altes Ofenrohr mit der Aufschrift „Bestimmungsmaschine" senkrecht aufgestellt: „Wenn man ein Insekt oben hineinwirft, kommt es unten bestimmt wieder heraus."

Das Bestimmen von Insekten ist eine grundlegende Voraussetzung für jede seriöse entomologische Tätigkeit. Der Anspruch einer wissenschaftlichen Disziplin als Naturwissenschaft kann nur aufrecht erhalten werden, wenn ihre Ergebnisse kontrollierbar und reproduzierbar sind. Wenn man nicht weiß, an welchem Objekt man ein Ergebnis erhalten hat, kann man es unmöglich reproduzieren. Kontrolle durch andere Wissenschafter ist aus dem gleichen Grund unmöglich. In verschiedenen neueren Arbeitsrichtungen, insbesondere Teilen der Ökologie, glaubt man, sich über diese Grundforderung hinwegsetzen zu können. Zitat, in einer Universitätsvorlesung gehört: „Taxonomie können Sie als persönliches Hobby betreiben. Die Ökologie ist an Namen von Tieren nicht interessiert." Das Ergebnis ist deprimierend: Ein sehr großer Teil der heutigen ökologischen Publikationen ist nicht reproduzierbar. Dass sie von der Gemeinschaft

H. Malicky, *Vom Handwerk der Entomologie*,
https://doi.org/10.1007/978-3-662-59525-1_14

derer, die sie schreiben, dennoch akzeptiert werden, ist ein soziologisches Phänomen, das nicht darüber hinwegtäuschen darf, dass mit solchen Publikationen niemand etwas anfangen kann (außer sie zu zitieren).

Wie genau muss eine Bestimmung sein?

Die primäre kleinste natürliche Gruppierungseinheit, in der uns die Lebewesen begegnen, ist die Art (Species). Dass es objektive Probleme bei der Artabgrenzung gibt, ändert nichts daran, dass die Art das Um und Auf bei der entomologischen Arbeit ist. Woran man eine Art erkennt und wie man sie abgrenzt, wird im Kap. 12 „Was ist eine Art?" besprochen.

Manchmal muss man noch kleinere Einheiten wählen, wie Unterarten (Subspecies), genetisch definierte Stämme, Populationen usw. Unterarten kann man in gleicher Weise wie Arten determinieren und behandeln. Unterarten sind nomenklatorisch definiert als Taxa im Artrang. Populationen und Stämme müssen, wenn nötig, in anderer geeigneter Weise gekennzeichnet werden. In manchen Fällen, vor allem in unmittelbar praxisbezogenen Arbeiten, kommt man auch mit höheren Bestimmungsgruppen aus; seien es hierarchisch übergeordnete Taxa (Gattungen, Familien), seien es Bestimmungsgruppen (z. B. „köchertragende Trichopterenlarven" bei der technischen Beurteilung der Gewässergüte von Flüssen). Für die wissenschaftlich seriöse Grundlagenforschung in der Entomologie ebenso wie in allen anderen Zweigen der Zoologie und Botanik ist aber die korrekte Bestimmung der ***Arten*** notwendig. Oft gehörte Meinungen des Inhalts, man wolle die Tiere ja nicht „so genau" bestimmen, man wolle nur ungefähr wissen, was das für ein Tier sei, sind für die seriöse Grundlagenforschung inakzeptabel. Für die Einführung von Studenten in ein ihnen neues Arbeitsgebiet hat das freilich seinen vorübergehenden Wert. Man muss dann aber darauf hinweisen, dass das nur ein vorübergehendes Wissensstadium ist und dass man, bei einer zur Publikation bestimmten Arbeit unbedingt genauer sein und die Artnamen der Tiere eruieren muss. Graduelle Abstufungen der Genauigkeit sind bei seriöser wissenschaftlicher Determination nicht möglich. Eine Determination kann nach dem jeweiligen Stand der Kenntnisse nur richtig oder falsch sein. „Fast richtig" kann sie nicht sein; wenn man sich beim allerletzten Bestimmungsschritt geirrt hat und auf den Namen der nächstverwandten Art gekommen ist, ist die Determination genauso falsch, wie wenn man total danebengegriffen hätte. Daraus ergibt sich, dass der Determinator zuerst die Brauchbarkeit der vorhandenen Bestimmungsliteratur beurteilen muss. Man hüte sich vor Bestimmungswerken, die von vornherein unvollständig geplant sind und auf die Anfänger häufig hereinfallen. Büchlein wie *Die schönsten Schmetterlinge unserer Berge* oder *Käfer bestimmen nach Farbfotos leicht gemacht* sind für die seriöse wissenschaftliche Arbeit unbrauchbar. Manche nennen diese Sorte „Schwammerlbücher" in Anlehnung an die vielen populären Büchlein zum Bestimmen von Pilzen wie *Die hundert häufigsten Pilze.* Deren Zweck ist es ja nicht, jeden Pilz, den man im Wald findet, exakt nach seinem Namen zu bestimmen, sondern es geht darum, ob man einen gefundenen Pilz gefahrlos essen kann oder ob er gefährlich ist. Für jemanden, der ein gutes Pilzgericht kochen will, ist es belanglos, zu welcher Art der Gattung *Russula* ein Täubling exakt gehört; man muss nur wissen, ob er gut zum Essen ist. Dazu ist ein Büchlein, das nur hundert Pilzarten enthält, sicherlich geeignet, auch wenn man weiß, dass es allein aus der Gattung *Russula* über 500 Arten gibt.

Die genaue Bestimmung einer Insektenart hat sehr wohl praktischen Wert. *Spodoptera exempta* wird von einem ganz bestimmten Virus befallen, mit dem man sie bekämpfen kann. Dieses Virus greift aber die sehr ähnlichen Arten *S. triturata, S. capicola* und *S. litura* nicht an.

Die Schwierigkeiten, die man beim Bestimmen von Insekten hat, liegen überwiegend bei der unzureichenden Literatur und nur zu einem kleineren Teil beim Benützer. Studenten und sonstige Anfänger stoßen beim Bestimmen meist bald auf Probleme und neigen dann dazu, sich selber für ungebildet und dumm, den Verfasser der Bestimmungstabelle aber für genial zu halten, und viele resignieren und wollen bald von der Taxonomie nichts mehr wissen. Ein Anfänger scheue sich daher nicht, auf Unstimmigkeiten in Bestimmungstabellen hinzuweisen und sie dem Kursleiter oder dem Verfasser bekanntzugeben. Oft enthalten Bestimmungsschlüssel schwere Widersprüche, die der Verfasser (der ja den Schlüssel selber nicht braucht, weil er die Tiere auch so kennt, und ihn nicht sorgfältig gelesen hat) übersehen hat. Man versuche, wenn möglich, mehrere Bestimmungsbücher zu benützen und die Ergebnisse zu vergleichen. Man prüfe die konkret verwendeten Arbeiten auf mögliche Fehler und ziehe seine eigenen Schlüsse daraus. Aber selbst die beste und neueste Literatur ist lückenhaft und unzureichend. **Man versuche daher, sich selbst ein Urteil zu bilden, und lasse sich nicht automatisch wie an einem Nasenring von Merkmal zu Merkmal führen.** Eine sehr wertvolle Hilfe ist eine Vergleichssammlung. Wenn man voraussichtlich längere Zeit mit einer Insektengruppe arbeiten wird, dann lege man sich eine gut bestimmte Sammlung an, deren Exemplare möglichst von Spezialisten überprüft worden sind. Man mache sich keine Illusionen: Seriöse Bestimmungsarbeit gehört zu den schwierigsten Aufgaben in der Biologie! Es ist wesentlich leichter, komplizierte Messgeräte anhand der Gebrauchsanweisung zu bedienen, als einen kleinen Käfer genau zu bestimmen.

Ein großer Teil der in der Entomologie verwendeten Bestimmungsliteratur ist entweder veraltet oder unvollständig oder ganz einfach schlecht oder all dies zusammen. In der Botanik ist die Situation etwas besser: Niemand wird in einer seriösen vegetationskundlichen Arbeit Fichte und Tanne verwechseln. Aber bei ökologischen Projekten sind groteske Fehlbestimmungen leider an der Tagesordnung. In einem konkreten Fall stellte sich im Nachhinein heraus, dass der Projektleiter in der Publikation fleißig die Namen Rotbuche und Schwarzerle verwendet hatte, diese Bäume aber nicht unterscheiden konnte.

Vor einem sehr häufigen Fehler beim Bestimmen sei nachdrücklich gewarnt: Vor der Verwendung von geografisch unzutreffenden Werken! Es sollte selbstverständlich sein, einen Bestimmungsschlüssel nur für Material aus jenem geografischen Bereich zu verwenden, für den er geschrieben wurde. Man darf unter keinen Umständen ein Buch über die Laufkäfer von Kanada zur Bestimmung von griechischem Material verwenden, und ebensowenig ein Werk über die Ephemeropteren der britischen Inseln zum Bestimmen von Material aus Australien! Vielen Amateuren wird ein solcher Gedanke sowieso absurd erscheinen, aber viele andere, darunter leider vor allem viele Universitätsprofessoren, halten das für eine lässliche Sünde. Es ist unglaublich, mit welcher Hartnäckigkeit manchmal Universitätslehrer an diesem Unfug festhalten. Niemand würde ein New Yorker Telefonbuch benützen, um eine Nummer in Paris herauszufinden. Beim Bestimmen von Insekten finden viele Leute aber nichts dabei. Oft wird einem in solchen Fällen entgegnet, man wolle ja nur eine grobe Orientierung zu den Familien und Gattungen, und die seien ja auf der ganzen Welt gleich. Das ist natürlich nicht so. Wenn man eine *Stenopsyche* aus Nepal mit einer britischen Arbeit zu bestimmen versucht, wird man niemals auf *Stenopsyche* kommen, weil es in Europa keine Stenopsychiden gibt, und man wird voraussichtlich auf Philopotamidae kommen. Außerdem sind Bestimmungsmerkmale und Definitionsmerkmale zwei verschiedene Dinge.

Man muss aber gar nicht so exotische Beispiele strapazieren. In praktisch allen limnologischen Instituten Europas werden die Bestimmungshefte der britischen Freshwater Biological Association verwendet, die nur die auf den britischen Inseln vorhandenen Arten enthalten. Da die britische Fauna viel ärmer ist als die kontinentale, kommt es dauernd zu geradezu absurden Fehlbestimmungen in Publikationen. Wenn man mit einem Bestimmungsbuch für die britischen Inseln eine Larve von *Rhyacophila tristis* bestimmen will, wird man nie auf die Gattung *Rhyacophila* kommen, sondern auf die falsche Familie Polycentropodidae. Für alle britischen *Rhyacophila*-Larven wird als Merkmal das Vorhandensein von Kiemen angegeben, und die Larve von *Rhyacophila tristis,* die auf den britischen Inseln nicht vorkommt, hat eben keine Kiemen. Man kann nicht genug mahnen, solche Praktiken abzustellen. Einem Mahner wird immer wieder entgegnet, dass man ja nicht „so genau" bestimmen wolle und dass es „leider nichts anderes" gäbe. Nein, man möge ordentlich arbeiten oder es bleiben lassen.

Ein sehr großer Nachteil für die Bestimmungsarbeit ist die zerstreute Literatur. Zwar findet man die Zitate der neuen Arbeiten, wenn man Glück hat, im *Zoological Record,* aber die Originaltexte muss man sich erst mühsam beschaffen, was viel Zeit und Mühe kostet. Zusammenfassende Bestimmungswerke für größere geografische Gebiete sind bei den meisten Insektengruppen Mangelware. Es ist eigentlich nicht recht verständlich, warum so viele gute Taxonomen zwar große Mengen von Detailarbeiten produzieren, sich aber nur höchst selten dazu aufraffen, brauchbare Übersichtswerke zu schreiben. In dieser Hinsicht schneidet die Entomologie viel schlechter ab als etwa die Ornithologie. Es gibt viele gute Bestimmungsbücher für Vögel. Die vielen im Handel befindlichen luxuriös ausgestatteten Schmetterlingsbücher mit brillanten Farbtafeln sind oft für eine seriöse wissenschaftliche Bestimmungsarbeit unbrauchbar. Die Seltenheit zusammenfassender Bestimmungswerke hat zur Folge, dass die meisten von ihnen, auch wenn sie sorgfältig verfasst sind, veraltet sind. Das ist freilich nie ganz zu vermeiden; auch gute neue Bücher sind bald nach ihrem Erscheinen überholt und sollten in regelmäßigen Abständen ergänzt werden. Erfahrungsgemäß stoßen solche Bestrebungen aber auf personelle und finanzielle Probleme; die Verfasser dicker Bücher sind nicht mehr jung und hören irgendwann einmal mit ihrer aktiven wissenschaftlichen Arbeit auf. Gleichwertige Nachfolger sind oft nicht gleich verfügbar; Verlage zögern, Fortsetzungswerke herauszubringen, weil sie mehr kosten als einbringen. Solche Texte im Internet zu veröffentlichen hätte den Vorteil, dass man sie jederzeit verbessern kann. Aber die Erfahrung zeigt, dass das Meiste im Internet schlampig ist. Jeder kann dort ohne Kontrolle seinen Mist ablagern, und aus dem Wust das wenige Brauchbare herauszusuchen, ist äußerst mühsam.

Computer als Bestimmungshilfe

Bei Gesprächen über Verbesserungsmöglichkeiten von Bestimmungshilfen fällt fast immer das Stichwort Computer. Elektronische Datenverarbeitung ist in vieler Hinsicht äußerst leistungsfähig, wenn es um die Speicherung von großen Datenmengen und um rasche Zugriffsmöglichkeit geht. Man muss daran denken, dass der Computer ein Datenträger ist wie andere auch, insbesondere wie Bücher. Ein Computer kann nichts determinieren. Das Untersuchen eines Insekts und das Herausfinden und Beurteilen von Merkmalen unter dem Mikroskop bleibt dem Menschen überlassen, der diese Geräte bedient. Diese vom Menschen geleistete Arbeit kann nicht beschleunigt werden, sodass die überragende Zugriffsgeschwindigkeit des Computers nicht ausgenützt werden kann. Natürlich gibt es längst computergestützte Determinationsprogramme, aber mit ihnen arbeitet man genauso schnell oder genauso langsam wie mit einem Bestimmungsbuch. Bei diesem muss man die Seiten umblättern und die Zeilen suchen, in denen man die gewünschte Information findet; bei jenem muss man verschiedene Tasten drücken, damit das Gewünschte auf dem Bildschirm erscheint. Ob man das eine oder das andere bevorzugt, ist Geschmackssache, aber ein Buch ist auf alle Fälle billiger und handlicher. Im günstigsten Falle ist eine Computer-Determination so gut wie eine auf herkömmliche Weise vorgenommene, aber sie ist viel aufwendiger. Es wäre zwar denkbar, dass man bei aufwendigen Routine-Determinationen das Suchen der Merkmale am Objekt mechanisiert und damit beschleunigt. Vorstellbar wäre (was es vielleicht tatsächlich schon gibt), dass man Routineuntersuchungen von Kulturpflanzen auf bestimmte Schädlinge durch chemische Methoden automatisiert, dass die Analysenanlage die Messdaten direkt dem Computer weitergibt und dieser schnell das Ergebnis ausdruckt. Aber für die Bestimmung von ständig wechselndem Material in kleinen Mengen wäre ein solches Verfahren viel zu aufwendig, ganz abgesehen davon, dass der Computer auf keinen Fall imstande wäre, neue Arten oder auch nur ungewöhnliche Funde zu erkennen. Erkennen kann er nur, was man ihm vorher eingefüttert hat und zwar nur auf den Wegen, die man ihm vorgeschrieben hat.

Herstellen und Verwenden von Bestimmungsliteratur

Früher hat es an den Universitäten Bestimmungsübungen gegeben: Die Studierenden sollten lernen, wie man Tiermaterial bestimmt. Möglicherweise gibt es solche Übungen auch heute noch. Dabei wurden irgendwelche Präparate aus der Sammlung und irgendwelche Bestimmungsbücher aus der Bibliothek geholt, und ein oft ahnungsloser Assistent wurde abkommandiert. Ob dabei richtige Ergebnisse herauskamen, war nicht so wichtig, denn, so wurde uns erklärt: Ihr sollt nur im Prinzip lernen, wie man Objekte bestimmt.

Ich habe später Bestimmungskurse selber angeboten, deren Ziel es war, den Teilnehmern das ***richtige*** Bestimmen beizubringen. Dazu war es notwendig, einen sachverständigen Spezialisten dabei zu haben, der unmittelbar beurteilen konnte, ob das Ergebnis richtig war oder nicht. Seine Situation war nicht unähnlich der eines Simultan-Schachspielers, er musste im Kopf behalten, was jeder einzelne Teilnehmer gerade tat. In einem ersten Schritt wurde mit der vorhandenen Bestimmungsliteratur gearbeitet. Das war für den Kursleiter viel lehrreicher als für die Teilnehmer, denn dabei kam heraus, was alles ***nicht*** funktioniert. Manche Fehler traten derart oft und stereotyp auf, dass etwas dagegen getan werden musste. Ein wesentliches Ergebnis war die Erkenntnis, dass die üblichen dichotomen Bestimmungstabellen nichts taugen.

Es gibt unzählige Bestimmungstabellen und Bestimmungsbücher für Insekten, meistens in dichotomer Form. Die wenigsten von diesen sind in jeder Hinsicht brauchbar. Unvermeidbar ist das Veralten im Lauf der Jahre, denn die Taxonomie macht dauernd Fortschritte, wenn sie auch nicht spektakulär sind und insbesondere von der Öffentlichkeit nicht wahrgenommen werden. Immer wieder geschieht es, dass ein Spezialist eine altbekannte Insektenart genauer anschaut und herausbekommt, dass sie in Wirklichkeit aus fünf gut unterscheidbaren Arten besteht; andere Arten werden als Synonyme erkannt. So veraltet jede Bestimmungsliteratur, und dagegen gibt es kein anderes Mittel, als von Zeit zu Zeit eine neue Version zu schreiben.

Die Systematik einer Tiergruppe ist natürlich nie abgeschlossen, so lange noch Individuen frei herumlaufen. Bei ausgestorbenen Tieren wäre ihre Systematik zwar abgeschlossen, aber da hat man Schwierigkeiten, alle Fossilien lückenlos auf den Arbeitstisch zu bekommen.

Andere Nachteile können durch Sorgfalt und Überlegung beim Verfassen vermieden oder zumindest minimiert werden. An die Verfasser von Bestimmungsliteratur müssen hohe Anforderungen gestellt werden: Von der Brauchbarkeit und Korrektheit der Bestimmungsschlüssel hängt die Verwendbarkeit von vielen weiteren wissenschaftlichen Arbeiten ab. Ein einziges schlechtes Bestimmungsbuch, das weite Verbreitung erlangt, kann die Folgeliteratur über Jahrzehnte hin unbrauchbar machen. Beispiele dafür gibt es viele, deren Verfasser zwar die Arten gut gekannt haben, dem aber niemand gesagt hat, wie man ein Bestimmungsbuch baut, das für andere brauchbar ist. Flüchtigkeitsfehler, missverständliche Formulierungen, unbrauchbare Zeichnungen und schlechte Auswahl von Bestimmungsmerkmalen haben zur Folge, dass ein solches weitverbreitetes und sogar nachgedrucktes Büchlein, das über Jahrzehnte das einzige Bestimmungswerk für eine Insektengruppe war, die gesamte Literatur mit unzähligen Fehlbestimmungen bereichert hat. Die Folge sind falsche Verbreitungsbilder von Arten; Material in den Museumssammlungen muss nachbestimmt werden. Dies als Beispiel, um Verfassern von Bestimmungsbüchern das Ausmaß ihrer Verantwortung vor Augen zu führen.

Ein Bestimmungswerk soll so aufgebaut und ausgestattet sein, dass die Benützer unmittelbar verstehen, was gemeint ist. Detailwissen darf nur beschränkt vorausgesetzt werden. Alles ist mit der notwendigen Genauigkeit unmittelbar zu erklären. Die Terminologie ist in der entomologischen Literatur alles andere als einheitlich; in einer Bestimmungstabelle ist der Verweis auf irgendeine terminologische Literatur zwar verdienstvoll, aber dem Benützer nicht sehr hilfreich. Wenn jemand einen Käfer oder eine Heuschrecke bestimmen will, interessieren ihn die korrekten Bezeichnungen der einzelnen Körperteile gar nicht, sondern man muss eindeutig wissen, was gemeint ist. Das Erreichen des richtigen Namens am Ende des Bestimmungsvorgangs ist entscheidend, und zu diesem kann man auch gelangen, wenn die Terminologie falsch ist. Besser ist es, die Terminologie auf ein Minimum zu beschränken. Die reichliche Ausstattung eines Bestimmungswerks mit guten Abbildungen ist unerlässlich, denn die Beschreibung von komplizierten Strukturen mit Worten allein reicht nicht aus.

In welcher Sprache soll man den Schlüssel schreiben? Neuerdings wird für solche Zwecke das Englische forciert, das aber nicht ideal ist. Zwar versteht jeder einen englischen Text irgendwie, aber bei vielen gehen die Englischkenntnisse nicht so weit, dass man jede Feinheit versteht. Das wäre bei der Lektüre eines beliebigen englischen Aufsatzes belanglos, aber beim Bestimmen von Material kommt es auf das genaue Verständnis an. In Nordamerika oder Australien ist die Wahl der Sprache kein Problem, da kommt nur Englisch in Betracht, und in Südamerika wird man das Spanische bevorzugen. In Europa werden mehr als 30 nationale Sprachen in der entomologischen Literatur verwendet, also muss man sich überlegen, an welchen Leserkreis sich die Arbeit richtet, und wenn es sich irgend machen lässt, wird man mehrere Sprachen verwenden und dabei Bedacht auf die Muttersprachen nehmen.

Verfasser von Bestimmungswerken sollten versuchen, mit einem Minimum an Text auszukommen (der gleichzeitig in mehreren Sprachen geboten werden kann) und reichlich Symbole zu verwenden. Der Gebrauch von Symbolen (Abb. 14.1) ist im Alltagsleben des vielsprachigen Europa gang und gäbe. Man denke nur an die Straßenverkehrszeichen, die Symbole in Bahnhöfen, auf Schiffen, in Flughäfen; die Symbole auf den Verpackungen von Waren, die Symbole auf technischen Geräten und vieles mehr. Warum also nicht auch in wissenschaftlichen Arbeiten Symbole verwenden, wenn es die Verständlichkeit fördert? Bei der Reduktion des Textumfanges durch den Gebrauch von Symbolen spart man viel Platz, sodass das Buch dünner und daher billiger wird.

In einem Bestimmungswerk muss man notgedrungen vereinfachen und schematisieren. Das soll aber nicht so weit führen, dass die Benützer den Eindruck haben, es wäre alles ganz einfach und klar, wenn es das bei näherem Zusehen durchaus nicht ist. Man soll nicht Allwissenheit und Perfektion vortäuschen. Wo taxonomische Fragen offen sind

Abb. 14.1 Verwendung von Symbolen im täglichen Leben

und wo eine eindeutige Trennung von Taxa (noch) nicht möglich ist, soll man klar darauf hinweisen.

Das Veralten von Bestimmungsbüchern ist unvermeidbar. Man kann Ergänzungen und neue Auflagen publizieren, aber wenn es keine solchen gibt, muss man von den Benützern verlangen können, dass sie dem Rechnung tragen. Eine Umschau in diversen Universitätsinstituten ergibt immer wieder, dass Bestimmungsbücher in Gebrauch sind, die 60 und mehr Jahre alt sind. Das mutet geradezu absurd an, wenn man andrerseits sieht, dass die Institute immer die allerneuesten und modernsten Geräte haben wollen. Welches Institut verwendet heute noch etwa ein Mikroskop oder eine Feinwaage, geschweige denn einen Analysenautomaten (sofern es so etwas damals schon gab) des Baujahres 1930? Bei der Bestimmungsliteratur aber finden viele nichts dabei, etwas so Veraltetes zu verwenden.

Irren ist menschlich, und wer von sich selber behauptet, er mache keine Fehler, der ist erst recht verdächtig. Ich predige nicht die Perfektion, sondern die kritische Grundeinstellung. Kritik der eigenen Arbeit ist notwendig, aber erfahrungsgemäß übersieht man in seinen eigenen Arbeiten infolge von Betriebsblindheit eine ganze Menge, was anderen sofort auffällt. Bestimmungswerke, die ja von vielen anderen Leuten verwendet werden sollen, müssen besonders sorgfältig auf Fehler geprüft werden. Die fertige Bestimmungstabelle von Fachkollegen prüfen zu lassen, ist sicherlich nützlich, aber auch Fachkollegen leiden unter Betriebsblindheit. Eine ausgezeichnete Kontrollmöglichkeit ist es, solche Tabellen in Universitätskursen von Studenten überprüfen zu lassen, die zwar über Grundkenntnisse verfügen, von den Tieren, die damit bestimmt werden sollen, aber wenig Ahnung haben. Dabei kommen Unstimmigkeiten und unklare Punkte ziemlich schnell auf. Schriftleiter, die Manuskripte zur Drucklegung bekommen, sollten Bestimmungsliteratur sorgfältiger überprüfen, als es sonst üblich ist.

Man vermeide Merkmale, die an Sammlungsexemplaren erfahrungsgemäß oft fehlen, weil die Strukturen leicht abbrechen, wie lange, dünne Beine, Fühler und dergleichen. Das ist freilich nicht immer möglich. Bei Schmetterlingen sind die üblichen Bestimmungsmerkmale sehr stark auf die Beschuppung eingerichtet; schlecht erhaltene Schmetterlinge mit abgeriebenen Schuppen sind oft unbestimmbar. Lepidopterologen sollten ernsthaft daran denken, Bestimmungswerke für schlecht erhaltene Schmetterlinge zu schreiben.

Viele Autoren verwechseln phylogenetisch wichtige Merkmale mit Bestimmungsmerkmalen. Bestimmungsmerkmale müssen gut erkennbar sein. Ob sie phylogenetisch wichtig sind oder nicht, ist belanglos. Schlecht sichtbare Merkmale sind zum Bestimmen unbrauchbar, auch wenn sie phylogenetisch bedeutsam sind.

Beispiele aus der Praxis mit Kommentaren

(Diese Beispiele gibt es in der Literatur wirklich!)

Beispiel 1

> *1' … Die Hinterhüften durchsetzen das erste Sternit des Abdomens in der Mitte vollständig und dieses ist stets nur als ein mehr oder weniger umfangreiches Rudiment an den Seiten des Körpers erkennbar …*
>
> *1" … Das erste Hinterleibs-Sternit wird nicht vollständig von den Hinterhüften durchsetzt; der Hinterrand desselben ist hinter den Hüften erkennbar, oder es ist von den Hinterhüften durchsetzt, dann sind aber die ersten drei Sternite nicht verwachsen.*

Dieser Beginn der Tabellen in Reitters *Fauna Germanica,* einem sehr weit verbreiteten Werk über Käfer, hat jahrzehntelang Verwirrung gestiftet. Das angeführte Merkmal mag phylogenetisch noch so wichtig sein, ist aber für die Bestimmung ungeeignet. Wie viele Käferfreunde mehrerer Generationen haben sich damit herumgeplagt! Bei einem großen *Carabus* oder *Cerambyx* kann man den Bau der Hinterhüften ja gut erkennen, aber bei winzigen Käferlein, die noch dazu mit dem Bauch auf ein undurchsichtiges Plättchen geklebt und mit Leim verschmiert sind, sieht man nichts. Auch hat nicht jeder Anfänger unter den Käfersammlern ein gutes Stereomikroskop, mit dem man solche Merkmale ordentlich sieht. Mit den üblichen Lupen ist ja nicht viel anzufangen. Die Folge war, dass sehr viele Käfersammler die kleinen Käfer, deren Erkennung auf diese Weise erschwert wurde, vernachlässigt haben.

Beispiel 2

1' … Halsschild am Außenrand relativ schwach punktiert …
1" … Halsschild am Außenrand deutlich stärker punktiert …

Wie soll ein Anfänger, der keine Ahnung von diesen Tieren hat, beurteilen, ob eine Punktierung relativ schwach oder deutlich stärker ist? Solche Merkmale kann man nur brauchen, wenn entweder eine ordentliche Abbildung beigegeben ist oder man eine Vergleichssammlung zur Hand hat. Man kann aber die Angabe präzisieren, z. B. durch genaue Zahlenwerte wie „2–3 Punkte pro Millimeter" gegenüber „7–9 Punkte pro Millimeter". Wenn eine solche Präzisierung nicht möglich ist, dann haben solche Mehr-oder-weniger-Merkmale in einem Bestimmungsschlüssel nichts zu suchen.

Beispiel 3

1' … Augendurchmesser beim ♂ größer als beim ♀ …
1" … Augen beim ♂ und ♀ gleich groß …

Wie soll man ein solches Merkmal beurteilen, wenn man nur ein Exemplar vor sich hat? Nur in seltenen Fällen, wenn man ein in Kopula gefangenes Paar hat, ist dieses Merkmal brauchbar.

Beispiel 4

Frisch geschlüpfte Exemplare haben eine metallisch schimmernde Bestäubung, die bald verschwindet …

Wie soll man das an einem älteren Exemplar beurteilen?

Beispiel 5

1' … Vorderflügel mit einer Querader zwischen R2 und R3 … 2
1" … Vorderflügel mit vier Queradern zwischen R2 und R3 …
2' … Gabel 2 im Vorderflügel so lang wie Gabel 4 …
2" … Gabel 2 im Vorderflügel viel länger als Gabel 4 …
…
15' … Discoidalzelle im Vorderflügel offen …
15" … Discoidalzelle des Vorderflügels geschlossen. Beim ♀ sind die Flügel reduziert.

Wie soll der Benützer dieser Tabelle mit einem flügellosen Weibchen bis auf Punkt 15 kommen, wenn der Weg dorthin nur über Geädermerkmale geht?

Beispiel 6

Kleine oder winzige mottenartige, stark behaarte Tiere, Vorderflügel 1–6 mm; Körper und Flügel dicht behaart. Vorderflügel oft mit kolbenförmigen, aufgerichteten Schuppenhaaren.

Randwimpern der Flügel sehr lang, die des Hinterflügels meist länger als dessen größte Breite beträgt; Flügel sehr lang und schmal, zugespitzt; Nervatur oft stark reduziert und unregelmäßig ... Hydroptilidae

Diese an den Beginn der Familien-Bestimmungstabelle für Köcherfliegen gesetzten Merkmale wurden seit fast hundert Jahren von den Autoren abgeschrieben und nur leicht modifiziert. Die an sich gute Grundidee war dabei, die auf den ersten Blick leicht kenntlichen Hydroptilidae von den anderen Familien abzutrennen. Dabei wurde aber nicht berücksichtigt, dass spitze Flügel und lange Flügelrandfransen bei praktisch allen sehr kleinen Köcherfliegen vorkommen, egal zu welcher Familie sie gehören. In Europa kann man dabei nicht sehr fehlgehen, weil winzig kleine Arten aus anderen Familien kaum vorkommen, außer, dass Bestimmer in Europa die häufige *Psychomyia pusilla* (Psychomyiidae) für eine Hydroptilide halten. Aber in den Tropen ist das anders, und trotzdem sind diese Merkmale immer wieder in Bestimmungstabellen für tropische Tiere zu finden. Der beste Beweis für die Unbrauchbarkeit dieser Merkmale ist die Tatsache, dass der Autor, auf den jene Formulierung Anfang des 20. Jahrhunderts zurückgeht, selbst Arten aus allen möglichen Familien (Glossosomatidae, Psychomyiidae, Helicopsychidae), die auch besonders klein sind und die auch spitze Flügel mit langen Fransen haben, als vermeintliche Hydroptilidae beschrieben hat – nicht, weil er die Tiere nicht kannte, sondern weil er die Merkmale mit seinem offenbar unzulänglichen Mikroskop nicht ordentlich sehen konnte. Andrerseits gibt es in den Tropen aber auch ziemlich große Hydroptiliden von bis über einem Zentimeter Länge, die in die obige Definition nicht hineinpassen. Man hüte sich auch vor „Oft"- und „Meist"-Merkmalen, mit denen jemand, der die Tiere nicht kennt, verwirrt wird.

Beispiel 7

1' ... Endglieder der Labial- und Maxillarpalpen sekundär geringelt und biegsam ...
1" ...Endglieder nicht sekundär geringelt, aber eventuell quer gerunzelt und dann auch biegsam ...

Dieser Merkmalsgegensatz ist für den Anfänger unbrauchbar. Bei einem *Halesus* ist sicherlich gut zu sehen, dass die Palpenendglieder einteilig und weder geringelt noch gerunzelt sind, und bei einer *Hydropsyche* ist die Ringelung gut erkennbar. Aber bei einer *Wormaldia,* die zur ersten, und bei einem *Setodes,* der zur zweiten Gruppe gehört, sieht das nur ein erfahrener Benützer eindeutig, der sowieso schon auf den ersten Blick die *Wormaldia* und den *Setodes* kennt und daher die Tabelle kaum verwenden wird.

Beispiel 8

Wie sinnvoll ist eine dichotome Tabelle für 4 gerade frisch beschriebene Arten *Ecnomus* von Myanmar, wenn dort mit mindestens 50 Arten zu rechnen ist und jede neue Ausbeute auf absehbare Zeit weitere neue Arten enthalten wird? Diese neuen Arten können mit der dichotomen Tabelle auf keinen Fall erkannt werden, aber auch das Bestimmen der vier bekannten Arten ist problematisch, weil man sie nach dieser Tabelle nicht mit Sicherheit von weiteren noch unbekannten Arten unterscheiden kann.

Beispiel 9

1a Blütenknospen flaumig behaart ... 2
1b Blütenknospen glatt ...5
2a Reife Früchte mit fünf Öffnungen ... 3
2b Reife Früchte geschlossen ... 4

Wie soll man wissen, was für Früchte aus diesen Blüten vier Monate später werden?

Beispiel 10

1a Mesonotum mit Skleriten ... 3
1b Mesonotum ohne Sklerite ... 2
2a Mesonotum mit 2 Skleriten ...
2b Mesonotum mit 4 Skleriten ...

Hat dieser Autor überhaupt gelesen, was er da geschrieben hat?

Beispiel 11

1a Vordertibien ohne Sporne ... Mystacides
1b Vordertibia mit einem Sporn ... Tagalopsyche

Was soll ich machen, wenn die über 50 Stück *Tagalopsyche* in meiner Sammlung alle keinen Tibiensporn haben?

Beispiel 12

> *„83' Discoidalzelle der Hinterflügel mit einer Schuppentasche entlang der basalen Hälfte des Radius-Stiels, oder wenn ohne Tasche, dann mit behaarten Warzen am Saum des Hinterflügels, oder wenn die Warzen keine Haare tragen, dann sind die mittleren Fühlerglieder gekielt; wenn die Fühler nicht 46-teilig sind, dann ist der Pedicellus manchmal dreilappig, wenn die Borsten am Mesoscutellum fehlen, aber an ihren Rändern vorhanden sind. Wenn aber die Vorderhälfte des Mesoscutellum eine Warze hat, dann siehe unter 124" .. Art X*
>
> *83" Merkmale nicht so ... 84*

Alles klar???

Beispiel 13

1a Eine oder mehrere breite Sinnesborsten meistens vorhanden; gebogene untere Orbitalborsten meistens vorhanden. Subcosta mehr oder weniger vollständig und von R1 getrennt. Untere Calyptra meist gut entwickelt (außer bei einigen Anthrophoriden und Tigelliden). R1 ohne eine geschlossene Serie dorsaler Börstchen; Querwulst des Mesoscutum vollständig...

1b Nicht so; wenn die Sinnesborsten und die Orbitalborsten vorhanden sind, dann ist die Subcosta unvollständig. Untere Calyptra reduziert (außer bei einigen Belostomidae, die eine geschlossene Serie von dorsalen Börstchen auf R1 haben), Querwulst des Mesoscutum meistens in der Mitte unterbrochen…

Aber jetzt muss wirklich alles klar sein!

Die Form der Bestimmungsschlüssel

Dichotome Bestimmungsschlüssel

Dichotome Schlüssel (Abb. 14.2, 14.3) sind ein so selbstverständlicher Arbeitsbehelf der Zoologen und Botaniker geworden, dass sich kaum mehr jemand Gedanken über ihre Nützlichkeit und über ihre Grenzen macht.

Eine dichotomer Schlüssel fragt bei jedem Bestimmungsschritt nach einer Entscheidung zwischen zwei Möglichkeiten. Er ist hierarchisch aufgebaut. Bei jedem weiteren Schritt ist eine weitere Auswahl zwischen bestimmten Merkmalen zu treffen.

Dichotome Schlüssel sind drucktechnisch problemlos. Das war früher beim mühsamen Handsatz ein wichtiger Gesichtspunkt, da Tabellen schwierig zu setzen waren. Heute, im Zeitalter des Computersatzes und der digitalen Manuskripte ist das kein Problem.

236 Botanik oder Naturgeschichte des Pflanzenreiches.

X. 5. Decandria. Pentagynia. Mit 10 Stbgef. u. 5 Griffeln (Kräuter).

Bltr 3zählig oder 3schnittig;
- Blüten einzeln auf einem Schafte oder zu 2—5 blattwinkelständig; Stbf. am Grunde verwachsen; Bltr der deutschen Arten 3zählig (Fig. 370.); Kelch und Bltr. 5blätterig...... **Sauerklee** (§. 285.). **Oxalis* L.
- Blüten endständig, in 4—6blütigen Köpfchen; Stf. frei; Wurzelbltr 3zählig, Stengelbltr 3schnittig.................. **Adoxa.* ☞ VIII. 4.

Bltr ungeteilt;
- Blätter fleischig, einfach; Kelch 5teilig; Bltr. 5blätterig; 5 Balgkapseln (§. 63.).............................. **Fetthenne** (§. 248.) **Sedum* L.
- Bltr krautig;
  - Kelch röhrig, 5zähnig oder tief 5spaltig; 5 genagelte Blumenkrbltr (Fig. 130.).
    - Kelchzähne kürzer als die Blumenkrone....... **Lichtnelke** (§. 270.). **Lychnis* Tourn.
    - Kelchzähne viel länger als die Bltr. (Kelch 5spaltig). **Raden** (§. 270.). **Agrostemma* L.
  - Kelch 5blätterig; 5 ungenagelte, weiße Blkrbltr;
    - Blkrbltr ungeteilt; Kapsel 5klappig;
      - Bltr gegenständig, am Grunde verwachsen, lineal, ohne Nebenbltr. **Sagina* ☞ IV. 4.
      - Bltr in Wirteln, lineal, am Grunde mit 2 häutigen Nebenbltrn (Fig. 554.). **Spark** (§. 271.). ✤ **Spergula* L.
    - Blkrbltr ausgerandet oder 2spaltig;
      - Kapsel mit 5 zweizähnigen, geraden Klappen (Bltr herzfg).... **Weichkraut** (§. 270.). **Malachium* L.
      - Kapsel mit 10 oder 8 gleichen, am Rande etwas nach außen gebogenen Zähnen (F. 373.). **Hornkraut** (§. 270.). **Cerastium* L.

Abb. 14.2 Beispiel für dichotome Schlüssel

B. Neuration of anterior-wings not differing in the sexes.

a. Cellula thyridii obsolete in the anterior-wings, the superior branch of the upper cubitus not being present; apical forks Nos. 1, 2, and 5 present. [All the apical cellules excepting No. 1 extending to the anastomosis; apical sectors 3, 4, and 5 starting from almost the same point. In the posterior-wings fork No. 5 is absent, and the transverse ante-apical nervule is obsolete or nearly so.] .... TRIÆNODES.

b. Cellula thyridii present in the anterior-wings and very long; apical forks Nos. 1 and 5 present. [The ante-apical nervule present in the posterior-wings.]

a. Apical fork No. 5 absent in the posterior-wings.

1. Anterior-wings rather short and broad, with very dense pubescence and long dense fringes; anastomosis in a continuous oblique line. Posterior-wings rather narrower. Anal parts of ♂ short and not prominent .... ADICELLA.

2. Anterior-wings very long and narrow; pubescence and fringes less dense. Posterior-wings as broad as the anterior. Anal parts of ♂ very prominent and complicated .... EROTESIS.

b. Apical fork No. 5 present in the posterior-wings.

* Apices of anterior-wings strongly and suddenly inflexed in repose; all the apical cellules reaching the anastomosis. Maxillary palpi with exceedingly long, somewhat thickened, hairs, arranged almost in two rows, so that they have a plumose appearance. [Anal parts peculiar, and very homogeneous.] .... MYSTACIDES.

** Apices of anterior-wings not suddenly inflexed in repose. Maxillary palpi not plumose.

† Superior branch of upper cubitus simple .... ŒCETIS.

†† Superior branch of upper cubitus ending in a fork.

‡ Wings comparatively broad, the posterior much broader than the anterior. [Form of *Leptocerus*.] HOMILIA.

‡‡ Wings very narrow, both pairs acute or sub-acute; the posterior narrower than the anterior, and not folded .... SETODES.

Abb. 14.3 Beispiel für dichotome Schlüssel

Dichotome Schlüssel sind nur in einer Richtung benützbar, erlauben eine Entscheidung nur zwischen zwei Merkmalen in einem Arbeitsschritt, können fließende Merkmale nicht berücksichtigen und erlauben beim Bestimmen keine willkürliche Wahl von Merkmalen und keine beliebige Wahl der Reihenfolge der verwendeten Merkmale.

Unter Biologen herrscht überwiegend die Meinung vor, dass die dichotomen die besten Schlüssel wären, was damit begründet wird, dass sie die weitaus häufigsten und allgemein verbreiteten sind. Kritiker nennen das „dichotomous key god syndrome". Als Vorteile dichotomer Schlüssel werden angeführt:

- Sie ermöglichen die Abtrennung einer homogenen Gruppe mit ähnlichen Merkmalen.
- Man kann auch mehrere Merkmalspaare in einem Bestimmungsschritt erheben. (Aber was macht man, wenn die beiden Merkmalspaare einander widersprechen?).

Die ursprünglichste Methode zum Materialbestimmen war, die ausführlichen Beschreibungen eine nach der anderen sorgfältig zu vergleichen. Das ist zeitraubend, und so wurden die dichotomen Tabellen erfunden, um ein rascheres Arbeiten zu ermöglichen. Mit ihnen berücksichtigt man nicht zahlreiche Merkmale gleichzeitig, sondern nur ein Merkmalspaar auf einmal. Im Idealfall sieht das etwa so aus:

1′ … Fühler mit 15 Gliedern … 2
1″ … Fühler mit 17 Gliedern … 3
2′ … Tibien rot … 4
2″ … Tibien schwarz … 5
3′ … Flügeldecken schwarz … 6
3″ … Flügeldecken metallisch grün … 7
4′ … Kopfschild mit groben Punkten … Art A
4″ … Kopfschild glatt … Art B
5′ … 1. Tarsenglied so lang wie das zweite … Art C
5″ … 1. Tarsenglied doppelt so lang wie das zweite … Art D
6′ … Beinkrallen symmetrisch … Art E
6″ … Beinkrallen asymmetrisch … Art F
7′ … Endglied der Maxillarpalpen keulig verdickt … Art G
7″ … Endglied der Maxillarpalpen dreilappig … Art H

Durch das schrittweise Verfolgen der Merkmalskombinationen: Fühler 15-gliedrig – Tibien schwarz – Tarsenglied 1 so lang wie 2 – kommt man sehr schnell und präzise zur Art C. Im Idealfall, wohlgemerkt. Die Praxis sieht häufig anders aus. Wenn die Fühler zur Hälfte abgebrochen sind, ist schon das allererste Merkmal unbrauchbar. Man muss dann alle darauffolgenden Merkmale prüfen, was den Arbeitsaufwand bereits verdoppelt. Aber was tut man, wenn die Fühler unbeschädigt sind, aber 16 Glieder haben? Ist das ein individuell abweichendes Stück, eine Missbildung oder eine Art, die in dem Schlüssel nicht enthalten ist? Was tut man, wenn der rechte Fühler 15, der linke aber 17 Glieder hat? Man sieht schon, Man braucht also zusätzliche Informationen. Wie das leichter gemacht werden kann, steht weiter unten unter den synoptischen Tabellen (Beispiel 2 in diesem Abschnitt).

Tabellen werden oft endlos lang. Je länger die Tabelle, desto größer die Wahrscheinlichkeit, dass man auf ein Merkmalspaar stößt, das nicht beurteilbar ist (weil an dem Tier irgend etwas abgebrochen ist, weil die Formulierung missverständlich ist, …). Dann ist es sehr mühsam und zeitraubend, wieder den richtigen Anschluss zu finden.

Für die Konstruktion von dichotomen Tabellen gelten die oben angeführten Grundsätze der Sorgfalt und Kontrolle. Wenn man sie befolgt, lassen sich viele Unstimmigkeiten vermeiden. Dichotome Tabellen haben aber einige grundlegende Nachteile, die unvermeidbar sind und in der Methode selbst stecken.

1. Die Sprache ist unzureichend, um komplizierte, womöglich dreidimensionale Strukturen zu beschreiben. Eine Abbildung erleichtert das Verständnis wesentlich, aber dann kann man sich oft einen schwer verständlichen Text ganz sparen.
2. Wenn vom Benützer immer nur Ja-Nein-Entscheidungen verlangt werden, wird er zum oberflächlichen Arbeiten verleitet, weil er sich daran gewöhnt, gedankenlos formalen Entscheidungen zu folgen. Seriöse Bestimmungsarbeit erfordert aber die Bildung eines eigenen Urteils aus der angebotenen Information. Dichotome Tabellen müssen durch ausführliche Beschreibungen und Abbildungen ergänzt werden. Diese Ergänzungen sind gelegentlich, vor allem, wenn der Verfasser sehr genau arbeitet, derart umfangreich, dass sie viel wichtiger werden als der Schlüssel selbst, den sie letzten Endes entbehrlich machen.
3. Arten, die im Schlüssel nicht enthalten sind, können nicht bestimmt werden und können meist auch nicht als Fremdkörper erkannt werden. Man kommt auf alle Fälle auf einen Namen (es sei denn, man habe aus irgendwelchen Gründen Verdacht geschöpft) und kann sich nicht vergewissern, ob er wirklich stimmt. Auch hier ist das ergänzende Studium der ausführlichen Beschreibungen und Abbildungen notwendig. Außerhalb des festgesetzten geografischen Geltungsbereichs darf man Bestimmungsschlüssel sowieso nicht einsetzen, aber selbst innerhalb ihres Bereichs muss man mit der Auffindung von faunistisch neuen oder für die Wissenschaft neuen Arten rechnen. So kommt es immer wieder zu Fehlbestimmungen, von denen die Literatur übervoll ist. Für die Wissenschaft oder für die Fauna neue Arten können überhaupt nicht als solche erkannt werden.
4. Dichotome Schlüssel sind starr hierarchisch und können nicht umgebaut werden. Wenn man z. B. ein bestimmtes Merkmalspaar innerhalb des Schlüssels verschieben will, kann man das nur nach dem Studium von Originalmaterial machen, das die nötigen Zusatz-Informationen liefert. Über ein- und dieselbe Tiergruppe gibt es verschiedene Schlüssel in getrennten geografischen Gebieten, etwa für Mitteleuropa, für die Sundainseln, für Australien, für Nordamerika usw. Nähme man alle zusammen, wäre die Formenfülle der Erde erfasst. Erhält ein Verfasser den Auftrag, für diese Tiergruppe eine für die ganze Erde gültige Tabelle zu schreiben, ist ihm das durch einfaches Zusammenziehen der vielen Tabellen nicht möglich, weil sie verschiedene Merkmale in verschiedener Reihenfolge berücksichtigen. Für eine vereinheitlichte Tabelle müsste man aber alle Merkmale, die diese Tabellen enthalten, für alle Taxa wissen. Das ist nicht der Fall, weil in dem einen Schlüssel Form und Lage des Tentoriums, in einem anderen der Bau der Thoraxsklerite, in einem dritten das Vorhandensein oder Fehlen von Lateralorganen erwähnt wird, in anderen Tabellen aber nicht, weil diese Merkmale in einem anderen Erdteil für die Bestimmung unwichtig sind.
5. Dichotome Schlüssel geben nur eine Auswahl von Merkmalen für einzelne Arten, aber nicht für alle in ihnen enthaltenen Arten (Taxa). Das bedeutet einen **Informationsverlust** gegenüber der ausführlichen Beschreibung und gegenüber anderen Formen von Bestimmungstabellen.

Kurze Beschreibung der In Europa Befintlichen Völckern Und Ihren Aigenschafften.

Namen.	Spanier.	Frantzoß.	Wälisch.	Teutscher.	Engerländer.	Schwöth.	Poläck.	Unger.	Muskawith.	Tirk oder Griech.
Sitten	Hochmütig,	Leicht sinig.	Hinderhaltig.	Offenherzig.	Wohl Gestalt,	Stark und Groß	Bäurisch,	Untreü,	boß hafft,	Wie das Abrilweter.
Natur Und Eigenschaft	Wunderbarlich	Und Seidsielig gesprächig	Eifersichtig.	Ganz Gut.	Lieb-reich.	Graus-sam.	Hochwilder,	Aller Graussambst	Gut Ungerisch.	Ein Lung Teüfel,
Verstand	Klug un Weiß.	Firsichtig,	scharffsinig.	Wizig,	Ammuthig.	Hartknäkig,	Gering Achtent,	Nochweniger,	Gar Nichts,	Oben Auß,
Anzeigung deren Eigenschaften	Mänlich,	Kindisch.	Wie iederwill,	Uber Allmit	Weiblich.	Unerkendlich	Mittlmässig.	Bluthbegirig,	Unentlich krob.	Zärt-lich.
Wissen-schaft	schrifftgelehrt	In Kriegssachen	In Geistlichen Rechte	In Weltlichen Rechte	Well Weis,	In Freuen Künsten	In Underschid-lichen sprachen	In Ladeinischer sprach	In Krichischer sprache	Ein falscher Vollitieus.
Tracht Der Klaidung,	Ehrbaar.	Unbeständig	Ehr sam.	Macht alles Nach	auf Französchische art	Von Löder.	Lang Röckig.	Viel Färbig,	Mit böltzen,	Auf Weiber Art.,
Untugent,	Hoffärtig,	Betrügerisch	Geillsichtig.	Verschwenderisch	Unruhig.	Uber Glauberisch	Braller,	Verräther,	Gar Verrätherisch	noch Veräterischer.
Lieben,	Ehrlob und Rüm	Den Krieg,	Das Gold,	Den Trunck.	Die Wohllust	Köstliche speisen	Den Adl,	Die Aufruhe,	Den Brügl.	Selbsteigne Lieb
Krankheiten.	Verstopfung,	An Eigner	An bösser seüch.	An podogrä,	An Der schwindsucht	An Der Wassersucht	An Den durchbruch	An der freis.	An Keichen.	An Schwachheit
Ihr Land.	Ist fruchtbaar	Wohlgearbeith	Und Graßlich Wohllistig.	Gut,	Fruchtbaar.	Bergig.	Waldich,	Und Frucht gollReich.	Voller Eiß,	Ein Liebreiches.
Krigs Tugenie	Groß Müthig.	Arg listig,	Firsichtig.	Uniberwindlich	Ein See Held.	Unuerzagt.	Un Gestimt,	Aufrierrerisch.	Miesamb,	Gar faul.
Gottesdienst	Der aller beste.	Gut,	Etwas besser.	Noch Andächtiger	Verenderlich Wie der Mond.	Eifrig in Glauben	Glaubt Allerley	Unmüeßig,	Ein Abtriniger,	Ewen ein solchen
Erkennen für Ihren herrn	Einen Monarchen	Eine König	Einen Bäterärch	Einen Käiser.	bald den bald jene	Freüe Herrschaft	Einen Erwelden,	Einen Unbeliebigen	Einen Freimiligen	Ein Thiran.
Haben Überfluß	An Früchten,	An Waren	An Wein,	An Getraid,	An fich Weid.	An Ärtz Kruben	An Bölzwerch,	In Allen.	An Immen,	An zart Und weichen sachen
die Zeit Vertreiben,	Mit Spillen,	Mit betrügen	Mit schwätzen,	Mit Trincken,	Mit Arbeiten	Mit Essen.	Mitt zancken,	Mit Miessigehen	Mit schlaffen.	Mit Kränkeln,
Vergleichung Mit denen Thiren	Ein Elöfanthen	Ein Fuchsen,	Einen Luchsen,	Einen Löben,	Einen Pferd.	Einen Ochsen,	Einen Bern	Einen Wolffen	Ein Esel,	Einer Katz,
Ihr Leben Ende	In Böth,	In Krieg,	In Kloster,	In Wein,	In Wasser,	Auf der Erd	Im stall,	beym säwel,	In schnee.	In betrug.

Abb. 14.4 Beispiel für einen „polytomen Schlüssel" (oder eine synoptische Tabelle) aus einem früheren Jahrhundert. (Völkertafel aus: Kurze Beschreibung der in Europa Befintlichen Völkern Und ihren Aigenschaften, Steiermark, ca. 1730/40; © Volkskundemuseum Wien, Foto: Birgit und Peter Kainz, faksimile digital)

Polytome Schlüssel

Die polytomen Schlüssel sind im Prinzip sehr ähnlich den dichotomen, nur dass bei jedem Bestimmungsschritt nicht zwei, sondern mehrere Möglichkeiten zur Wahl stehen.

Synoptische Bestimmungstabellen

Das Prinzip der synoptischen Tabellen ist seit Langem bekannt (Abb. 14.4). Sie bieten ein Maximum an Information auf geringstem Raum, gewährleisten schnelle Determination und haben die Merkmale übersichtlich geordnet. Sie sind immer wieder in der entomologischen Literatur verwendet worden (Abb. 14.5). Umso erstaunlicher ist es, dass sie so selten sind.

A **Körperlänge / Thoraxlänge**
B **Kopfbreite / Kopflänge**
C **Scapuslänge / Kopflänge**
D **Vorderflügellänge / Hinterflügellänge**
E **Augendurchmesser / Kopflänge**

	A	B	C	D	E
Species 1	6,36	1,03	0,79	1,91	0,23
Species 2	6,48	1,02	0,79	1,34	0,20
Species 3	5,60	1,06	0,84	1,77	0,18
Species 4	5,66	1,08	0,78	1,65	0,14
Species 5	6,72	1,07	0,86	1,89	0,14
Species 6	7,54	1,04	0,85	1,67	0,15
Species 7	6,49	1,06	0,81	1,71	0,22
Species 8	6,25	1,01	0,92	1,46	0,26
Species 9	6,02	0,95	0,98	1,74	0,17
Species 10	6,94	1,11	0,81	1,82	0,20
Species 11	5,56	1,17	0,78	1,43	0,18
Species 12	6,37	0,98	0,92	1,56	0,18
Species 13	6,84	1,03	0,89	2,05	0,15
Species 14	6,03	1,03	0,75	1,17	0,19

Abb. 14.5 Beispiel für eine synoptische Tabelle

Die synoptischen Tabellen sind nicht hierarchisch gebaut, die Merkmale sind einander gleichrangig angeordnet, und sie bieten deutlich mehr Merkmale, sodass die Bestimmung weniger darunter leidet, wenn das eine oder andere Merkmal an dem zu bestimmenden Exemplar fehlt (wenn z. B. die Fühler abgebrochen sind). Es kommt zu keinem gravierenden Merkmalsverlust.

Dichotome Schlüssel sind oft umständlich, platz- und zeitraubend. Beispiel 1 zum Herausfinden der Spornformel (Zahl der Sporne an der Vorder-, Mittel- und Hintertibia) zeigt die Anwendung des dichotomen Schlüssels und der synoptischen Tabelle im Vergleich.

Beispiel 1

Dichotomer Schlüssel:

1′ … Vordertibia ohne Sporn 2
1″ … Vordertibia mit Spornen 3
2′ … Mitteltibia mit 2 Spornen .... Taxon A
2″ … Mitteltibia mit 3 Spornen .... Taxon B
3′ … Vordertibia mit 1 Sporn 4
3″ … Vordertibia mit 2 Spornen .... Taxon G
4′ … Mitteltibia mit 2 Spornen 5
4″ … Mitteltibia mit mehr als 2 Spornen 6
5′ … Hintertibia mit 3 Spornen .... Taxon C
5″ … Hintertibia mit 4 Spornen .... Taxon D
6′ … Mitteltibia mit 3 Spornen .... Taxon E
6″ … Mitteltibia mit 4 Spornen .... Taxon F

Das sind: 4 Bestimmungsschritte, 12 Druckzeilen.

Denselben Sachverhalt kann man in einer synoptischen Tabelle so darstellen.

Tibiensporne an der Vorder- (V), Mittel- (M), Hintertibia (H)

V	M	H	Taxon
0	2	2	A
0	3	4	B
1	2	3	C
1	2	4	D
1	3	4	E
1	4	4	F
2	4	4	G

Das ist ein Bestimmungsschritt mit 7 Druckzeilen.

Beispiel 2

Das Beispiel zeigt eine weitere Gegenüberstellung von diochotomem Schlüssel und synoptischer Tabelle.

Die dritte Tabelle entspricht der zweiten, jedoch sind hier nur die in der dichotomen Tabelle benützten Merkmale eingezeichnet.

Dichotomer Schlüssel:

1′ ... Größe 2–3 mm .... minor
1″ ... Größe 3–9 mm 2
2′ ... Subcosta im Vorderflügel mit 1 Querader 3
2″ ... Subcosta im Vorderflügel mit 2–4 Queradern 6
3′ ... Vertex rot 4
3″ ... Vertex schwarz 5
4′ ... Vorderbein mit 5 Tarsengliedern .... major
4″ ... Vorderbein mit 4 Tarsengliedern .... alba
5′ ... Scapus weiß .... nigra
5″ ... Scapus schwarz .... rufa
6′ ... Discoidalzelle im Vorderflügel lang 7
6″ ... Discoidalzelle im Vorderflügel kurz 10
7′ ... Sc mündet in den Flügelrand 8
7″ ... Sc mündet in R1 9
8′ ... Scapus mit 1 Vibrisse .... vitrina
8″ ... Scapus mit 4 Vibrissen .... linnaei
9′ ... Größe 4–6 mm .... novaki
9″ ... Größe 8–9 mm .... populi
10′ ... Scapus mit 1 Vibrisse 12
10″ ... Scapus mit 3–4 Vibrissen 11
11′ ... Scapus mit 3 Vibrissen .... excisa
11″ ... Scapus mit 4 Vibrissen .... fusca
12′ ... Vorderbein mit 3 Tarsengliedern .... vectis
12″ ... Vorderbein mit 4–5 Tarsengliedern 13
13′ ... Vertex gelb .... ignita
13″ ... Vertex rot .... reducta

In dieser Gegenüberstellung sind bei der dichotomen Tabelle die Merkmalsgegensätze nur für eines der Merkmalspaare (ungefähre Größe) für alle Arten angegeben, aber alle anderen Merkmale nur für jeweils 2 bis 9 Arten. Die leer bleibenden Felder in der dritten Tabelle bedeuten, dass diese Merkmale für diese Arten nicht genannt werden, obwohl sie für die Bestimmung sehr wohl wichtig sein könnten: es wäre gut zu wissen, was für eine Färbung der Scapus von vitrina, der Vertex von populi hat. Von 112 möglichen Merkmalen werden hier in diesem sehr einfachen Beispiel also nur 39 genannt. Es kommt also zu einem Informationsverlust. Das ist ein grundlegender Nachteil der dichotomen Tabellen.

Synoptische Tabellen können vielfältig gestaltet sein. In einer synoptischen Tabelle kann man Merkmale verschiedener Art beliebig kombinieren; es können qualitative

Synoptische Tabelle mit denselben Objekten

Taxa	Merkmale							
	Größe in mm	Sc Queradern	Vertex	Tarsenglieder V'bein	Scapus	Discoid. zelle	Sc mündet:	Vibrissen am Scapus
Minor	2–3	1	Rot	5	Rot	Fehlt	Rand	2–3
Major	4–6	1	Rot	5	Rot	Fehlt	Rand	1
Alba	4	1	Rot	4	Rot	Fehlt	Rand	1
Nigra	5–8	1	Schwarz	5	Weiß	Fehlt	R1	1
Rufa	6–7	1	Schwarz	5	Schwarz	Kurz	Rand	3–4
Vitrina	7	2	Rot	5	Weiß	Lang	Rand	1
Linnaei	5–7	2	Rot	5	Weiß	Lang	Rand	4
Novaki	4–6	2	Gelb	5	Schwarz	Lang	R1	2
Populi	8–9	2	Rot	5	Rot	Lang	R1	2
Vectis	8	2	Rot	3	Rot	Kurz	Rand	1
Ignita	8–9	2	Gelb	5	Rot	Kurz	R1	1
Fusca	5–7	2	Schwarz	4	Rot	Kurz	R1	4
Excisa	4–6	2	Rot	5	Weiß	Kurz	R1	3
Reducta	3–5	4	Rot	4–5	Rot	Kurz	Rand	1

Synoptische Tabelle (siehe Text)

Taxa	Merkmale							
	Größe in mm	Sc Queradern	Vertex	Tarsenglieder V'bein	Scapus	Discoid. zelle	Sc mündet:	Vibrissen am Scapus
Minor	2–3	?	?	?	?	?	?	?
Major	?	1	Rot	5	?	?	?	?
Alba	?	1	Rot	4	?	?	?	?
Nigra	?	1	Schwarz	?	Weiß	?	?	?
Rufa	?	1	Schwarz	?	Schwarz	?	?	?
Vitrina	?	?	?	?	?	Lang	Rand	1
Linnaei	?	?	?	?	?	Lang	Rand	4
Novaki	4–6	?	?	?	?	Lang	R1	?
Populi	8–9	?	?	?	?	Lang	R1	?
Vectis	?	?	?	3	?	Kurz	?	1
Ignita	?	?	Gelb	?	?	Kurz	?	1
Fusca	?	?	?	?	?	Kurz	?	4
Excisa	?	?	?	?	?	Kurz	?	3
Reducta	?	?	Rot	4–5	?	Kurz	?	1

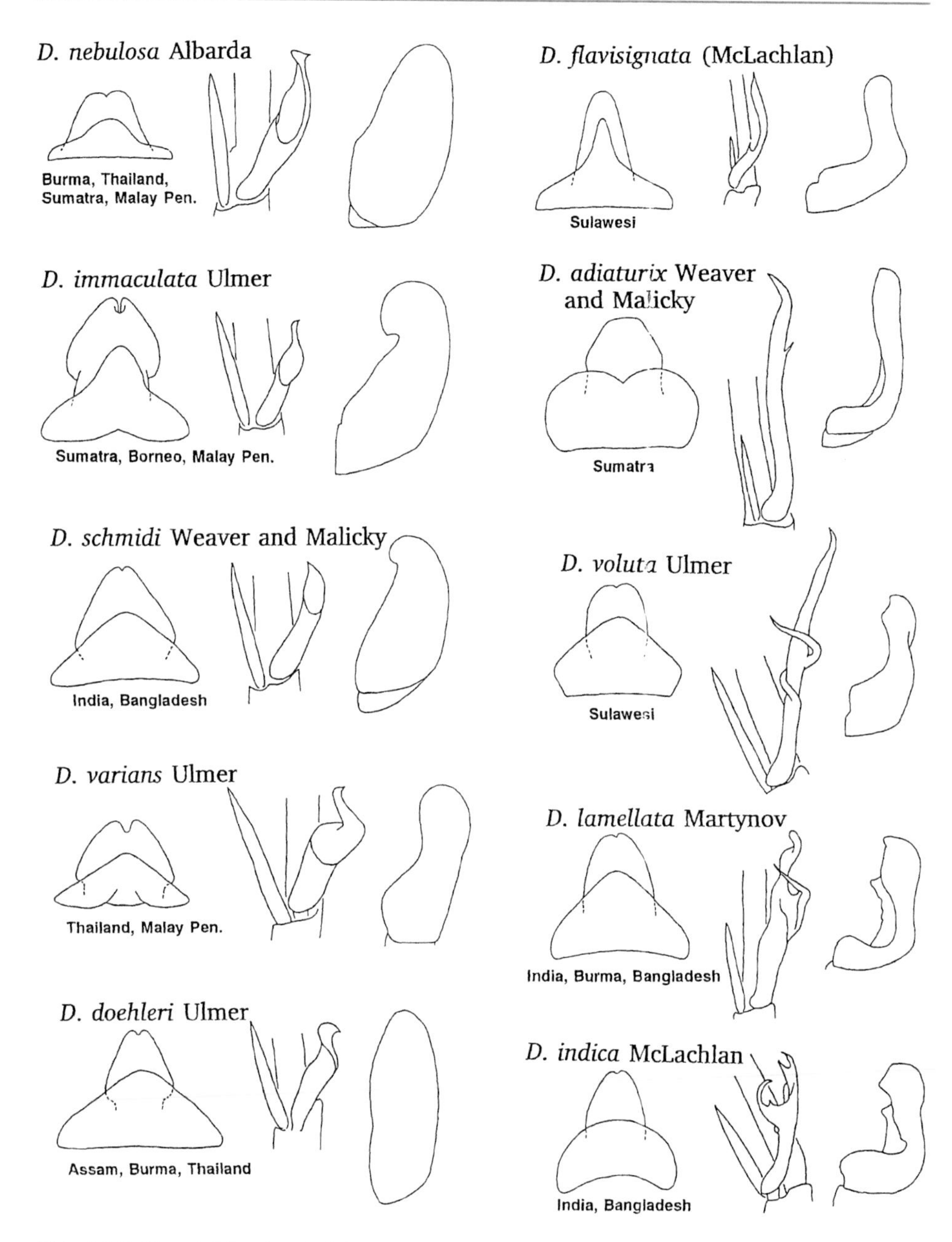

Abb. 14.6 Beispiel für einen Bilderschlüssel

Ja-Nein-Entscheidungen sein, es können Kurzbeschreibungen sein (rund – spitz – zweilappig), es können Proportionsangaben sein (1:1, 1:2), es können Zahlen sein und es können auch kleine Skizzen sein, die komplizierte Formen wiedergeben, beispielsweise wie in Abb. 14.6. Bei einer synoptischen Tabelle ist der Benützer nicht an eine bestimmte

Reihenfolge gebunden und kann bei beliebigen Merkmalen anfangen und fortsetzen, und wenn ein Merkmal nicht erkennbar ist (wenn etwa die Fühler abgebrochen sind) oder wenn es schwer sichtbar ist (Einzelheiten des Flügelgeäders bei stark beschuppten Flügeln), dann kann man es übergehen oder zuerst die anderen, leichteren Merkmale anschauen.

Das ist überhaupt ein wesentlicher Vorteil einer synoptischen Tabelle, dass die Benützer die Reihenfolge der Merkmale beliebig wählen können. Man fängt mit einem Merkmal an, das man besonders gut sieht, und trifft damit schon eine Einschränkung, und so weiter.

Wenn eine synoptische Tabelle sehr viele Arten oder Merkmale aufnehmen soll, kann sie so groß werden, dass ihre drucktechnische Wiedergabe Schwierigkeiten macht. Das ist aber kein grundsätzliches Problem, denn man kann sie beliebig teilen, entweder, dass man einen der angeführten Bestimmungsschritte zur Trennung von zwei oder mehreren Blöcken auswählt. Dabei soll man natürlich möglichst eindeutige und nicht variable Merkmale nehmen: *Fühler keulig und so lang wie die Vorderflügel* gegen *Fühler keulig und viel kürzer als die Vorderflügel* gegen *Fühler spitz*, usw. Oder: *Flügeldecken metallisch grün oder blau* gegen *Flügeldecken rot* gegen *Flügeldecken schwarz*. Die so erzielten Gruppen kann man nun in mehreren separaten Tabellen weiter aufschlüsseln. Dabei geht keine Information verloren, weil das Trennungsmerkmal zwischen den Teil-Tabellen weiterhin für alle Arten bekannt ist. Eine andere Möglichkeit ist, die zu große Tabelle durch horizontale und vertikale Schnitte zu zerlegen und auf mehrere Druckseiten aufzuteilen, wobei dann natürlich alle diese Teile durchgeprüft werden müssen, wenn man ein Tier bestimmen will. Hat man diese Tabelle aber im Computer gespeichert, so spielt ihre Größe keine Rolle, weil man nur ihre Teile auf den Bildschirm holt soweit nötig.

Ich habe einmal in einem Studentenkurs folgendes Experiment angestellt. Eine Gruppe von Personen bekam eine Zusammenstellung von Flaschen, Schachteln und Dosen (man könnte natürlich auch Insekten nehmen, aber das ist mühsamer und dauert länger) mit der Aufgabe, für diese einen dichotomen Bestimmungsschlüssel zu bauen (Abb. 14.7). In einem zweiten Schritt bekam eine andere Gruppe von Personen diese Gegenstände zusammen mit diesem Schlüssel mit der Aufgabe, sie anhand dieses Schlüssels zu identifizieren. Davor hatte ich aber, um realistische Zustände zu schaffen, einige Gegenstände dazugestellt (um zu simulieren, dass nicht alle Arten, z. B. solche, die man in dem betreffenden Gebiet noch nicht gefunden hatte, in einem bestimmten Schlüssel enthalten sind: Abb. 14.8) sowie von einigen Dosen die Deckel abgenommen (um zu simulieren, dass Merkmale nicht sichtbar sind, z. B. Beine oder Antennen abgebrochen sind: Abb. 14.9). Welches Ergebnis würden Sie erwarten? Wie viel Prozent der Ergebnisse waren richtig? Wenn Sie Gelegenheit haben, wiederholen Sie dieses Experiment. Sie werden ebenso so staunen wie wir.

Abb. 14.7 Ausgangsanordnung zu dem Experiment (siehe Text)

Abb. 14.8 Abweichende Anordnung zu dem Experiment (siehe Text)

Abb. 14.9 Abweichende Anordnung zu dem Experiment (siehe Text)

Bilderschlüssel

Man stelle sich vor: man sucht eine bestimmte Person, von der man den Namen, das Aussehen und vielleicht sogar die Sozialversicherungsnummer kennt, in einer Stadt von 200.000 Einwohnern (Abb. 14.10), und würde dazu einen dichotomen oder auch synoptischen Schlüssel fordern. Für solche Zwecke gibt es seit Langem andere und zielführendere Bestimmungsschlüssel: nämlich die Stadtpläne (Abb. 14.11) als Bilderschlüssel. Bestimmungsmerkmale sind dafür: der Name der Straße, in der die Person wohnt, die Hausnummer und der Name.

Wenn die Zahl der beteiligten Objekte und die Zahl der Merkmale zu groß ist, helfen weder dichotome noch synoptische Schlüssel. Man sucht also nach Konzepten, die (in anderer Bedeutung) als Expertensysteme bekannt sind. Damit ist ungefähr Folgendes gemeint: Ein Tabellenbenützer, der wenig Ahnung von den zu bestimmenden Objekten hat, verfolgt mühsam eine Bestimmungstabelle und kommt, je nachdem, nach dem zwanzigsten oder vielleicht erst nach dem dreiundsiebzigsten Schritt zu einem Namen. Der Experte, den man heranzieht, sagt spontan: Natürlich, das ist die Art Soundso! Wieso weiß er das sofort? Ganz einfach: Das ist die einzige Art der Gattung, die lange weiße Haare auf der Stirn hat. – Dieses Merkmal ist aber so einzig in der Gattung, dass es nicht in der Tabelle aufscheint. Man kann ja nicht gut **alle** möglichen Merkmale überall anführen.

Abb. 14.10 Wie findet man eine Person in einer Stadt? (siehe Text)

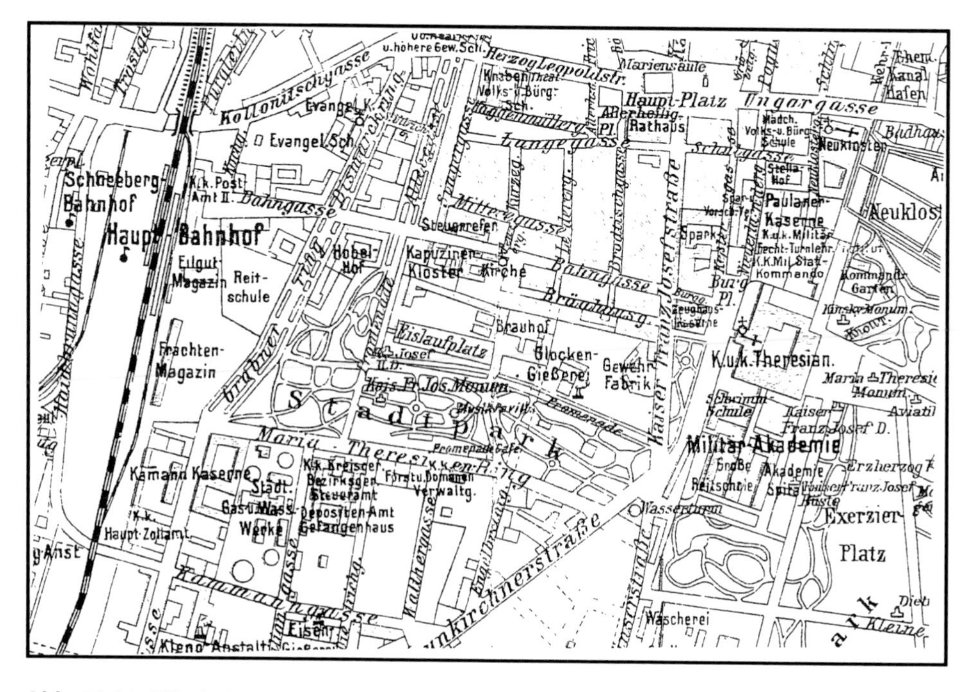

Abb. 14.11 Wie findet man eine Person in einer Stadt? (siehe Text)

Man muss nicht einmal so weit gehen. Für das Bestimmen von Insekten gibt es (wenn man Glück hat) höchst komplizierte Strukturen, deren Abbildung eine sofortige Identifizierung ermöglicht, deren Beschreibung in einem Schlüssel welcher Art auch immer aber zu kompliziert ist oder für die in unseren Sprachen ganz einfach die Worte fehlen. Wenn man solche Bilder übersichtlich nebeneinanderstellt (Abb. 14.6), ist die Identifizierung sehr leicht. Dazu kommt noch ein großer Vorteil: Man ist nicht auf eine bestimmte Sprache angewiesen. Solche Bilderschlüssel kann man in mehreren Schritten konstruieren. Die allgemein gebräuchlichen Vogel-Bestimmungsbücher geben ein Beispiel. Zuerst kommt eine Übersichtsseite mit Habitusbildern, und dann geht man zu der Seite, auf dem die genauere Aufschlüsselung steht. Bei aller leichten Benützbarkeit ist dabei die wissenschaftliche Exaktheit gewahrt. Selbstverständlich gibt es dann anschließend noch eine ergänzende Beschreibung mit beliebigen weiteren Angaben.

Ich habe meinen Bestimmungsatlas für Köcherfliegen auf einer Kombination von synoptischer Tabelle und Bilderschlüssel aufgebaut (Malicky 2010): Zur Groborientierung gibt es am Anfang eine Tabelle von ungefähr einer Seite Umfang, in der man in einem einzigen Bestimmungsschritt drei Merkmale prüft und, wenn man Glück hat, gleich zur richtigen Gattung kommt. Wenn man weniger Glück hat, muss man viele Seiten durchblättern. Diese drei Merkmale sind: die Spornformel (d. h. die Zahl der Sporne auf der Vorder-, der Mittel- und der Hintertibia, z. B. 124, 134, …usw.), das Vorhandensein oder Fehlen der Ocellen und die Zahl der Maxillarpalpen-Glieder (Abb. 14.12, 14.13). Der nachfolgende Bildteil besteht hauptsächlich aus Abbildungen der Kopulationsarmaturen und der Flügelgeäder (Abb. 14.14), dazu wird die Größe der Tiere und ihr Verbreitungsgebiet angegeben; Letzteres ist oft ein gutes Bestimmungsmerkmal, wenn man die Verbreitung gut genug kennt und dann das Vorkommen in anderen Gebieten ausschließen kann. Man könnte zwar auch eine synoptische Tabelle mit dem gleichen Informationsgehalt bauen, aber bei der Vielzahl von Merkmalen, von denen die meisten nur bei wenigen Arten wichtig sind oder überhaupt vorhanden sind, würde sie einen unzumutbaren Umfang erreichen und wäre dann, wenn man nicht für jedes Strukturmerkmal eine eigene Skizze geben würde, trotzdem nicht exakt genug.

Die Darstellung der gesamten Kopulationsarmaturen in mehreren Ansichten in natürlicher Lage (also nicht gequetscht oder anderswie deformiert) erlaubt einen Vergleich mit dem Präparat, das man unter dem Mikroskop hat, und eine Unterscheidung von ähnlichen Arten (Abb. 14.6, 14.14). Es ist also nicht notwendig zu wissen, wie die einzelnen Strukturen heißen, und man kann auch viele Erläuterungen (z. B. „dorsal“, „lateral“ …) weglassen, denn beim unmittelbaren Vergleich mit dem Präparat sieht man, was gemeint ist. Geringe Proportionsunterschiede, auf die es beim Bestimmen oft ankommt, sind schwer zu beschreiben, im Bild aber unmittelbar zu erkennen.

Selbstverständlich kann man das in diesem Beispiel gewählte Schema nicht auf alle Insekten gleich übertragen. Für Larventabellen z. B. wird man andere Merkmale und eine andere Anordnung wählen müssen.

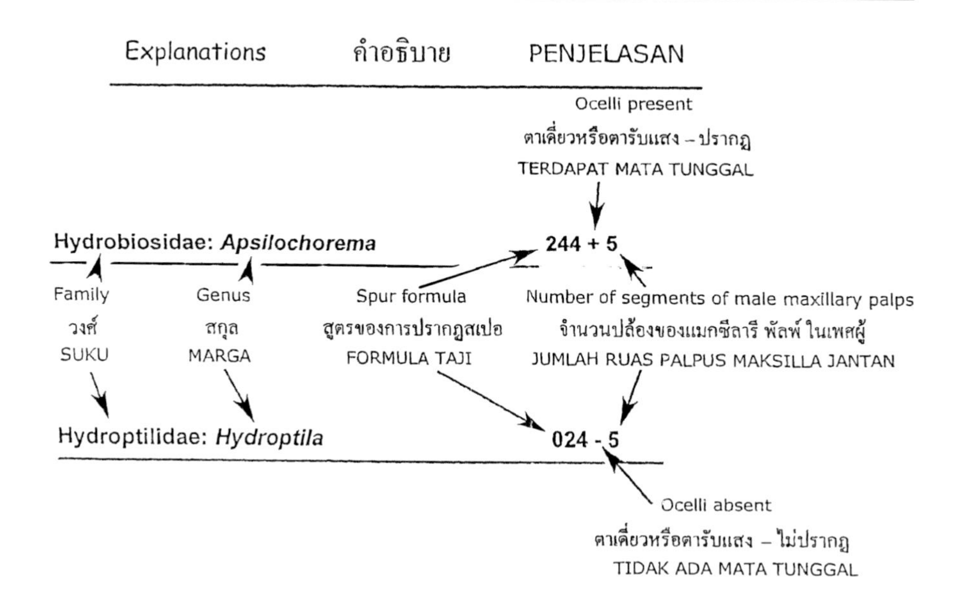

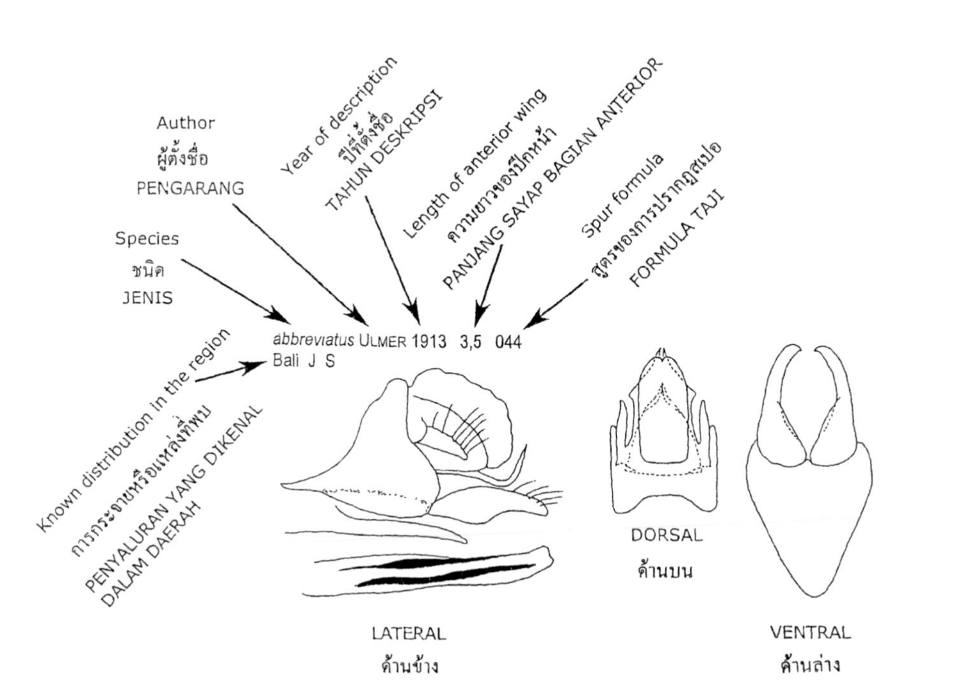

Abb. 14.12 Seite aus dem *Atlas of Southeast Trichoptera* (Malicky 2010): Erklärungen in drei Sprachen

Key to family or genus

S	Spur formula	สูตรของการปรากฏสเปอ	FORMULA TAJI
+	Ocelli present	ตาเดี่ยวหรือตารับแสง – ปรากฏ	TERDAPAT MATA TUNGGAL
—	Ocelli absent	– ไม่ปรากฏ	TIDAK ADA MATA TUNGGAL
MXP	Number of segments of male maxillary palps JUMLAH RUAS PALPUS MAKSILLA JANTAN	จำนวนปล้องของแมกซิลารี พัลพ์ ในเพศผู้	

S	OC	MXP	วงศ์ (สกุล) และเลขที่หน้า SUKU (MARGA) DAN HALAMAN FAMILY (GENUS) AND PAGE
022	-	3	Micrasema 229
022	-	5	Oestropsyche 181, Amphipsyche 193, Mystacides 260, Oecetis 261, Tagalopsyche 291, Trichosetodes 299, Leptocerus 301, Setodes 309
023	+	5	Plethus 57
024	-	5	Maeyaptila 22, Hydroptila 23, Jabitrichia 39
024	+	5	Ptilocolepus 12, Vietrichia 38, Stactobia 53, Plethus 57, Scelotrichia 60, Chrysotrichia 65
032	-	5	Aethaloptera 181, Amphipsyche 193
033	+	5	Temburongpsyche 20
034	-	5	Orthotrichia 43
034	+	5	Ugandatrichia 35, Microptila 37, Sutheptila 37, Tricholeiochiton 38, Macrostactobia 38, Saranganotrichia 39, Hellyethira 40, Oxyethira 41, Parastactobia 59, Chrysotrichia 65
042	-	5	Amphipsyche 193
043	-	5	Abaria 153, Amphipsyche 193
043	+	5	Nepaloptila 21
044	-	5	Pseudoleptonema 192, Amphipsyche 193, Potamyia 201, Cheumatopsyche 215
044	+	5	Agapetus 15, Padunia 20, Poeciloptila 21, Stenopsyche 98
122	-	3	Micrasema 229
122	-	5	Oestropsyche 181, Triplectides 260, Symphitoneuria 260, Oecetis 261, Adicella 284, Triaenodes 296, Parasetodes 298, Setodes 309
122	+	3	Nothopsyche 233 Pseudostenophylax 233
123	+	3	Moropsyche 233
123	+	5	Plethus 57
124	-	2	Helicopsyche 241
124	-	3	Helicopsyche 243
124	-	4	Helicopsyche 244
124	+	3	Moropsyche 233
124	+	5	Stactobia 53, Scelotrichia 60
(1)24	+	5	Stactobiella 56
132	-	5	Oestropsyche 181, Polymorphanisus 182
133	-	5	Polymorphanisus 182
134	+	1	Uenoa 231
134	+	3	Pseudostenophylax 233, Moropsyche 233
134	+	5	Maetalaiptila 56, Catoxyethira 56, Chrysotrichia 65
142	-	5	Amphipsyche 193, Anisolintropus 334
143	-	5	Abaria 153, Amphipsyche 193
144	-	2	Gastrocentrides 235
144	-	5	Trawaspsyche 150, Trichomacronema 191, Pseudoleptonema 192, Amphipsyche 193, Potamyia 201, Cheumatopsyche 212, Phraepsyche 328
144	+	5	Agapetus 15, Chimarra 71, Edidiehlia 87

Abb. 14.13 Seite aus dem *Atlas of Southeast Trichoptera* (Malicky 2010): Tabelle zu den Gattungen

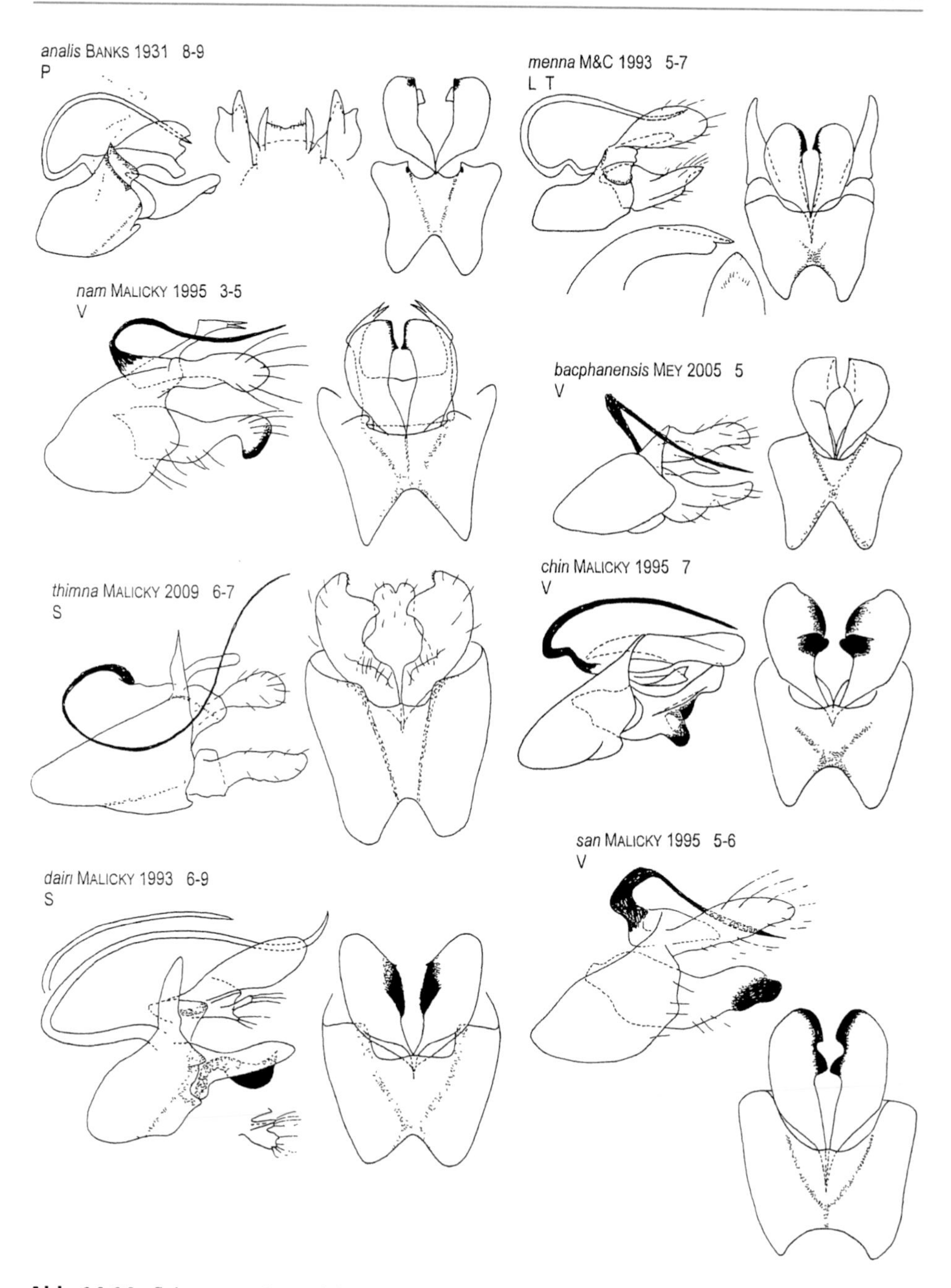

Abb. 14.14 Seite aus dem *Atlas of Southeast Trichoptera* (Malicky 2010): synoptische Bestimmungsseiten

Nochmals zur Erinnerung:

- Bei einem dichotomen Schlüssel muss man sich an jene Merkmale halten, die der Schlüssel vorgibt, auch wenn man sie nicht gut erkennt.
- Bei einer synoptischen Tabelle oder einem der genannten Bilderschlüssel sucht man an dem zu bestimmenden Objekt jene Merkmale, die man besonders gut sieht, und sucht diese der Reihe nach im Schlüssel. Man ist an keine Reihenfolge gebunden.

Literatur

Malicky H (2010) Atlas of Southeast Asian Trichoptera. Chiangmai University, Chiangmai, S 346

15 Von der Kunst des Fundortfindens

Ein Insekt im Freien zu finden ist, wenn es auch noch so versteckt lebt und biologisch noch so rätselhaft ist, für einen guten Entomologen kein großes Problem. Das ist sein Handwerk.

Bei manchem alten Sammlungsexemplar herauszufinden, wo es gesammelt worden ist, ist höhere Kunst, Intuition und Psychologie. Ordentlich etikettierte Sammlungsstücke waren in früheren Zeiten nicht selbstverständlich. Viele Entomologen können zu diesem Thema aus eigener Erfahrung ein reiches Bukett von Anekdoten vorweisen. Viele waren sich früher nicht klar darüber, wozu ein Fundzettel gut ist. Manche meinten, er solle ausdrücken, wo diese Art vorkäme, und so gibt es in alten Sammlungen nicht wenige Zettel mit „Hispania" oder gar „Europa". Selbstverständlich soll der Zettel festhalten, wo gerade ***dieses*** Individuum gefunden wurde.

In einer Hinsicht war die Sache in den alten Zeiten einfach. Das Reisen war zeitraubend, und so blieb man längere Zeit an einem Ort, und zwar womöglich an einem Ort, der leicht erreichbar war, weil es dorthin eine Eisenbahn und dort ein Hotel gab. Auch herrschte die Gepflogenheit, Tagebücher zu schreiben und womöglich sogar drucken zu lassen, weil Reisen nichts Alltägliches waren. Und so ist es auch heute noch einfach, beispielsweise herauszufinden, auf welchem griechischen Berg Theobald Krüper am 15. März 1861 gesammelt hat.

Heute ist das anders. Man hat ein Auto, sammelt in kurzer Zeit an vielen Orten, die voneinander weit entfernt sein können. Vorher konnte man sich darauf verlassen, dass ein Fundort in Fußmarschentfernung vom Wohn- oder Urlaubsort war. Jetzt muss man mit hunderten Kilometern rechnen. Hat man früher also leicht herausfinden können, welches St. Georgen gemeint war, wenn man den Sammler wusste, so kann man heute nichts mit einem solchen Fundort anfangen, wenn es sonst keine Hinweise auf seine Lage gibt. Allein 13 Orte namens St. Georgen gibt es im österreichischen Verzeichnis der Postleitzahlen; wie viele gleichnamige Weiler, Dörfer, Kirchen und Kapellen es außerdem gibt,

H. Malicky, *Vom Handwerk der Entomologie*,
https://doi.org/10.1007/978-3-662-59525-1_15

die so heißen, dürfte kaum herauszufinden sein. Ähnlich ist es mit Vrisses („Quelle"), Episkopi („Aussicht"), Potamia („am Bach"), Pirgos („Festung") oder Agios Nikolaos in Griechenland oder Yeniköy („Neudorf") in der Türkei. Im französischen Straßenatlas gibt es 47 Orte namens Montigny und 123 Orte namens Saint Germain.

Schon lange werden Sammler ermahnt, zum Fundort auch eine näher gelegene größere Stadt und die Provinz anzugeben. Das mag gelegentlich helfen, aber Städtenamen und Provinzgrenzen sind vergängliche Dinge, und oft helfen nicht einmal mehrere Atlanten verschiedenen Alters, sie herauszufinden. Wie soll man im Jahre 1992 ohne intensives Geschichtsstudium wissen, in welcher Provinz und in welchem Staat eine Stadt im östlichen Europa im Jahre 1905 lag, die noch dazu vier offizielle Namen in verschiedenen Sprachen hatte, die sich zwischen 1914 und 1990 dreimal änderten? Wozu zur Verschärfung der Aufgabe noch verschiedene Möglichkeiten der Transkription aus anderen Schriften (kyrillisch, arabisch, griechisch ...) kommen. Man kann zur Not wissen, dass Thessaloniki, Saloniki, Salonica und Solun dasselbe ist, desgleichen Lubaň, Laibach, Lubiana und Ljubljana. Aber wer weiß schon, dass Genigaveh und Drosia auf Kreta dasselbe sind; dass Canea und Chania dasselbe sind, nicht aber Candia, das identisch mit Iraklion und Herakleion ist. In der Wiener Museumssammlung gibt es aus alter Zeit viele Etiketten „Warmbrunn". Das liegt aber nicht in Österreich, sondern in Polen und heißt jetzt Cieplice Śląskie-Zdrój. Tschiangmai und Chiangmai sind nur verschiedene Transkriptionsmöglichkeiten desselben Worts, die sich daraus ergeben, dass es in der Lateinschrift leider keinen Buchstaben für den Laut „tsch" gibt. Unerfindlicherweise gibt es aber in einem wichtigen Atlas die Schreibweise Kiangmai. Im Ortsverzeichnis eines Atlas angesichts der verschiedenen Anfangsbuchstaben den richtigen Ort auf der Karte zu finden, ist äußerst mühsam. Kein Problem bietet der Fundort Bangkok, obwohl diese Stadt in Wirklichkeit Krungthepmahanakon heißt. Der Fluss, an dem sie liegt, ist unter der Bezeichnung Menam zu finden, obwohl er Chaopraya heißt: Menam heißt Mutter des Wassers, sinngemäß „großer Fluss". Will man herausfinden, wo Kellemisch liegt, das als Typenlokalität verschiedener Libellen und Köcherfliegen bekannt wurde, sind ziemlich aufwendige Reisen angebracht, worüber man bei Schmidt (1954) nachlesen kann.

Moderne Ortsnamen findet man am besten und schnellsten in Google Earth. Das muss nicht näher erläutert werden. Alte Ortsnamen hingegen muss man mühsam in verschiedener alter Literatur suchen. Ein Hinweis: Sehr hilfreich sind alte Atlanten, z. B. der *Andrees Allgemeine Handatlas* (8. Auflage, Verlag Velnhagen & Klasing 1924, Bielefeld & Leipzig) oder der *Stieler Hand-Atlas,* von dem vor Kurzem ein Nachdruck der 9. Auflage von 1906 erschienen ist. Näheres im Buchhandel. Nach dem Ende des kommunistischen Systems sind nach 1989 in den betroffenen Ländern wieder allerhand Ortsnamen geändert worden; wenn man die Namen aus der vorhergehenden Zeit sucht, ist der hervorragende *World Atlas,* 2. Auflage (Moskau 1967, englische Ausgabe), nützlich, der aber praktisch nicht mehr im Handel ist und in Bibliotheken gesucht werden muss.

In neuerer Zeit ist das Transkriptionsproblem dadurch verschärft, dass Wörter aus anderen Sprachen und Schriften auf englische Weise transkribiert werden, im Gegensatz zu früher, als man sich auf eine latein-analoge Weise geeinigt hatte. Da im Englischen bekanntlich Ausspracheregeln so gut wie nicht existieren, werden alle Vokale und sogar ziemlich viele Konsonanten bis zur Unkenntlichkeit verhunzt, sodass man die originale Schreibweise vergleichen muss (sofern man die Schrift kennt), um herauszufinden, ob sich ein Ort Tschapom oder Kupami oder Chepoma nennt.

Darüber hinaus gibt es ausgesprochenen ärgerliche Fälle. Auf vielen englischen Fundzetteln steht groß und deutlich „Hants". Dieses Hants war auf keiner Landkarte und in keinem Wörterbuch zu finden, nicht einmal im *Oxford Concise Dictionnary,* und es bedurfte einer Erkundigung bei einem in der englischen Geografie Bewanderten, um herauszufinden, dass das die Abkürzung (ohne Abkürzungspunkt !) für Hampshire ist.

Ein griechischer Fundort namens Papastratos wurde gesucht. Es stellte sich heraus, dass der Sammler diesen Namen von einer Aufschrift am ersten Haus am Dorfeingang notiert hatte, weil er ihn für die Ortstafel hielt. Das war aber in Wirklichkeit eine Reklame für eine Zigarettenmarke.

Zum Thema Fundortangaben passen auch verschiedene Beispiele aus der Literatur, bei denen manchmal unglaubliche Leichtfertigkeit und totale Unkenntnis vom Umgang mit Fremdsprachen vorherrschen. Ein Autor hatte ein Verzeichnis von Typenfundorten eines klassischen Werkes aus dem 19. Jahrhundert publiziert und musste sich dafür eine umfangreiche Kritik gefallen lassen, die dem interessierten Leser im Original empfohlen sei (*Beiträge zur Entomologie* 44:211–229). Aus dem Originaltext: „Herr Vicepräsident von Mulzer in Ansbach erhielt den gegenwärtigen Schmetterling … aus Südfrankreich" machte der Verfasser den Typenfundort „Mulzer in Unsbach"; aus „Ich erhielt diese Eule in einem frischen männlichen Exemplar von Herrn Kindermann mit dem Bemerken, dass ihre Raupe auf Gallium album lebt" den Fundort „Bemerfen"; aus „Herr Kindermann fand die Raupe auf Wermuth" den Fundort „Wermuth"; aus „Von Dahl mit der vorigen Art zu gleicher Zeit und auf die nämliche Weise gefunden" den Fundort „Weise"; er erfindet sogar den Fundort „Fine Luglio, Agosto".

Was muss auf dem Fundzettel stehen?

Jedes Exemplar in einer Sammlung muss mit einem Zettel versehen sein, damit jeder, der dieses Stück später in die Hand bekommt, leicht und ohne besonderen Arbeitsaufwand entnehmen kann, wo und wann und von wem es gefunden wurde.

Der Fundzettel ist das Wichtigste an einem gesammelten Insekt. Er ist viel wichtiger als die Präparation oder der Erhaltungszustand des Stücks. Sammlungsstücke ohne Etiketten sind wertlos, es sei denn, es handle sich um extreme Seltenheiten, bei denen man froh ist, überhaupt so ein Stück zu besitzen, auch wenn man nicht weiß, wo es herkommt. Aber solche gibt es nicht viele. Bei genadeltem oder geklebtem Material steckt das Etikett an der Nadel unter dem Insekt, und zwar an ***jedem Exemplar*** (nicht nur am ersten Stück einer Serie!). Die Zettel sollen so geschrieben sein, dass sie jedermann ohne besondere Vorkenntnisse lesen kann und versteht. Lateinschrift ist daher zu bevorzugen. Ob der Zettel gedruckt ist oder handschriftlich mit (weichem!) Bleistift, Tusche, Tinte,

Kugelschreiber oder sonst was geschrieben ist, ist relativ egal, wenn es sich um trockenes Material handelt. Man nehme starkes weißes Papier, auf dem man besser lesen kann. Aber selbst beste Tusche bleicht allmählich aus.

Bei flüssig konserviertem Material kommt das Etikett ***in den Behälter*** zu dem Insekt. In diesem Fall ist starkes weißes Papier (dünner Karton) notwendig (auf dünnem nassen Papier ist die Schrift schlecht lesbar), und die Beschriftung erfolgt mit Bleistift, Tusche oder Druck, keinesfalls aber mit Kugelschreiber oder Tinte und keinesfalls mit Tintenstrahldrucker. Man kann außerdem zur Sicherheit noch ein zweites identisches Etikett außen auf das Glas kleben. Unter Limnologen ist der Brauch verbreitet, außen auf das Glas ein Stück Leukoplast zu kleben und darauf mit Kugelschreiber zu schreiben. Wie das aussieht, wenn Wasser oder eine andere Flüssigkeit darauf kommt, kann man in (Abb. 23.1) sehen.

Ein großer Nachteil eines handgeschriebenen Textes ist, dass auch bei sorgfältiger und schöner Schrift fremdsprachige Wörter falsch gelesen werden.

Früher hat man Fundzettel drucken lassen. Dazu hat es auch kleine, handliche Druckerpressen gegeben, mit denen man das selber machen konnte. Aber häufig hat man erst, wenn eine größere Zahl von Fundorten zusammengekommen ist, etwa am Ende des Jahres, alles von einer Druckerei drucken lassen können. Das hat bedeutet, dass die gesamte Ausbeute inzwischen ruhen musste und man sie „vorläufig" bezetteln musste, was immer wieder Irrtümer zur Folge hatte. Und man konnte mit der Ausbeute nichts anfangen, bevor die endgültigen gedruckten Zettel daran waren.

Die Größe der Etiketten ist Geschmackssache. Je kleiner sie sind, desto schlechter kann man sie lesen. Die Schrift sollte daher nicht kleiner sein als 6-Punkt. Je größer sie sind, desto mehr Platz nehmen sie weg. Für Flüssigkeitssammlungen kann man ziemlich große Etiketten verwenden, aber für genadelte Insekten wählt man eine Etikettengröße, die nicht wesentlich größer ist als das Insekt oder das Aufklebeplättchen. Wenn der Zettel zu groß wird und der Platz nicht reicht, kann man mehrere Etiketten schreiben und untereinander auf die Nadel stecken. Für geklebte oder genadelte Insekten, von denen zerbrechliche Beine und Fühler seitlich abstehen, nehmen viele Entomologen Kärtchen, die über diese wegstehenden Teile hinausreichen und so das Insekt vor Bruch schützen.

Gelegentlich wird vor der Verwendung von mit Laserdruckern hergestellten Zetteln mit dem Hinweis gewarnt, dass man nicht wisse, wie lange sie halten und lesbar bleiben. Es könnte sein, dass sie ausbleichen. Ich verwende solche Zettel seit Jahrzehnten und habe noch nichts Derartiges bemerkt. Allerdings können sie ausbleichen, wenn sie dauernd im Licht sind, aber das trifft auch auf Druckerschwärze zu. Wenn lasergedruckte Zettel in Alkohol schwimmen, hält die Schrift ohne Probleme, aber Vorsicht, wenn mehrere solche mit der gedruckten Seite übereinander liegen und halb trocken werden: Dann können sie zusammenkleben und unleserlich werden.

Was soll auf dem Fundzettel stehen? Gute Beispiele gibt Abb. 15.1, aber zwei unbrauchbare Zettel sind auf Abb. 15.2 zu sehen. Unbedingt notwendig ist der Fundort; fast ebenso wichtig ist das Funddatum, und außerdem ist der Name des Sammlers wissenswert; der Sammlername erlaubt allfällige Rückfragen, und man kann daraus entnehmen, wie sehr

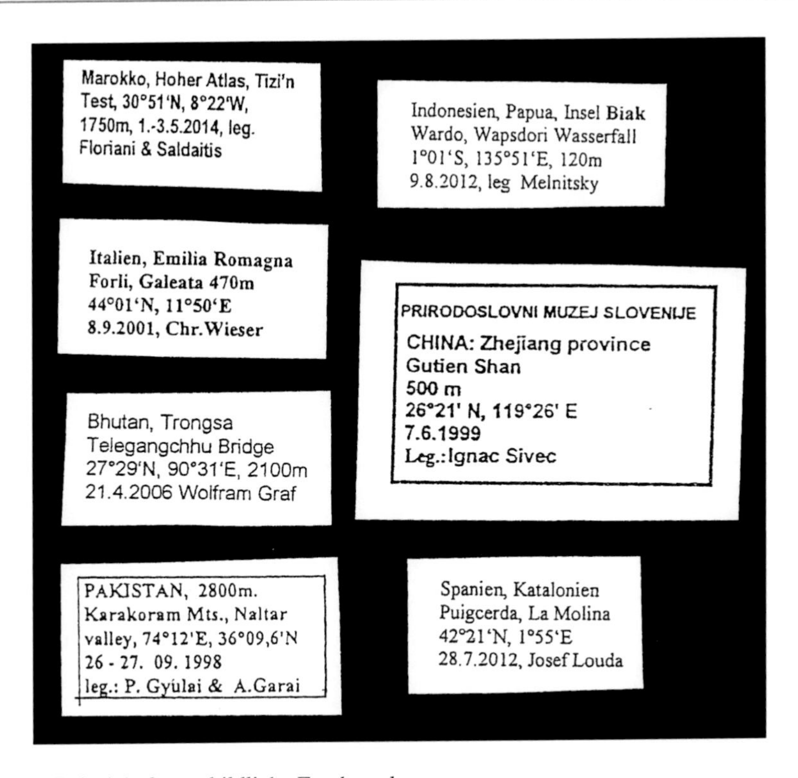

Abb. 15.1 Beispiele für vorbildliche Fundzettel

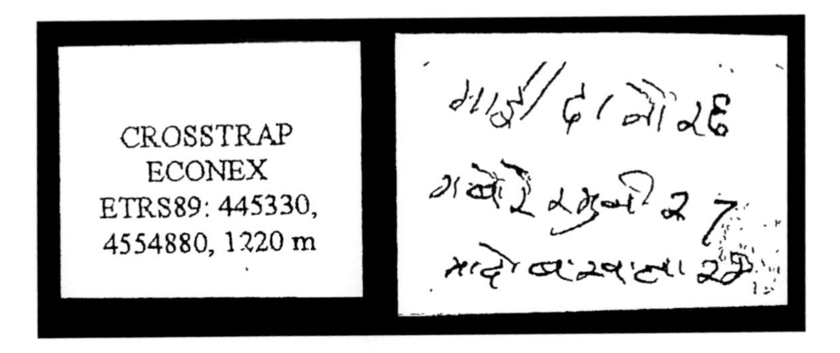

Abb. 15.2 Beispiele für unbrauchbare Fundzettel

man darauf vertrauen kann, dass die Herkunftsbezeichnung stimmt. Dem Sammlernamen wird oft die Abkürzung **„leg."** vorgesetzt, das ist die Abkürzung des lateinischen „legit", gesammelt. Wenn hingegen einem Personennamen **„coll."** vorgesetzt ist, bedeutet das, dass das Stück aus seiner Sammlung („collectio") stammt. Diese beiden Abkürzungen werden aber sehr oft verwechselt.

Als Funddaten gibt man Tag, Monat und Jahr an, und zwar in dieser Reihenfolge. Neuerdings ist es in Mode gekommen, die Reihenfolge Jahr–Monat–Tag zu wählen; das kann man auch machen, ist aber eine modische Spielerei. Die Jahreszahl schreibe man voll aus; später könnte man in Zweifel sein, ob ein Stück von 1883 oder von 1983 stammt. 15.08.1928 wäre eindeutig. 15.08.28 könnte man auch für 28. August 1915 halten. Ganz abzulehnen ist die amerikanische Schreibweise Monat–Tag–Jahr; das stiftet nur Verwirrung. Falls man für den Monat römische Ziffern verwenden will, dann schreibe man sie so, dass kein Irrtum entstehen kann. Die Zahl Eins schreibe man grundsätzlich immer mit dem **Anstrich** und nicht, wie es in englischsprachigen Ländern üblich ist, nur als senkrechten Strich: 12.II.1985 könnte man als Februar oder als November lesen; 12.11.1985 ist klar. Aber wenn man II.12.85 schreibt, sind alle Klarheiten beseitigt.

Wenn der Fundtag nicht genau bekannt ist, dann gebe man das Datum so genau wie möglich; wenn es sich um eine Sammelprobe aus einer längeren Periode handelt, z. B. aus Bodenfallen oder Lichtfallen, oder von einem längeren Aufenthalt an einem Ort, dann gebe man die ganze Periode, z. B. 20.07.–03.08.1972. Wenn die Zeit nicht genau abgrenzbar ist, dann gebe man den Monat an, z. B. April 1972 oder April–Mai 1972, jedenfalls so genau wie möglich. Wenn man will, kann man noch weitere Details angeben, dann nehme man, falls nötig, einen zweiten Zettel. Die wichtigste Angabe ist aber die des Fundortes. Nichts ist so einfach anzugeben und bei nichts werden mehr Fehler gemacht und gibt es mehr Irrtümer als bei ihm. Sinn der Ortsangabe ist, dass jemand, der das Stück später in die Hand bekommt, weiß, woher es kommt. Man schreibt also den Ortsnamen und dazu das Land, aber **nicht abgekürzt.** Es gibt so viele verschiedene Abkürzungen von Ländernamen (und die meisten sind sogar offiziell), die sich immer wieder ändern. Ob man in fünfzig Jahren noch wissen wird, was die früheren Länderabkürzungen CS, YU, SU, OS, SF oder WAN bedeutet haben? Und wer weiß schon, was die derzeit „offiziellen" Abkürzungen MYS, KGZ, WSM, TRNC, NE, CG, RS oder DZA bedeuten? Selbst bei ausgeschriebenen Ländernamen sollte man auf die Sprachkenntnisse der potenziellen Leser Rücksicht nehmen. Nicht jeder weiß, dass Österreich auf Finnisch Itävalta heißt.

In der Praxis ist es normal, dass für ein und denselben Platz verschiedene Bezeichnungen verwendet werden. Lunz – Biologische Station; Lunzersee Ostufer; 3 km östlich von Lunz und Lunz-Seehof sind alle korrekt und bezeichnen denselben Ort, sind aber schwer auf einer Landkarte zu finden. Es ist, wie man leicht einsehen wird, eine objektive und leicht wiederfindbare Ortsbezeichnung notwendig. Diese besteht in den allbekannten geografischen Koordinaten, die auf der ganzen Welt einheitlich sind und auf den meisten guten Landkarten zu finden sind. Man achte darauf, dass man das System mit dem Nullpunkt Greenwich verwendet. In manchen Ländern gibt es Landkarten, die zwar die üblichen Koordinaten verwenden, aber als Nullpunkt für die geografische Länge nicht Greenwich, sondern vom Nullpunkt Ferro, Athen oder Paris ausgehen. Im Fall von Frankreich kann es zu Irrtümern kommen, wenn man frühere Ausgaben der bekannten Michelin-Karten verwendet, die Paris als Nullpunkt und eine Dezimal-Unterteilung haben. Die neuen Michelin-Karten hingegen tragen das korrekte geografische System.

Für Fundorte genügt in der Regel die Angabe auf Minuten genau. Die Sekunden kann man auf den meisten Karten sowieso nicht genau erkennen, und sie sind für diese Zwecke überflüssig. Eine Bogenminute entspricht in Mitteleuropa ungefähr 2 km, das sollte als Kennzeichnung genau genug sein. Im Einzelfall kann man ja genauer arbeiten, falls notwendig. Man denke auch daran, dass man, wenn man beim Sammeln im Gelände herumgeht, sowieso eine Strecke von mindestens einigen hundert Metern zurücklegt. Eine Bogensekunde entspricht ungefähr 30 m. So ist es sinnlos, womöglich noch die Hundertstelsekunden aufzuschreiben: Eine solche bedeutet 30 cm.

Jetzt gibt es preiswerte GPS-Geräte (Global Positioning System) im Handel, mit denen man seinen Standort überall auf der Erde sofort auf wenige Meter genau messen kann. Das Gerät ist klein und leicht und kann überall ins Gelände mitgenommen werden und kostet wenig. Diese Geräte orientieren sich an Satelliten, die zu diesem Zweck die Erde umkreisen. Die üblichen Geräte zeigen im Gelände schon Unterschiede von eineinhalb Metern an; wie genau das wirklich ist, sei dahingestellt. Auch die Höhe des Standortes über dem Meeresspiegel kann man ablesen, die ist aber wesentlich ungenauer. Allerdings ist ein barometrischer Höhenmesser auch nicht genauer.

Man sollte meinen, dass die GPS-Geräte narrensicher sind, denn man muss nichts anderes tun als korrekt ablesen. Die Praxis zeigt aber anderes. Man findet auf manchen Fundzetteln z. B. 12°06′87″N, 99°71′61″E. Ein Grad hat nur 60 Bogenminuten, und eine Minute hat nur 60 Bogensekunden, daher sind 87 und 71 unmöglich! Man kann das Gerät entweder so einstellen, dass es Grad, Minuten und Sekunden anzeigt (die beiden Letzteren immer unter 60!), oder Grad mit dezimaler Unterteilung, also z. B. 12,0346°N, 99,3672°E. Manche Geräte zeigen allerdings noch mehr Dezimalstellen an, die sinnlos sind, weil das Gerät bei weitem nicht so genau messen kann. 1° entspricht größenordnungsmäßig ungefähr 110 km (je nachdem, wo auf der Erde), also wären 15,34029812° sinnlos, denn die letzte Stelle würde 2 mm bedeuten. So „genaue" Fundorte gibt es nicht.

Dringend zu warnen ist vor der Verwendung anderer Koordinatensysteme außer den geografischen Koordinaten mit Nullpunkt Greenwich. Diese Warnung ist umso wichtiger, als es in Entomologenkreisen in den letzten Jahren Mode geworden ist, die Lage von Fundorten im UTM-Gitter anzugeben. Das ist ein System, das für militärische Zwecke verwendet wird und für die Entomologie völlig unbrauchbar ist, und zwar vor allem aus dem einfachen Grund, weil es so gut wie keine Landkarten gibt, die das UTM-Gitter aufgedruckt haben. Man mag zwar mit vieler Mühe irgendwo auf verschlungenen Wegen eine Karte seines Landes mit UTM-Aufdruck besorgt haben, aber der Leser, der wissen will, was TX 2384 heißt, findet die Stelle nicht, weil er keine Karte hat, auf der das steht. Dazu kommt, dass es mehrere verschiedene UTM-Systeme gibt und nie angegeben wird, welches davon gemeint ist. Dann kann man nicht einmal auf allfällige Umrechnungsschlüssel aus dem Internet zurückgreifen. Man fragt sich wirklich, was die Leute sich dabei denken, wenn sie solche Geheimkürzel verwenden. Wenn ich in der Literatur solche UTM-Koordinaten finde, dann betrachte ich sie als nicht vorhanden. Es ist sinnlos, auf die Suche zu gehen, welches davon verwendet wurde. Das kann nur zu weiteren Fehlern führen.

Ebenso abzulehnen sind alle nationalen Codes und Gittersysteme, von denen es in jedem Land mehrere gibt. Ein Schweizer wird vermutlich mit der Angabe „274/133", ein Irländer mit dem Irish Grid J2771 zufrieden sein, aber ein Ausländer hat keine Ahnung, was das bedeutet, wenn er nicht zufällig eine Sammlung von Schweizer oder irischen Landkarten hat. In Deutschland steht oft eine MTB-Zahl da: Wer hat wohl außerhalb von Deutschland eine Sammlung der ungefähr 8000 deutschen Messtischblätter? Eine besonders abwegige Idee ist es, bei Fundortangaben die Postleitzahlen zu verwenden. Nach dieser wird zwar die Post den Ort sehr schnell finden, aber ein Wissenschafter nicht, denn es gibt keine Landkarten, auf denen die Postleitzahlen verzeichnet sind, die sich womöglich alle paar Jahre ändern. Außerdem wäre das viel zu ungenau, denn ein Postamt kann für einen Bereich von hunderten Quadratkilometern zuständig sein.

Auf den Etiketten sind außerdem folgende Angaben nützlich: ob es sich um gezüchtete Exemplare handelt – dazu sind die Abkürzungen **e. o.** (ex ovo – aus dem Ei gezüchtet), **e. l.** (ex larva), **e. p.** (ex pupa) üblich. Bei pflanzenfressenden Insekten ist die Angabe der Pflanze nützlich, an der das Tier gefressen hat, bei Parasiten die Angabe des Wirtstieres, aus dem er gezüchtet wurde, und auch dessen Entwicklungsstadium. Darüber hinaus kann man alles anführen, was einem erwähnenswert erscheint, und vor allem, was für die bestimmte Untersuchung, die man mit diesem Tier gerade durchführt, interessant ist. Für weitergehende Angaben kann man ein Tagebuch oder Protokoll führen, in dem eine Nummer angegeben ist, die auch auf dem Fundzettel aufscheint und mit der der Sachverhalt rekonstruierbar ist. Nur muss man daran denken, dass für einen Fremden, der diese Aufzeichnungen nicht hat, die Information verloren ist.

Was macht man, wenn man aus irgend einem Grund nicht mehr sicher ist, von wo ein bestimmtes Exemplar stammte? Irrtümer und Verwechslungen kommen auch bei großer Sorgfalt vor. Dann lasse man das Stück entweder unbezettelt, oder man schreibe auf den Zettel, was man sicher weiß, also z. B. „Entweder von Salzburg 25.08.1979 oder aus Griechenland von A. Molnar erhalten" oder „Herkunft unsicher, 1984 selber gesammelt". Auf keinen Fall darf man Stücke nachträglich aufs Geratewohl etikettieren, das wäre eine Fälschung. Früher war es leider unter manchen Sammlern üblich, dass sie, wenn sie ein unbezetteltes Stück bekamen, in einem Buch nachschauten, wo die Art vorkommt und dann aufs Geratewohl hinschrieben „Dalmatien", obwohl es genauso gut aus Spanien sein konnte. Das ist strikt abzulehnen. Immer wieder kommen solche alten Sünden zum Vorschein, wenn der damalige Bezettler das Tier falsch bestimmt hatte, z. B. wenn er einen Zettel „Nordamerika" ansteckte und das Tier in Wirklichkeit aus Ceylon stammte.

Absichtlich falsche Etikettierung war früher leider bei einigen Händlern an der Tagesordnung, aber nur bei Arten, von denen man sich einen Gewinn versprach, wenn ein anderer Herkunftsort auf dem Etikett stand oder wenn man den richtigen Ort geheim halten wollte. Unzählige Exemplare der Gattung *Parnassius* und von großen Käfern in den Sammlungen tragen solche falsche Etiketten. Leute, die solche Praktiken befolgen, sind zu boykottieren und publik zu machen. Das hat mit Wissenschaft nichts zu tun und ist als Betrug auch strafrechtlich verfolgbar. Eine gewisse Kontrolle, ob das Etikett stimmen kann, gibt der auf ihr verzeichnete Sammlername. Manche früheren Sammler waren für falsche Zettel berüchtigt. Freilich kann jemand auch einen echten Zettel eines anderen Sammlers absichtlich oder unabsichtlich vertauscht haben. Immerhin, bei „normalen" Insekten sind absichtliche Vertauschungen von Fundortzetteln nicht zu erwarten.

Ein großes Problem, das nicht zufriedenstellend gelöst ist, ist die Etikettierung während einer Sammelreise. Man sammelt im Gelände mehr oder weniger große Mengen von Material und weiß nicht, wo man sich befindet. Wenn man ein GPS-Gerät mit hat, kann man wenigstens die Koordinaten aufschreiben, weiß aber den Namen des Ortes trotzdem nicht. Man kann vorübergehende Einheimische fragen, aber dann kann es einem wie jenem böhmischen Kartografen passieren, der einen Gipfel in Tirol als Selva Sinet in die Karte eintrug, weil ihm ein Einheimischer auf die Frage nach dem Namen des Gipfels geantwortet hatte „sell waas i net" [„das weiß ich nicht"].

Aber selbst wenn man ein solches Gerät hat, zeigt es nur die Koordinaten und nicht den Ort an. Man schreibt also eine vorläufige Nummer oder sonstige Abkürzung zu dem Material und versucht später, anhand von Landkarten, am Kilometerstand des Autos, Geländeformen usw. zu rekonstruieren, wo man war. Das gelingt zwar meist, aber das Material hat dann noch keinen brauchbaren Fundzettel. Die Herstellung der Etiketten erfordert Zeit und zusätzliche Arbeit, und nicht jeder Sammler hat Zeit und Lust, sie mit der Hand zu schreiben, vor allem nicht, wenn Teile des Materials an viele Kollegen verteilt werden sollen. Es ist daher häufig üblich, dass man in solchen Fällen die Tiere mit den vorläufigen Nummern weitergibt und später die genauen Etiketten oder auch nur die Entschlüsselung der Kürzel nachliefert. In vielen Fällen ist das auch aus einem anderen Grund notwendig, wenn man nämlich Material von einem Kollegen bestimmen lässt und eine Bestimmungsliste nicht nach den Fundorten, sondern (bei ökologischen Untersuchungen) nach den Probestellen geordnet braucht. Keinem Spezialisten kann man zumuten, dass er bei einer langen Liste von jedem Exemplar den kompletten Text für die Liste abschreibt.

So kann es leicht passieren, dass Material mit geheimnisvollen Abkürzungen und Nummern in Entomologenkreisen kursiert und man nicht weiß, woher es kommt und von wem es gesammelt wurde. Wie kann man das vermeiden?

Eine Möglichkeit ist, sofort Etiketten mitzuliefern, die man sich mit dem Laserdrucker in genügender Menge anfertigt, bei jedem Etikett aber außerdem die vorläufige Nummer anführt. Früher war man auf Schreib- und Kopiermaschine angewiesen, was mühsam war und daher meist unterblieb.

Eine andere Möglichkeit ist, bei jeder Sendung eine detaillierte Liste der Fundorte mit den Abkürzungen mitzuliefern, und eine größere Zahl von solchen Listen zu verbreiten. Dann kann man zur Not noch rekonstruieren, was wo gewesen sein muss.

Man wähle in solchen Fällen nach Möglichkeit unverwechselbare Abkürzungen, an denen sowohl der Sammler als auch das Sammeljahr und die ungefähre Herkunft des Materials zu erkennen ist. Wenn man in einem Jahr in der Türkei sammelt und im nächsten in Spanien und jedesmal dieselben Nummern vergibt, kann nach wenigen Jahren alles durcheinanderkommen.

Trotzdem bleibt das ein Notbehelf. Man sorge aber dafür, dass solche Abkürzungen nicht verwechselt werden. Ich selbst hatte früher Abkürzungen für bestimmte Länder oder Inseln verwendet, und dazu kam eine Nummer, die bei jeder Reise anders begann. „K 214" kommt aus Kreta von meiner zweiten Reise im Jahr 1972, „K 339" von der dritten Reise 1974 usw. „Mal" ist Mallorca, „C" ist Chios, „L" ist Lesbos usw. Material, das ich von Kollegen bekomme, ist beispielsweise so bezettelt: „Hacker 23/1991" oder „ARR 79/33" oder „FSey 23a"; das bedeutet: „Ausbeute 1991 von H. Hacker, Nummer 23"; „Ausbeute Aspöck, Rausch & Ressl 1979, Nummer 33" oder „Ausbeute F(erdinand) Starmühlner, Seychellenreise 1974, Nummer 23a".

Ideal ist das alles nicht und sollte so weit wie möglich vermieden werden. Man sollte sich die Zeit nehmen, sorgfältig alles endgültig zu etikettieren: leicht gesagt, aber kaum zu machen. Hilfskräfte, die man mit dieser Arbeit betrauen kann (die aber sorgfältig arbeiten müssen, wovon man sich ausdrücklich überzeugen muss), wird man heutzutage kaum finden.

Neben einer großen Zahl von nutzlosen elektronischen Geräten gibt es heute doch auch einige überaus sinnvolle. Dazu gehört ein Laserdrucker. Mit diesem kann man sich selber sehr schnell beliebig viele Fundzettel drucken. Ich mache das jedesmal, wenn ich eine Originalausbeute in die Hand bekomme, noch ***bevor*** ich das Material sortiere. So vermeide ich lange Sucharbeit und Fehler. Achtung: Wenn man einen Tintenstrahldrucker verwendet, darf man die Zettel nur für trockenes Material verwenden, aber niemals für flüssig konserviertes!

Manchmal bekommt man als Spezialist größere Mengen von unsortiertem Material, z. B. Hunderte von in Alkohol konservierte Köcherfliegen, und soll sie separieren, bestimmen und dem Absender eine Liste schicken. Man mache sich eindrücklich klar, dass für einen Spezialisten das Schreiben von hunderten Zetteln viel mehr Arbeit bedeutet als das Bestimmen des Materials selbst. Also schickt man entweder genügend viele fertige Etiketten, oder, noch eleganter, man liefert eine Diskette oder anderen Datenträger mit, von der der Spezialist dann sowohl Fundzettel als auch zum Schluss eine Bestimmungsliste ausdrucken kann. Das gibt manchmal Probleme, wenn der Computer des Empfängers die CD des Absenders wegen verschiedenartiger Dateien und Programme nicht lesen kann. Das nimmt immer mehr zu und ist ausgesprochen ärgerlich.

Muss nicht auch der Name des Tieres auf dem Zettel stehen? Im Prinzip nein. Wenn man den Namen des Tieres nicht kennt (und das wird kurz nach dem Fang die Regel sein), kann man keinen Namen dazuschreiben. Erst später, wenn das Tier bestimmt ist, kommt ein weiterer Zettel mit dem Namen dazu: der Bestimmungzettel. Darauf steht Gattungs- und Artname (nicht, wie oft bei Amateuren üblich, der Artname allein!), und dazu der Name des Bestimmers, womöglich dazu auch das Jahr, in dem er das Tier bestimmt hat. Wenn ein weiterer Spezialist das Stück in die Hand bekommt und mit der früheren Bestimmung nicht einverstanden ist, dann steckt er sein eigenes Etikett dazu; das frühere Etikett darf auf keinen Fall entfernt werden! Auf manchen alten Museumsstücken stecken bis zu einem Dutzend Bestimmungszettel von verschiedenen Spezialisten aus dem

Lauf der Jahre. Man kann daraus wichtige Informationen entnehmen, vor allem zur Überprüfung von alten Literaturangaben.

Ob man auf das Etikett außer Gattung und Art auch den Autornamen der Art oder gar noch das Beschreibungsjahr aufschreibt, ist umstritten. Ich persönlich lasse Autor und Jahr weg, denn es ist ja nicht immer sicher, ob das wirklich jene Art ist, die der Beschreiber gemeint hat! Vielmehr gebe ich meiner Meinung Ausdruck, dass es diese Art sei. Das gebe ich durch die Anführung meines Namens als Determinator (gewissermaßen als Unterschrift) zu erkennen, und das Jahr der Bestimmung dieses Stücks ermöglicht mir später eine Kontrolle. Wenn sich etwa im Jahr 1993 herausstellt, dass *Hydropsyche pellucidula* in Wirklichkeit aus mehreren Arten besteht, dann muss ich bei Bedarf alle Exemplare, die ich vor 1993 als *pellucidula* bestimmt hatte, nochmals anschauen.

Literatur

Schmidt E (1954) Auf der Spur von Kellemisch. Ent Z 64:49–62, 65–72, 74–86, 92–93

16 Die faunistische Arbeit

Für die meisten Amateure ist die faunistische Arbeit das ideale Betätigungsfeld, auf dem sie wertvolle wissenschaftliche Arbeit leisten können.

Wenn ich mir einen idealen Amateur-Faunisten vorstellen soll, denke ich sofort an **Franz Ressl** (Malicky 2011, 2015). Er wohnte in Purgstall im Bezirk Scheibbs in Niederösterreich und war Bahnbeamter, aber kein Chef oder Akademiker, sondern er war der Mann, der die Bahnschranken hinauf- und hinunterkurbeln und die Begleitpapiere für die zu transportierenden Milchkannen sammeln musste. Seine außerberufliche Tätigkeit umfasste zuerst alles, was es in der Umgebung seiner Heimatgemeinde zu sehen und zu erfahren gab: Geologie, Volkstrachten, Mundartkunde, Vorgeschichte – und auch lokale Politik, in der er sich bei Mitbürgern und bei Bürgermeistern oft unbeliebt gemacht hat, denn er hat sich oft nicht der Mehrheitsmeinung angeschlossen, sondern versucht, sich so gut wie möglich zu informieren und sich eine eigene Meinung zu bilden. Seine nebenberufliche Hauptarbeit war aber die Faunistik von Insekten und Spinnentieren. Dabei ging er so vor, dass er zunächst viel Material sammelte, was ihm leicht fiel, weil er ein besonderes Sammlertalent hatte. Das Material wurde nach den Wünschen der Spezialisten präpariert, dann von diesen bestimmt. Daran schloss sich eine jahrzehntelange gezielte Suche nach weiterem Fundmaterial an, die regelmäßig durch den Fund von vermuteten – aber oft auch unvermuteten! – Arten bestätigt wurde. Hunderte Einzelpublikationen waren das Ergebnis, und schließlich erschien eine bei Weitem noch nicht komplette Zusammenfassung in den bisher fünf Bänden der *Tierwelt des Bezirkes Scheibbs* (Ressl 1980, 1983, 1995, 2010; Kust und Ressl 2015). Im Jahr 1991 wurde ihm vom österreichischen Bundespräsidenten der Titel „Professor“ verliehen, im Jahr 2000 erhielt er die Fabricius-Medaille der Deutschen Gesellschaft für allgemeine und angewandte Entomologie und 2011, kurz vor seinem Tod, die Ehrenmedaille der SIEEC (Entomofaunistische Symposien für Mitteleuropa). Franz Ressl hat keine Sammlungen angelegt und sich auf keine Tiergruppe spezialisiert, aber engen Kontakt mit vielen Taxonomie-Spezialisten unterhalten.

H. Malicky, *Vom Handwerk der Entomologie*,
https://doi.org/10.1007/978-3-662-59525-1_16

Vom guten Artenkenner zum publizierenden Taxonomen ist ein Sprung, den nur wenige schaffen. Der Kenner mag sehr oft bemerken, dass er da eine noch unbekannte Art gefunden hat, aber von dieser Erkenntnis zur Beschreibungsarbeit ist kein weiter Weg, sondern eher ein psychologischer Sprung, den viele scheuen. Das ist eine alte Erfahrung. Doch bringen Amateure große Mengen von Informationen herbei und stellen sie der Wissenschaft zur Verfügung. Meistens ist das so, dass der Betreffende Schmetterlinge, Käfer, Libellen und dergleichen zu sammeln beginnt und mit der Zeit erhebliche Detailkenntnisse darüber erwirbt. Damit ergibt sich die Verbindung zur faunistischen Arbeit automatisch; man stellt Listen von Arten zusammen, die man in der Umgebung des Wohnortes oder in einer bevorzugten Urlaubsgegend gefunden hat.

Das ist ein möglicher Zugang zur Faunistik. Ein Amateur beschließt, die Umgebung seines Wohnortes oder ein anderes ausgewähltes Gebiet allgemein faunistisch zu erforschen, ohne dass er sich auf eine bestimmte Gruppe selbst spezialisiert. Oder er beschließt, außer seiner eigenen Spezialgruppe noch weitere Gruppen faunistisch zu bearbeiten. Die gesamte Fauna einer Region von der Fledermaus bis zum Pantoffeltierchen wird man sowieso nicht bewältigen können. Man wird sich auf bestimmte Tiergruppen beschränken, die von der Sammel- und Präparationstechnik her nicht zu problematisch sind. Insekten eignen sich hervorragend dafür.

In diesem Fall empfiehlt es sich, frühzeitig Kontakt mit Spezialisten jener Gruppen aufzunehmen, die bearbeitet werden sollen. Es sei dringend davor gewarnt, sich auf die handelsüblichen Bestimmungsbücher zu verlassen und alles selber bestimmen zu wollen. Die meisten dieser Bücher sind „Schwammerlbücher“ (Kap. 14) und daher unbrauchbar. Aber auch seriöse und gute wissenschaftliche Bestimmungswerke sind mit Vorsicht zu benützen, weil sie normalerweise mehr oder weniger veraltet sind und auf alle Fälle eine gewisse Einarbeitung in die Materie erfordern, d. h. eine längere Beschäftigung mit der Gruppe voraussetzen.

Der Kontakt mit Spezialisten, die fähig und willens sind, gesammeltes Material zu bestimmen, ist also unentbehrlich. Wichtig sind am Anfang Ratschläge, wie man die betreffenden Tiere am besten findet, wie man sie konserviert und präpariert und worauf beim Sammeln zu achten ist. Das Weitere ergibt sich im Lauf der Zeit von selbst. Es ist üblich, dass man dem Spezialisten das Material überlässt bzw. dass er nur einige gut bestimmte Stücke zurückgibt: Die sind für den Vergleich wichtig. Auf keinen Fall darf man das gesammelte Material vernichten, sobald es bestimmt ist, in der Meinung, es wäre dann sowieso schon bekannt. Immer wieder kommt man drauf, dass die Bestimmung aus irgendeinem Grund mangelhaft war, und man muss die Möglichkeit haben, das Originalmaterial nochmals zu prüfen. Daher: Wenn weder der Sammler noch der Spezialist das Material aufbewahren will, gebe man es unbedingt an ein Museum.

Wenn man einem Spezialisten eigenes Material zur Beurteilung schickt, muss man vorher anfragen, ob der Betreffende bereit ist, es zu bearbeiten, und zwar unter Angabe der Herkunft, der Menge (Zahl der Exemplare) und der groben Schätzung, was es vermutlich sein könnte. Kustoden und Spezialisten sind meistens freundliche und entgegenkommende Leute, aber nicht jeder von ihnen hat immer unbeschränkt Zeit, sich mit fremdem Material abzugeben, das ihn selbst nicht besonders interessiert.

Manche Amateure sind hervorragende Taxonomen, aber darüber hinaus bleiben ihnen im Normalfall weitere Arbeitsgebiete verschlossen. Für andere Teilbereiche der Entomologie braucht man eine besondere Ausbildung, die ein Amateur, der ja einen anderen Beruf erlernt hat und ausübt, kaum haben kann. Eine gute Artenkenntnis hingegen kann man sich ohne Weiteres selber sehr wohl beibringen, und häufig sind Amateure viel bessere Arten- und Detailkenner als Berufsentomologen. Das ist in einigen anderen Wissenschaften (Botanik, Heimatforschung, Höhlenkunde) ähnlich. Selbstverständlich kostet eine wissenschaftliche Beschäftigung auch einem Amateur ziemlich viel Geld, und das ist ein weiteres Hindernis, die Arbeit auf weitere Sachgebiete außerhalb von Faunistik und Taxonomie auszudehnen.

Ob man selber eine Sammlung anlegt oder nicht, hängt von den Umständen ab. Eine Sammlung aller Insekten vom Silberfischchen bis zur Hornisse wird sehr schnell derart umfangreich und unübersichtlich, dass sie von geringem Wert ist, abgesehen von dem dauernden Arbeitsaufwand, Sammlungsschädlinge in Zaum zu halten. Kleine Referenz- und Handsammlungen sind aber als Orientierungshilfe unentbehrlich. Es hat sich bewährt, wenn man die Arbeitsschwerpunkte zeitlich trennt und sich zunächst nur eine oder wenige Gruppen vornimmt, diese einige Jahre mit Nachdruck untersucht und dann weiterhin nur mehr die Lücken zu füllen trachtet. Das umfangreiche Belegmaterial kann man inzwischen einem Museum übergeben, und man behält nur mehr eine kleine Referenzsammlung. Beispielsweise kann man zuerst ein Bodenfallenprogramm über etwa drei Jahre durchführen und sein Hauptaugenmerk auf bodenlebende Käfer, Ameisen, Heuschrecken, evtl. auch Asseln und Tausendfüßer richten, dabei aber über die ganze Region flächendeckend vorgehen. Später kann man sich auf andere Methoden verlegen, z. B. auf das Kätschern und Klopfen, und dabei die phytophagen Gruppen untersuchen; ein anderes Mal wieder mit Lichtfang arbeiten und dann die Gruppen bearbeiten, die besonders gut ans Licht kommen, z. B. Lepidopteren, Neuropteren, Trichopteren, Dipteren. Im Lauf der Jahre kommt man dann schon auf die zweckmäßigste Arbeitsweise. Besonders betont sei, dass man alles Material sorgfältig etikettieren und die Bestimmungsergebnisse registrieren muss (in Listen, Katalogen, Zettelkarteien usw.), sonst hat die ganze Arbeit keinen Wert. Diese Registrierung sollte so bald wie möglich vorgenommen werden. Wenn handschriftliche Zettel irgendwo lagern und nach Jahrzehnten wieder gefunden werden, sind die dazu gehörenden Erinnerungen ziemlich erloschen.

Als geografische Größenordnung, die für einen Einzelnen bewältigbar ist, kann ein politischer Bezirk oder annähernd 1000 km^2 als Richtwert gelten. Je kleiner das gewählte Gebiet, desto genauer kann man arbeiten.

Noch ein äußerst wichtiger Gesichtspunkt. Eine Faunenliste soll kein Raritätenkatalog sein und auch kein Baedeker für Sammler. Es genügt nicht, eine Art einmal an einem Ort nachzuweisen. Man soll jeden Nachweis registrieren, und zwar mit der genaueren Lokalität (nicht nur unter dem Namen der Gemeinde o. Ä.) und mit dem genauen Funddatum. Erst wenn man das konsequent macht, ergibt sich mit der Zeit ein Bild von der

Fauna. Insbesondere darf man nicht die „gewöhnlichen", „häufigsten" Arten vernachlässigen, weil es die ohnehin „überall" gäbe und die sowieso „gemein" wären. Es gibt Fälle, in denen eine massenhaft vorhandene Art nach einiger Zeit verschwand, und man nachher keine konkreten Aufzeichnungen mehr fand, weil der Sammler diese nicht für notierenswert empfunden hatte. Die Fauna ist nicht nur räumlich, sondern auch zeitlich zu verstehen, und die Faunistik muss sich danach richten. Wir kennen auch Fälle von neu auftretenden Arten, die sich manchmal unglaublich schnell ausbreiten oder ebenso schnell verschwinden können. Ich erinnere an die Rosskastanien-Miniermotte *Cameraria ochridella* und an den asiatischen Marienkäfer *Harmonia axyridis*. Ich erinnere mich noch an die unglaubliche Häufigkeit des Blattkäfers *Cassida lineola* in der Umgebung von Wiener Neustadt, wo ich aufgewachsen bin, wo er in den Vierziger- und Fünfzigerjahren des 20. Jahrhunderts auf jeder einzelnen Pflanze von *Artemisia scoparia* zu finden war und viele dieser Pflanzen kahl fraß. Zehn Jahre später war der Käfer total verschwunden, und wieder einige Jahre später die Pflanze auch. Alle acht Jahre vermehrt sich der Lärchenwickler *(Zeiraphera diniana)* im Engadin ins Millionenfache und fällt dazwischen wieder zur Seltenheit herab. Zu Beginn des 20. Jahrhunderts war *Emmelia trabealis* im Schweizer Mittelland allgemein verbreitet und häufig. Nach der totalen Umstellung der Landwirtschaft war die Art weitestgehend verschwunden.

Der Nachweis, dass eine Art in einem bestimmten Gebiet nicht vorkommt, ist ebenso wertvoll wie der positive Nachweis, nur ist er viel schwerer zu erbringen. Manchmal wundert man sich über das Fehlen von Arten in Regionen, wo man sie selbstverständlich erwartet hatte. Das Leberblümchen und die gewöhnliche Primel kommen im Leithagebirge nicht vor, obwohl sie gute Lebensbedingungen vorfänden wie überall in der Umgebung. Auch verschiedene Insekten fehlen unerklärlicherweise in weiten Landstrichen, obwohl sie dem Anschein nach sehr wohl dort leben könnten.

Über die Registrierung der Daten wäre eine Menge zu sagen. Früher hat man einen Katalog oder eine Zettelkartei angelegt, heute verwendet fast jeder einen Computer (Abb. 16.1). Und fast jeder verwendet ein anderes System bei der Speicherung, was zur Folge hat, dass die Daten erst mit großem Aufwand in eine für andere Computer verständliche Form übertragen werden müssen. Es sei daher jedermann, der sich ein eigenes Speichersystem stricken will, geraten, vorher bei Leuten zu fragen, die wirklich etwas davon verstehen, und zwar sowohl von Insekten als auch von Computern. Zumindest verfalle man nicht in Fehler, die später, wenn schon sehr viele Daten gespeichert sind, nur mit riesigem Aufwand zu korrigieren sind. Dazu gehört z. B. die Wahl eines unzureichenden geografischen Bezugssystems, z. B. UTM (Kap. 15). Und man sorge dafür, dass solche Daten nicht im digitalen Nirwana verschwinden: auf alle Fälle zusätzlich durch einen Ausdruck auf Papier (oder deren mehrere, die an verschiedenen Stellen hinterlegt werden). Papier hält leicht fünfhundert Jahre. Digitale Speicherung verschwindet je nach verwendetem Medium in ein paar Jahren, und aus dem Internet spätestens dann, wenn niemand mehr dafür zahlt. Dazu ist noch zu erwarten, dass gespeicherte Informationen nach ein paar Jahrzehnten nicht mehr lesbar sind, weil sich die notwendigen Geräte und Programme dauernd ändern.

Abb. 16.1 Der Computerteufel steckt im Detail. (Zeichnung: Elisabeth Geiser)

Datenbanken haben große Vorteile, aber im Überschwang der Begeisterung für sie darf man ihre Schwächen nicht übersehen. Alle Datenbanken, die ich kenne, leiden unter einem Übel, das offenbar unausrottbar ist: Sie sind voll mit dummen Eingabefehlern. Die Eingaben müssten viel sorgfältiger erfolgen und eine mehrfache und unmittelbare Kontrolle ermöglichen. So würde man falsch geschriebene Namen und Koordinaten leichter erkennen. Ganz zu schweigen von Daten, die dort überhaupt nichts zu suchen haben. Zum Beispiel fährt man in eine unbekannte Gegend, sammelt unbestimmbare Larven, bestimmt sie mit einem Bestimmungsbuch aus einem anderen Kontinent und stopft sie – womöglich gleich mit ihren DNS-Sequenzen – in die Datenbank. Manchmal stimmt dann die Bestimmung nicht einmal auf die Familie genau. Wenn man in einem Buch oder einer gedruckten Publikation einen Fehler findet, kann man ihn verbessern und die Korrektur in geeigneter Weise bekannt machen. In Datenbanken tauchen Fehler aber in unvorhersehbarer Weise an ungeahntesten Stellen auf und sind in der Praxis nie wieder hinauszukriegen.

Ob und wie man die Ergebnisse faunistischer Arbeit publiziert, hängt von den Umständen ab. Meistens lohnt es sich nicht, alle Details in herkömmlicher Form in Zeitschriften oder Büchern drucken zu lassen, es sei denn, das wäre die einzige Möglichkeit, allfällige spätere Interessenten mit den Ergebnissen bekannt zu machen oder es handle sich um eine geografisch oder entomologisch besonders interessante Gegend, von der noch wenig bekannt ist. Normalerweise publiziert man gelegentlich Listen von besonders auffallenden Nachweisen und gibt dazu an, wo die große Masse der anderen Daten zu finden ist. Die Speicherung in elektronischen Datenbanken ist günstiger, allerdings muss man dafür sorgen, dass diese Daten auch tatsächlich für die Allgemeinheit zugänglich bleiben.

Als Abschluss einer viele Jahre langen faunistischen Tätigkeit wird man auch an eine zusammenfassende Arbeit in Buchform denken. Darin werden die Daten zusammengefasst in einer Weise, dass die Leser etwas damit anfangen können, und man wird meistens nicht jede einzelne Meldung detailliert darin publizieren. Aber diese Einzelmeldungen müssen weiterhin verfügbar bleiben! Also auf keinen Fall nachher die Notizen wegwerfen! Entweder überlässt man sie einer Datenbank oder dem Archiv eines Museums oder dergleichen und vermerkt den Aufbewahrungsort auch ausdrücklich.

Wenn möglich, sollte man immer angeben, in welcher Weise die Arten bestimmt worden sind. Hat man sich nach einem bestimmten größeren Werk gerichtet, gibt man dieses an. Ansonsten nennt man die Namen der Personen, die die Bestimmung durchgeführt haben. Von den meisten Schriftleitern wird verlangt, dass den Artnamen der Name des Beschreibers der Art und eventuell auch die Jahreszahl der Erstbeschreibung angegeben ist. Damit soll Lesern die Möglichkeit gegeben werden, die Angabe anhand der Erstbeschreibung zu überprüfen. Allerdings ist das in vielen Fällen illusorisch, denn Beschreibungen aus dem 18. Jahrhundert taugen sicher nicht zum Erkennen der Art nach heutigen Ansprüchen. Wenn man also hinschreibt: *Eurrhypara hortulata* (Linnaeus 1758), dann soll das in unserer Sprache bedeuten: „Ich halte diese Art für dieselbe, die Herr Linné im Jahre 1758 beschrieben hat." In Wirklichkeit habe ich aber die Beschreibung des Herrn Linné gar nicht angeschaut, sondern ich habe das Tier nach einem Buch aus dem Jahre 1910 oder dem Jahre 2005 bestimmt. Es wäre also wichtiger zu schreiben, nach welchem Buch man die Tiere wirklich bestimmt hat. Aber manche Schriftleiter schätzen diese Vorgangsweise nicht.

Zur faunistischen Arbeit gehört selbstverständlich nicht allein der Nachweis von Vertretern der Art an Ort und Datum, sondern dazu gehören auch sonstige Umstände, biologische Angaben (Entwicklungsstadien, Futterpflanzen, Parasiten, Zusammenleben mit anderen Tieren usw.). Dabei darf man aber keinesfalls von anderen Publikationen abschreiben, sondern man muss die eigenen Befunde angeben. Wenn Angaben von woanders stammen, ist dies ausdrücklich in jedem einzelnen Fall anzugeben! In vielen faunistischen Arbeiten z. B. über Schmetterlinge werden beispielsweise die Futterpflanzen der Raupen angegeben, die von irgendwo abgeschrieben wurden. Das ist wertlos; nur sorgfältige eigene Beobachtungen sind von Wert. Man kann da manchmal falsche Angaben von Futterpflanzen finden, die seit zweihundert Jahren von einem zum anderen Autor falsch abgeschrieben werden. *Prunus spinosa* wird stereotyp als Futterpflanze von *Satyrium spini* angegeben; in Wirklichkeit lebt die Raupe an *Rhamnus*. Bei den Angaben über Entwicklungsdauer und Generationenzahl und -folge sei man vorsichtig; nur eigene, sichere Beobachtungen sind wiederzugeben! Viele Arten haben je nach Gegend verschiedene Generationenzahlen.

Der Begriff „Generationen pro Jahr“ wird in vielen Arbeiten (und bei Weitem nicht nur von Amateuren!) zu schematisch und ungenau angegeben. Die Phänologie, d. h. die Lehre vom jahreszeitlichen Auftreten der Insekten, ist sehr kompliziert. Man muss unterscheiden zwischen dem **jahreszeitlichen Auftreten** der Adulten (oder bestimmten Entwicklungsstadien) zu bestimmten Zeiten und der **Entwicklungsdauer.** Wenn eine Anflugkurve, beispielsweise aus Lichtfallenergebnissen zwei Gipfel im Jahr zeigt, muss das nicht unbedingt zwei aufeinanderfolgende Bruten bedeuten. Es kann auch zwei Aktivitätsperioden derselben Individuen vor und nach der Sommer- oder Winterruhe bedeuten (Abb. 16.2).

Es ist zweierlei, wie rasch sich die Eier, Larven und Puppen bis zu den Adulten entwickeln, und wie streng das Auftreten der Adulten jahreszeitlich synchronisiert ist. In tropischen Gegenden findet man bei den meisten Arten alle Stadien das ganze Jahr über, weil sie schlecht oder gar nicht synchronisiert sind, was aber über die Zahl der aufeinanderfolgenden Generationen nichts sagt. Manche tropischen Insekten brauchen mehrere Jahre zur Entwicklung, andere können zehn oder mehr Generationen hintereinander in einem

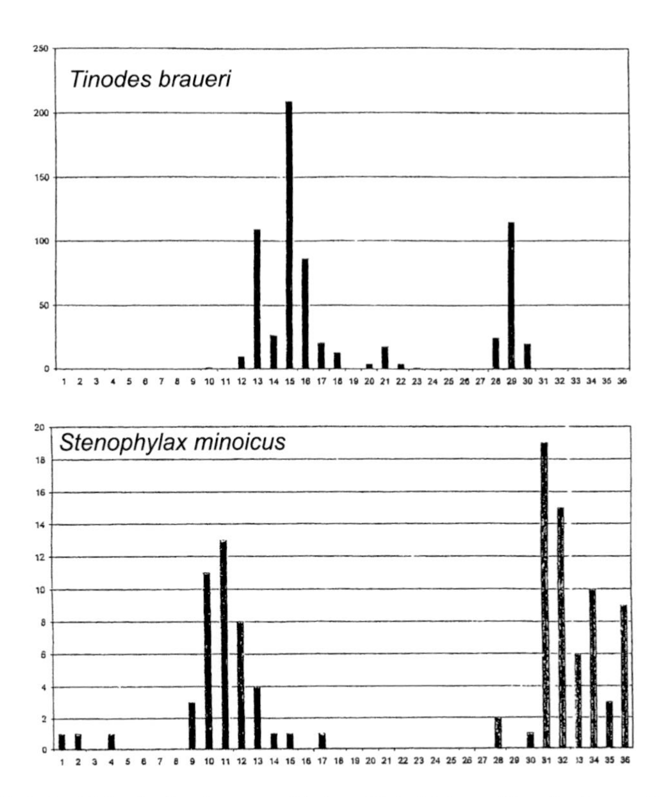

Abb. 16.2 Ähnliche Phänologie, aber verschiedene Entwicklung: *Tinodes braueri* hat zwei Generationen pro Jahr, aber *Stenophylax minoicus* hat bei einer einzigen Generation pro Jahr zwei Maxima im Frühling und im Herbst, dazwischen ist eine Sommerruhe

Jahr hervorbringen. Auch in den gemäßigten Regionen gibt es genug ähnliche Fälle, wenn auch die Zahl der Generationen pro Jahr, den tieferen Temperaturen entsprechend, nicht so hoch sein kann.

Freilandarbeit steht und fällt mit dem Grad der eigenen Beweglichkeit. Wir wundern uns oft, warum die berühmten Sammler früherer Jahrzehnte, von denen sagenhafte Geschichten über ihr Sammelgeschick im Umlauf sind, in ihren hinterlassenen Sammlungen so wenig Material von so wenigen Fundorten haben. Der Umfang dieser berühmten alten Sammlungen wird heutzutage von jedem Anfänger in wenigen Jahren erreicht und übertroffen. Da wird von einem bekannten Entomologen berichtet, der Samstag abends nach Büroschluss sofort zu Fuß Richtung Sammelgelände aufbrach, die Nacht hindurch sammelte, den ganzen Sonntag und die darauffolgende Nacht wieder sammelte und Montag früh über eine Strecke von 20 km direkt ins Büro marschierte. Das würde heute niemand mehr machen. Heutzutage ist ein eigenes Auto selbstverständlich. Die meisten Insekten kommen als Imago oder in einem bestimmten Entwicklungsstadium nur kurze Zeit vor, und vor allem, wenn sie seltener sind, findet man sie vielleicht nur zwei Wochen lang. Ein Fußgänger-Sammler früherer Zeiten sammelte beispielsweise die ersten erreichbaren Stücke am Anfang dieser drei Wochen. Eine Woche später regnete es, das zweite Wochenende auch, und am dritten Wochenende war die Zeit des Auftretens schon vorbei. So dauerte es Jahre und Jahrzehnte, bis ein fleißiger Sammler alten Typs einen Überblick über die Verbreitung eines bestimmten Tieres in der Umgebung seines Wohnortes hatte. Heute ist das anders. Bei gutem Wetter fährt man schnell mit dem Auto ins Gelände, stellt fest, ob die gesuchte Art vorhanden ist, und untersucht am selben Tag noch fünf andere Plätze und überzeugt sich, ob sie auch dort vorkommt. Wer allerdings auf Bahn und Bus angewiesen ist, ist nicht viel besser dran als der Fußgänger.

Eine Korrelation ist kein Beweis!

Eine Korrelation beschreibt eine Beziehung zwischen zwei oder mehreren Merkmalen, Ereignissen, Zuständen oder Funktionen. Diese Beziehung kann kausal oder zufällig sein. Im täglichen Leben werden uns dauernd Zusammenhänge zwischen verschiedenen Dingen gezeigt (oder eingeredet), die stimmen können oder auch nicht. Was uns die Massenmedien zum Thema Klimawandel mithilfe von Modellrechnungen jeden Tag servieren, geht auf keine Kuhhaut. Ein bekanntes Beispiel, das allerdings scherzhaft gemeint ist, ist der Zusammenhang zwischen menschlichen Geburten und der Zahl der Störche – das soll „beweisen", dass der Storch die kleinen Kinder bringt (Abb. 16.3). Es ist auch eine statistisch hochsignifikante Tatsache, dass weitaus die meisten Leute im Bett sterben; daraus zu schließen, dass das Bett der bei weitem gefährlichste Aufenthalt für Menschen ist …

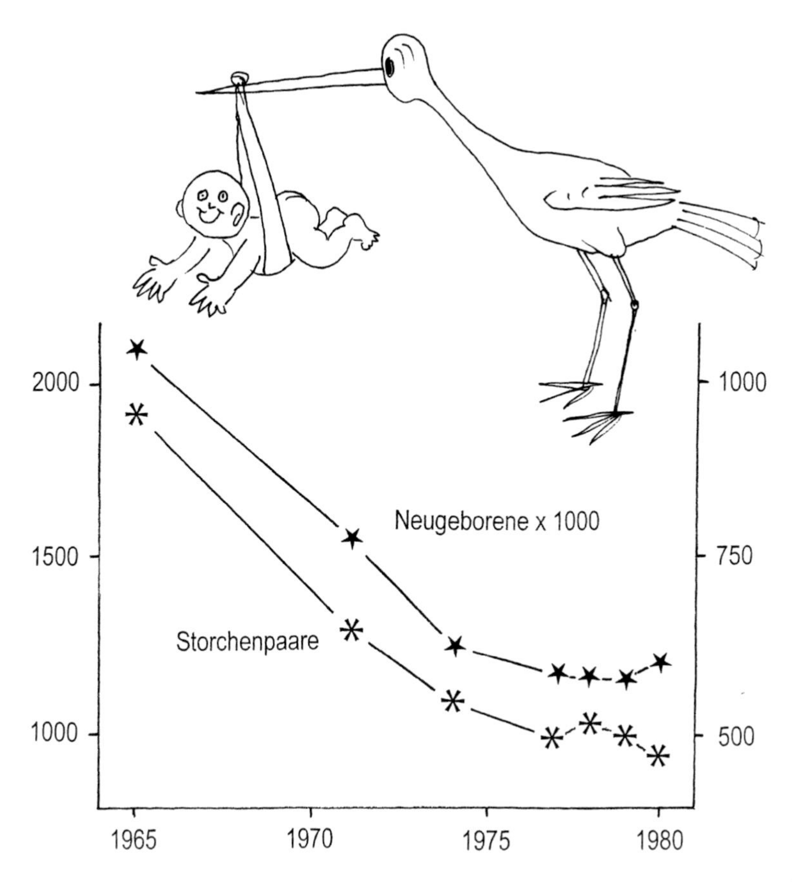

Abb. 16.3 Zahl der Neugeborenen und der brütenden Störche zu derselben Zeit. Die statistische Analyse zeigt eine gute positive Korrelation (r = 0,982). Ist das ein Beweis dafür, dass der Storch die kleinen Kinder bringt?

Aber solche Behauptungen bekommt man immer wieder in Zeitungen (und leider auch in wissenschaftlichen Publikationen) zu lesen. Manchmal werden solche Schaubilder „frisiert", wie in Abb. 16.4: Indem die Altersgruppen über 74 Jahren zusammengefasst werden, wird er Eindruck erweckt, als würden besonders viele alte Menschen im Straßenverkehr getötet. Verteilt man diese Säule aber, so wie die anderen, auf Fünfjahres-Perioden, ist keine Rede mehr von einem dreifachen Risiko.

In Abb. 16.5 wird uns eingeredet, dass die Leute umso mehr Heizöl verbrauchen, je lockerer die Städte verbaut sind. Abgesehen davon, dass diese Zahlen höchst fraglich sind (wieso verbrauchen die Hongkonger um so viel weniger?): Wo man besonders viel verbraucht, also von Houston bis New York, laufen die Klimaanlagen permanent, egal wie warm oder kalt es draußen ist, und in dem klimatisierten Haus läuft

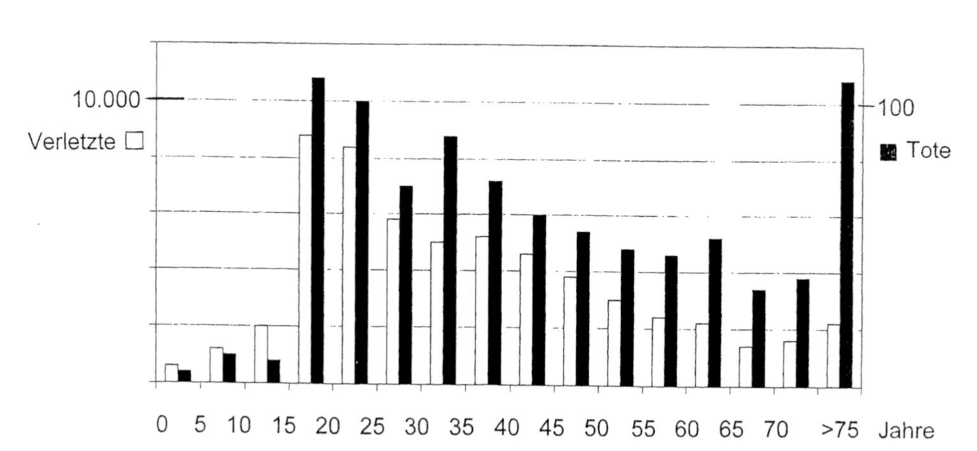

Abb. 16.4 Angeblich hohe Gefährdung von alten Menschen im Straßenverkehr durch manipulierte Darstellung (siehe Text)

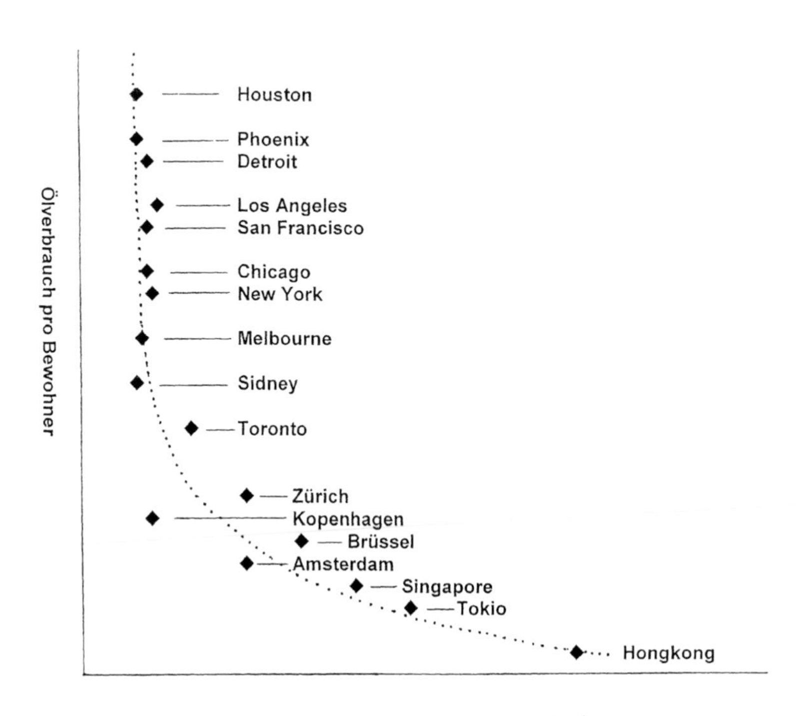

Abb. 16.5 Anzweifelbare Korrelation zwischen Ölverbrauch und Bebauungsdichte (siehe Text)

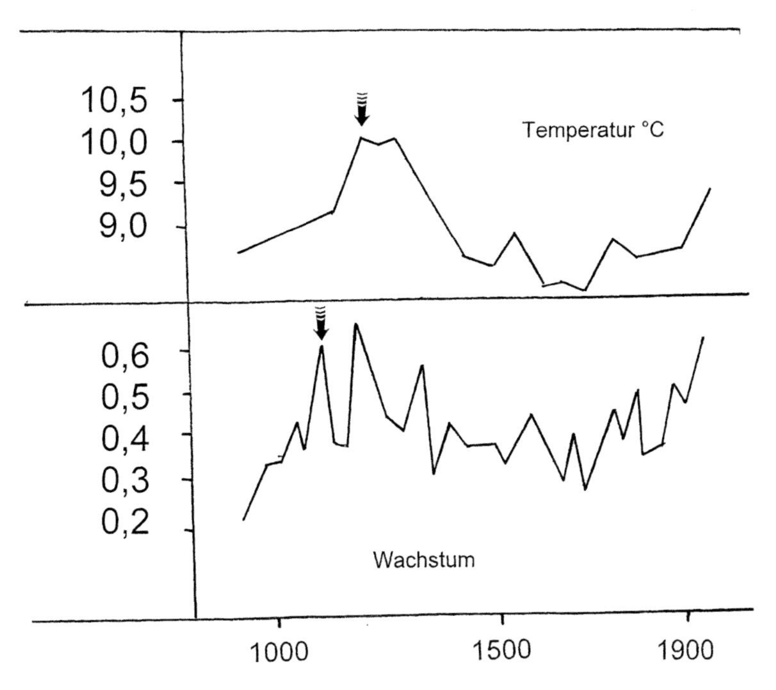

Abb. 16.6 Das Baumwachstum in Kalifornien und der Temperaturverlauf in Mittelengland gehen in dieser Darstellung angeblich parallel. Horizontal: Jahreszahlen (siehe Text)

der Wäschetrockner, weil man nicht auf die Idee kommt, die Wäsche bei Sommerhitze im Freien aufzuhängen. Wieso Toronto weniger dicht verbaut sein soll als Amsterdam oder Tokio, ist mir unklar. Dort stehen nämlich entlang des Seeufers mehrere Reihen von einer Art Wohn-Gasometer, jeder mit 500 Wohnungen. Wenn deren Bewohner am Abend ihre Hunde äußerln führen, gibt es auf der Seepromenade mehr Menschen als auf dem Tahrir-Platz in Kairo bei einer Massendemonstration.

Auch in der wissenschaftlichen Literatur gibt es solche Merkwürdigkeiten. Abb. 16.6 will uns weismachen, dass der Temperaturverlauf in England etwas mit dem Baumwachstum in Kalifornien zu tun habe. Das Baumwachstum in Kalifornien hat hier allerdings sein Maximum hundert Jahre vor dem Temperaturmaximum in England erreicht (siehe die Pfeile). Das kann man nur mit „vorauseilendem Gehorsam" erklären.

In Abb. 16.7 zeige ich verblüffende Übereinstimmungen der Verbreitung einiger Insekten in Niederösterreich mit Dingen, die ganz sicher nichts damit zu tun haben. *Parnassius apollo* hat ganz sicher nichts mit der Sage von der Wilden Jagd, *Dorcadion fulvum* mit der jüngeren Urnenfeldkultur oder *Colias palaeno* mit der Form des Waldhufendorfes zu tun. Wenn in der Fachliteratur solche Vergleiche auftauchen (vor allem Verbreitungsbilder von Tieren im Vergleich mit geologischen Vorgängen), dann empfehle ich größte Zurückhaltung.

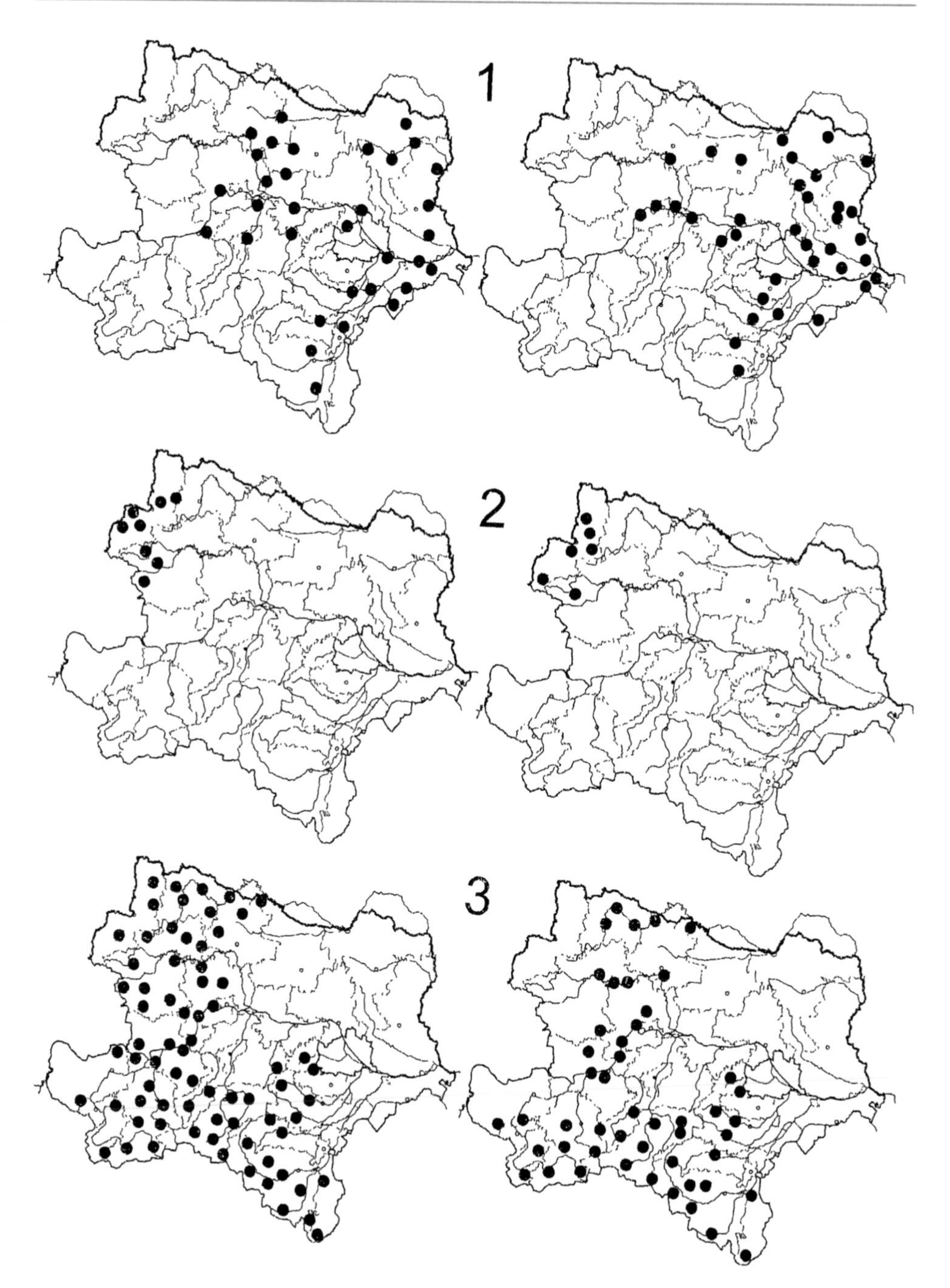

Abb. 16.7 Scheinbare Übereinstimmung zwischen Insektenverbreitung in Niederösterreich und Dingen, die damit nichts zu tun haben. **1** *links* Funde aus der jüngeren Urnenfeldkultur der Bronzezeit, *rechts Dorcadium fulvum,* **2** *links* die Dorfform Waldhufenflur, *rechts Colias palaeno,* **3** *links* die Sage von der Wilden Jagd, **3** *rechts Parnassius apollo*

Literatur

Kust T, Ressl F (2015) Naturkunde des Bezirkes Scheibbs. Tierwelt (5). Wiss Mitt Niederösterr Landesmus 26:1–246. ISBN 3-85460-289-8
Malicky H (2011) Laudatio auf Professor Franz Ressl. Entomol Croat 15:13–16
Malicky H (2015) Geleitwort zum fünften Band der Tierwelt des Bezirkes Scheibbs. Wiss Mitt Niederösterr Landesmus 26:7–11
Ressl F (1980) Naturkunde des Bezirkes Scheibbs. Tierwelt (1). Verlag Radinger, Scheibbs, S 392
Ressl F (1983) Naturkunde des Bezirkes Scheibbs. Tierwelt (2). Verlag Radinger, Scheibbs, S 583
Ressl F (1995) Naturkunde des Bezirkes Scheibbs. Tierwelt (3). Biologiezentrum des OÖ Landesmuseums, Linz, S 443
Ressl F (2010) Naturkunde des Bezirkes Scheibbs. Tierwelt (4). Wiss Mitt Niederösterr Landesmus 20:1–460. ISBN 3-85460-253-1

Einarbeiten in ein Spezialgebiet

17

Willst gelangen du zum Ziele
wohlverdienten Preis gewinnen,
muß der Schweiß herunterrinnen
von der Decke bis zur Diele.
(Friederike Kempner)

Bevor man sich auf das große taxonomische Abenteuer einlässt, lese man möglichst viele Bücher zu diesem Thema und bilde sich durch die Beschäftigung mit einer bestimmten Tiergruppe selbst eine eigene Meinung. In der Praxis also: Man fange an, Schmetterlinge oder Käfer oder Heuschrecken oder sonst etwas zu sammeln, konzentriere sich meinetwegen schon recht früh auf eine kleinere Gruppe (Geometridae, Alleculidae, …), tue das zwei oder drei oder fünf Jahre lang, bis man die Tiere „persönlich" kennt: wo sie vorkommen, wie sie leben, wie sie in verschiedenen Gegenden verschieden aussehen usw., und dann lese man jene Bücher. Wenn man schon eigene Kenntnisse hat, wird man viel mehr Nutzen von ihnen haben und sich nicht mehr so hoffnungslos verwirren lassen. Absolute Wahrheiten gibt es in der Wissenschaft nicht. Was wir mit unserer wissenschaftichen Arbeit anstreben, ist die Aufstellung von falsifizierbaren Hypothesen.

Will man sich auf eine bestimmte Insektengruppe (mit möglichst wenig geografischer Einschränkung) spezialisieren, muss man von vornherein planen, die notwendige Literatur möglichst komplett zu bekommen, daher sie gezielt zu suchen, und eine Sammlung anzulegen, sofern man nicht an einem Museum arbeitet, wo es eine Sammlung gibt. Der angehende Spezialist nehme möglichst früh und planmäßig brieflichen Kontakt mit allen Leuten auf, von denen er vermutet, dass sie auf demselben Gebiet arbeiten. Die Namen und Adressen erfährt man aus der Literatur, aus Spezialistenverzeichnissen, aus Mitgliederverzeichnissen von Vereinen, durch Nachfrage an Museen, durch Nachfrage bei Insektenhändlern usw. Man abonniere Zeitschriften, die ihren Schwerpunkt auf die betreffende Insektengruppe legen, und kaufe solche Bücher und Kataloge, falls man

H. Malicky, *Vom Handwerk der Entomologie*,
https://doi.org/10.1007/978-3-662-59525-1_17

nicht das Glück hat, eine reichhaltige Bibliothek in der Nähe benützen zu können. Die Vorstellung, alles notwendige Wissen aus dem Internet schöpfen zu können, ist naiv. Was man dort herausholen kann, läßt sich mit dem altbekannten Begriff von „Kraut und Rüben" umschreiben, d. h. einem ungeordneten Wust von bei Weitem nicht vollständigen Einzelinformationen. Zur Ergänzung ist solches aber wertvoll.

Von besonderer Bedeutung ist eine eigene Separatensammlung. Früher hat man Sonderdrucke von den Kollegen bekommen, heute sind es überwiegend Ausdrucke von elektronisch gespeicherten Arbeiten. Zwar liegt die neuere Literatur fast ganz im Internet vor, aber erstens ist es mühsam, alles dort herauszuholen, ganz abgesehen davon, dass sehr viel gesperrt ist und man für jeden Artikel extra zahlen muss. Eine eigene Separatensammlung, alphabetisch nach Autoren geordnet, gewährleistet einen viel schnelleren Zugriff. Viele ältere Arbeiten, die man vor allem in der Taxonomie unbedingt braucht, sind gar nicht im Internet verfügbar. Von solchen kann man sich Kopien von Originalheften machen, die man in den großen Bibliotheken findet. Zum leichteren Auffinden der Arbeiten in der Separatensammlung kann man die eigene Literaturkartei heranziehen, die man sich selber in seinem Computer speichern kann.

Das Arbeiten als Spezialist in der Insektentaxonomie erfordert nicht nur einen gewissen finanziellen Aufwand, sondern auch Verständnis von Familienangehörigen, denn es besteht ein zusätzlicher Raumbedarf in der Wohnung für Sammlung und Arbeitsplatz. Die Anschaffung eines guten Mikroskops wird sich nicht vermeiden lassen, bei dessen Auswahl man sich aber sorgfältig informieren lassen soll: Man darf nicht alles glauben, was in den Prospekten steht. Gute Geräte halten für ein ganzes Leben und sind auf alle Fälle teuer, wenn auch nicht so teuer wie ein neues Auto, das nach zehn Jahren kaputt ist.

Einen wichtigen Ratschlag möchte ich dem angehenden Spezialisten noch geben. Er möge von allem Anfang an einen Materialkatalog anlegen, in den er jedes einzelne Exemplar, das er je untersucht hat, einschreibt. Ich habe das seit Jahrzehnten für meine Köcherfliegen getan und habe jetzt mehrere große Ordner voller Daten, die bei vielen Arten das, was in der gesamten Literatur steht, übertreffen. Jede solche Notiz soll umfassen: das Land und den Fundort, das Funddatum, evtl. weitere Fundnotizen, die Zahl der Exemplare mit diesen Daten und die Sammlung, in der die Belege sind. Letzteres ist wichtig, denn es erlaubt eine spätere Kontrolle, falls notwendig (Abb. 17.1). Für jede Art verwende ich ein eigenes Blatt, und die Blätter sind nach dem System oder alphabetisch geordnet. Zum Zeichnen von Verbreitungskarten beispielsweise ist dieser Materialkatalog unentbehrlich.

Spezialisten einer Insektengruppe treffen sich üblicherweise auf Symposien und kleinen Kongressen. Wenn man auf dem Laufenden bleiben will, muss man daran teilnehmen. Dort trifft man nämlich praktisch alle maßgebenden Fachkollegen, und was man dort erfährt, ist der neueste Stand der internationalen Forschung. Solche Tagungen über Trichopteren, Ephemeropteren, Plecopteren, Noctuidae, Chironomidae, Heteroptera und viele andere Gruppen finden meistens in Abständen von je 2–4 Jahren abwechselnd in verschiedenen Ländern statt, ganz abgesehen von den großen Käfer- und Schmetterlingstagungen. Man sorge dafür, dass man auf die Adressenliste der Einzuladenden kommt. Kleine Spezialtagungen sind wissenschaftlich viel wertvoller als

3 specimens: France, Auvergne, 1889 (McL. collection)
32 specimens: France, Puy-de-Dôme, Le Mont-Dore, 1934. Mosely
6 specimens: France, Cantal, R. Alagnon, Le Lioran, 1924. Mosely

TR1344 Synagapetus arvernensis Malicky 1980

FR00ZJ12	Orcival, 5 km S von	F7	E	1	50	0N	45	38
	28 7 1986 2							
FR00ZJ11	Le-Mont-Dore, Camping Oberh.	F8	E	1	50	0N	45	35
	28 7 1986 10 3							
FR00ZJ13	Condat, 6 km S von	F9	E	1	54	0N	45	18
	29 7 1986 26 19							
FR00ZJ17	Mandailles, oberh. von	F12	E	1	69	0N	45	4
	30 7 1986 1 3							

Abb. 17.1 Eine Seite aus meinem Materialkatalog (siehe Text)

ein riesiger entomologischer Kongress mit Tausenden Teilnehmern, der eher zu einer Repräsentationsschau und einem gesellschaftlichen Ereignis geworden ist.

Ziemlich bald wird eine Entscheidung notwendig sein, auf welche Insektengruppe sich der Anfänger konzentrieren soll. Es ist für Einzelpersonen ganz unmöglich, alle Insekten wissenschaftlich zu beherrschen. Man kann sich auf Schmetterlinge oder Käfer (oder einen kleinen Teil davon) oder Libellen etc. konzentrieren, eventuell dazu noch auf ein bestimmtes geografisches Gebiet: auf ganz Europa und das Mittelmeergebiet und noch weiter. Mancher hat gute Kontakte oder Reisemöglichkeiten nach anderen Kontinenten und kann daher seine Tätigkeit dorthin erweitern oder ganz verlegen. Früher haben sich viele auf die „Paläarktis" konzentriert, aber es ist sinnvoller, das Gebiet nach der Verbreitung und den Erfordernissen der betreffenden Insektengruppe auszurichten. Die Paläarktis ist ein künstlich geschaffenes Gebilde, an das sich bei Weitem nicht alle Insektengruppen halten. Manche „paläarktischen" Insektengruppen reichen nicht einmal bis zum Himalaya, andere kommen bis weit in die indonesische Inselwelt hinein vor. Tropenländer (Südasien, Afrika, Südamerika) waren früher nur mit beträchtlichen Kosten zu erreichen, was jetzt nicht mehr so ist. Man bekommt jetzt leicht Material von dort und kann selber preiswert dorthin sammeln fahren.

Die Insektengruppe, die man selber bearbeiten will, darf nicht zu groß sein. Niemand kann alle Käfer oder alle Schmetterlinge gut kennen (es sei denn, er beschränkt sich auf die nähere Umgebung seines Wohnortes). Kleinere Insektengruppen wie Libellen, Steinfliegen, Heuschrecken kann ein Einzelner beherrschen, wenn auch nicht immer weltweit. Man lehne aber nicht von vornherein jede Information und jedes Material aus anderen Kontinenten ab. Man sage nicht „mich interessiert nur paläarktisches Material". Man braucht für die eigene Information auch das Wissen über die Tiere aus anderen Kontinenten, wenn auch nicht bis in jedes Detail, und wenn man eine Sammlung anlegt, so ist es immer gut, zusätzliches Vergleichsmaterial darin zu haben.

Private Spezialsammlungen erhalten im Lauf der Jahre einen großen wissenschaftlichen Wert, und man soll schon möglichst frühzeitig entscheiden, was mit der Sammlung im Falle des Ablebens des Besitzers geschehen soll. Also z. B. Schenkung an ein bestimmtes Museum, Verkauf an ein Museum usw. Die Erben wissen meistens nicht, wie kostbar eine Spezialsammlung ist, und verschenken sie oft an eine lokale Schule, wo sie früher oder später dem Untergang geweiht ist, wenn sie nicht überhaupt auf dem Dachboden landet. Wissenschaftliche Sammlungen gehören zum kulturellen Welterbe und sind dementsprechend sorgfältig zu behandeln.

Sobald man halbwegs eingearbeitet ist, was selbstverständlich einige Jahre dauert, sieht man schon selber, wie es weiter geht und wird allmählich zu einem gefragten Experten.

Wie viele Arten kann ein kompetenter Spezialist „beherrschen"? Oft wird dabei die Zahl 10.000 genannt. Das ist realistisch, heißt aber nicht, dass dieser Spezialist alle 10.000 Arten auswendig bestimmen kann. Viel kommt darauf an, ob ihm eine gute Dokumentation zur Verfügung steht. Leute, die sich auf ihr perfektes Gedächtnis berufen, sind verdächtig.

18 Über Zoogeographie und Faunenelemente

Warum soll ich nicht beim Gehen
sprach er, in die Ferne sehen?
Schön ist es auch anderswo,
und hier bin ich sowieso
(Wilhelm Busch)

Früher oder später wird ein Faunist mit zoogeografischen Fragen Bekanntschaft machen. Ich meine damit nicht die rein faunistische Feststellung, ob eine Art da oder dort vorkommt, sondern die Frage im Hintergrund: Wieso kommt die Art da vor, was ist ihre Gesamtverbreitung und wie ist das zu erklären?

Spätestens seit Alfred Russell Wallace ist man mit den großen zoogeografischen Regionen Holarktis (die sich in Paläarktis und Nearktis gliedert), Äthiopis, Neotropis, Orientalis und Australasien vertraut. Die Botaniker haben analog dazu ihre phytogeografischen Regionen, die ein bisschen anders aussehen. Viele verstehen darunter konkret abgegrenzte Landmassen, so als ob es dazwischen Grenzzäune so wie zwischen souveränen Staaten gäbe. Das ist natürlich nicht der Fall, wenn auch die Abgrenzung zwischen einigen dieser Regionen sehr deutlich naturgegeben ist: zwischen Nearktis und Paläarktis gibt es große Meere, zwischen dem westlichen Teil der Paläarktis und der Äthiopis liegt ein großes Wüstengebiet. Zwischen Nearktis und Neotropis befindet sich ein kleines Übergangsgebiet, das man stillschweigend toleriert; zwischen der Orientalis und Australasien gibt es ein Inselgewirr, durch das man allerhand Linien (Wallace-Linie, Lydekker-Linie, Weber-Linie …) gezogen hat, die jeder nach Bedarf für seine Argumentation heranzieht; eine genaue Grenze liegt dort nicht vor. Hingegen tut man sich mit der Trennung von Paläarktis und Orientalis schwer. Zwischen dem Mittelmeergebiet und dem indischen Subkontinent befinden sich immerhin einige Trockengebiete mit reduzierter Diversität, aber über die vermeintliche Grenze innerhalb von China gibt es eine Flut von

H. Malicky, *Vom Handwerk der Entomologie*,
https://doi.org/10.1007/978-3-662-59525-1_18

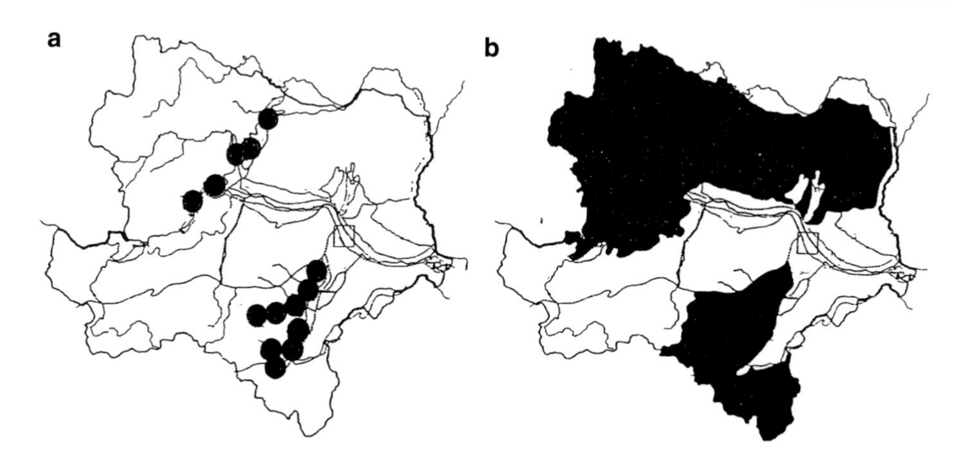

Abb. 18.1 Verbreitung von *Solenobia manni* (Lepidoptera) in Niederösterreich. **a** nach Fundorten, **b** in Zonendarstellung

Publikationen, die wenig Konkretes aussagen. Im *Zoological Record* steht Hongkong unter Paläarktis, was sachlich Unsinn ist, aber den Vorteil der besseren Übersicht hat. In Wirklichkeit gibt es eine auch nur halbwegs scharfe Grenze im Bereich von China überhaupt nicht. Die Faunen gehen kontinuierlich ineinander über.

Für Übersichtszwecke hat man in vielen Publikationen Zonen geschaffen, seien es kleine Zonen innerhalb eines Landes, seien es große Zonen. Solche Zoneneinteilungen haben den Vorteil, dass man auf den ersten Blick sieht, was gemeint ist. Aber wenn solche Zonen auch nur halbwegs groß sind, kommt es zu einer Verzerrung der Aussagen. Als Beispiel diene hier die Verbreitung von *Solenobia manni* (Abb. 18.1) in Niederösterreich, die sehr markant auf die Thermenlinie und die Wachau konzentriert ist. Bei der Darstellung in Zonen (diese stammen vom Prodromus der Lepidopterenfauna von Niederösterreich von 1915) ist diese charakteristische Verbreitung nicht mehr erkennbar.

Ich habe einmal aus Interesse mehrere Entomologen-Kollegen gebeten, Europa nach ihrer Kenntnis ihrer Spezialgruppen in ungefähr 20–30 Zonen einzuteilen. Hier zeige ich die Ergebnisse, die keiner näheren Erklärung bedürfen (Abb. 18.2): Objektive und für alle Tiergruppen gültige Zonen gibt es nicht.

Was ist ein Faunenelement?

Faunenelement ist ein zoogeografischer Begriff. Parallel dazu gibt es den Begriff Florenelement in der Botanik. Das Wort Faunenelement wird in der Literatur in zwei sehr verschiedenen Bedeutungen gebraucht.

Überwiegend außerhalb des deutschen Sprachgebietes bedeutet „Faunenelement“ die kurzgefasste Beschreibung des Gesamtareals einer Art. In diesem Sinne ist ein iberisches

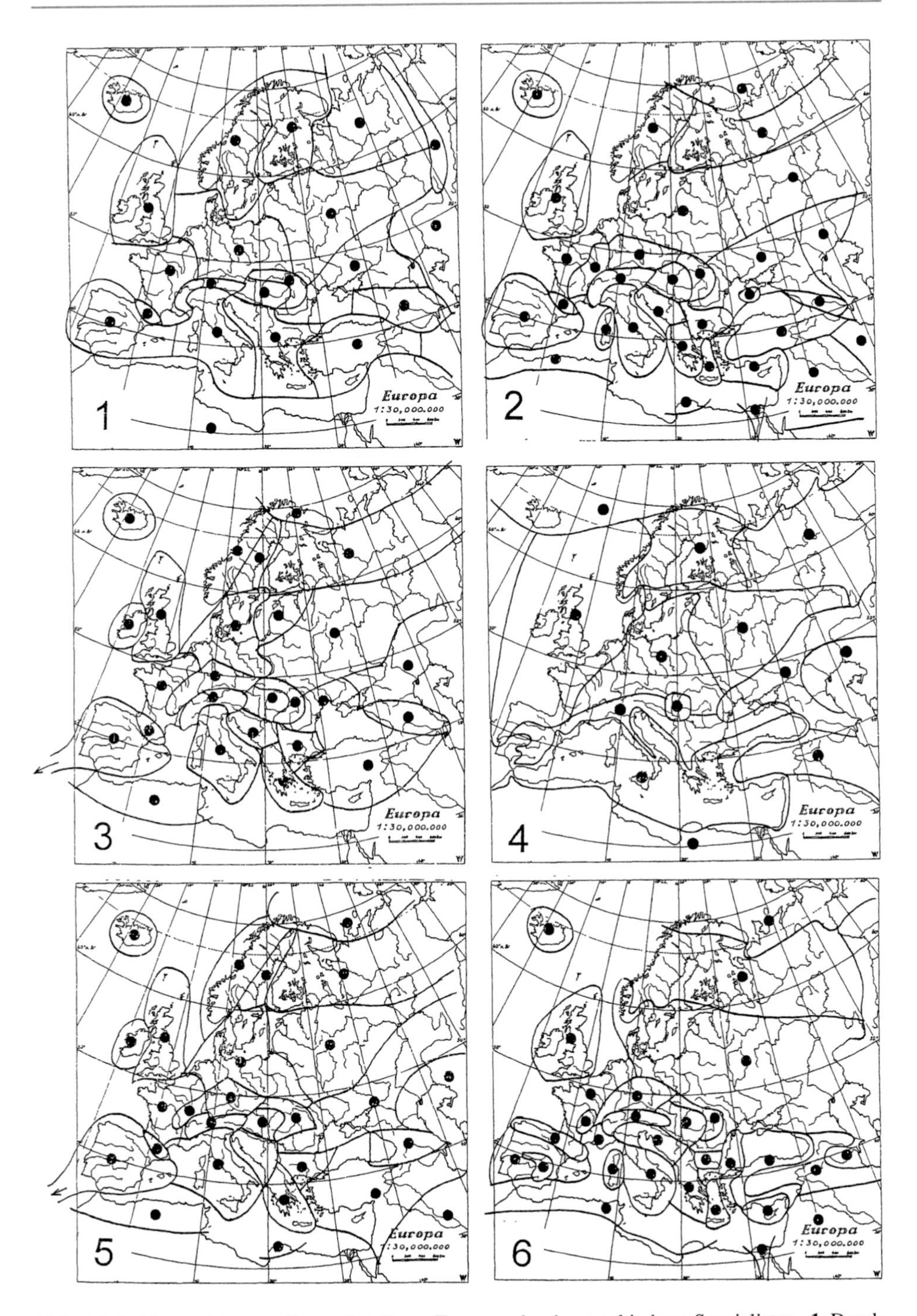

Abb. 18.2 Vorgeschlagene Zoneneinteilung Europas durch verschiedene Spezialisten. **1** Durch einen Blattlausspezialisten, **2** durch einen Säugetierspezialisten, **3** durch einen Plecopterenspezialisten, **4** durch einen Schmetterlingsspezialisten, **5** durch einen Köcherfliegenspezialisten, **6** durch einen Bienenspezialisten

Faunenelement eine Art, deren Verbreitung im Wesentlichen die Iberische Halbinsel umfasst, ein europäisches Faunenelement ist eine Art, die mehr oder weniger in ganze Europa vorkommt. Ein alpines Faunenelement ist eine Art, die nur in den Alpen vorkommt. Dazu kommen komplizierte Bezeichnungen für Arten, deren Verbreitung mehrere Gebiete umfasst, etwa „südbalkanisch-südappenninisches" Faunenelement, und noch mehr dergleichen. Aus diesen Bezeichnungen kann man nur entnehmen, wo die betreffende Art vorkommt, aber nichts darüber hinaus.

Die andere Bedeutung des Wortes Faunenelement geht auf mehrere „Schulen" von Zoogeografen im deutschsprachigen Raum zurück, die durch die Namen Holdhaus (1954), Reinig (1937) und De Lattin gekennzeichnet sind. Die ausführlichste Darstellung findet sich in dem auch heute noch maßgebenden Buch von Gustaf de Lattin (1967). Da diese Arbeiten aber anscheinend nie übersetzt worden sind, sind sie vor allem im englischsprachigen Raum so gut wie unbekannt. Eine Erklärung ist daher angebracht.

Ausgangspunkt ist die Beobachtung, dass das Verbreitungsareal einer Tier- oder Pflanzenart prinzipiell nicht immer gleich ist. Jeder weiß, dass bestimmte Tiere noch vor hundert Jahren in einem Gebiet vorkamen oder sogar häufig waren und jetzt verschwunden sind. Der Waldrapp *(Geronticus eremita)* kam im Mittelalter an vielen Stellen in Mitteleuropa vor und lebt jetzt nur mehr in Marokko. Die Türkentaube *(Streptopelia decaocto)* war weit im Südosten zuhause, breitete sich ab den Dreißigerjahren des 20. Jahrhunderts nach Westen aus und besiedelt jetzt den größten Teil von Europa. Das versteht man unter **Arealdynamik**. Die Gründe dafür können verschieden sein. In unserer Zeit sind sie oft vom Menschen verursacht.

Man unterscheidet **Expansion** (Ausdehnung des Areals) und **Regression** (Schrumpfung des Areals). Nur ausnahmsweise sitzt eine Art unverändert fest über Millionen Jahre in ihrem Areal. Das Normale ist eine dauernde Abfolge von Expansionen und Regressionen über die Jahrhunderte und Jahrtausende (Abb. 18.3). Jeder weiß, dass „die Eiszeit", die vor ungefähr 10.000 Jahren zu Ende ging, weite Teile Europas mit Eis bedeckt oder zumindest stark abgekühlt hat, sodass die meisten Tiere und Pflanzen nach Süden auswichen, oder besser gesagt, die nördlichen Teile ihrer Areale aufgegeben haben oder dort ausstarben. Die „Eiszeit" ist ein vereinfachter Begriff, denn es gab ungefähr 20 Perioden von Vergletscherungen mit dazwischen liegenden Warmzeiten von jeweils 100.000 Jahren Dauer. Dementsprechend erweiterten und reduzierten Tiere und Pflanzen ihre Areale ziemlich oft. Die Rekonstruktion dieser Vorgänge ist Aufgabe der Zoogeografie, aber mit Ausnahme der letzten Vereisung, die man unter den Namen Würm oder Weichsel kennt, kann man die Vorgänge kaum ohne viel Spekulation rekonstruieren. Man bezieht sich also üblicherweise auf die **letzte** Regressionsperiode, und das Refugium, das eine Art oder Unterart damals bezog, wird als **Arealkern** angesehen. Alle Arten, die ein bestimmtes Refugium damals besiedelten. werden als Faunenelemente **dieses** Refugiums bezeichnet.

Das klingt einfach, ist aber erfahrungsgemäß auf Anhieb schwer zu verstehen.

Die meisten Arten, die heute irgendwo in Europa oder darüber hinaus vorkommen, hatten ihr Refugium irgendwo im Mediterrangebiet, und so spricht man von iberomediterranen, adriatomediterranen (Abb. 18.4), pontomediterranen usw. Faunenelementen. Die heutige

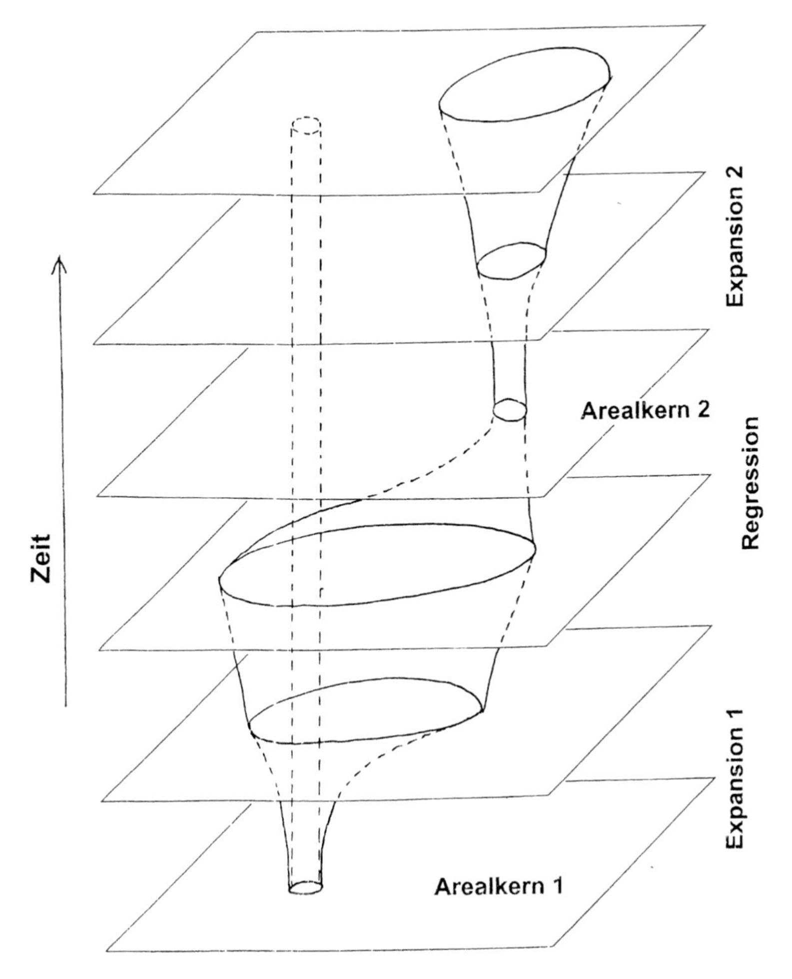

Abb. 18.3 Schema der abwechselnden Expansion und Regression von Verbreitungsarealen (siehe Text)

Ausdehnung des Areals ist dabei belanglos. Manche Arten haben sich nach der Eiszeit sehr schnell und weit, vielleicht sogar bis Lappland, ausgebreitet, andere haben sich irgendwo in Mitteleuropa festgesetzt, und wieder andere sind überhaupt geblieben und sitzen noch heute dort, wo sie während der Würm-Vereisung saßen.

Wie kann man erkennen, welchem Refugium eine Art zugeordnet werden kann? Am einfachsten ist es, die heutigen Verbreitungsbilder auf Transparentpapier zu zeichnen und diese Blätter aufeinanderzulegen. Liegen ausreichend viele solche Blätter übereinander, dann ist das Refugium = Arealkern dort, wo alle übereinstimmen (Abb. 18.4). Sehr viele Arten haben aber mehrere Arealkerne.

Eine andere Methode ist, nach Gebieten zu suchen, wo es eine Anhäufung von Stenendemiten gibt (d. h. Arten, die nur ein **sehr** kleines Areal bewohnen). Das bedeutet, dass diese sich vermutlich nach dem Ende der Eiszeit nicht ausgebreitet haben. Auf

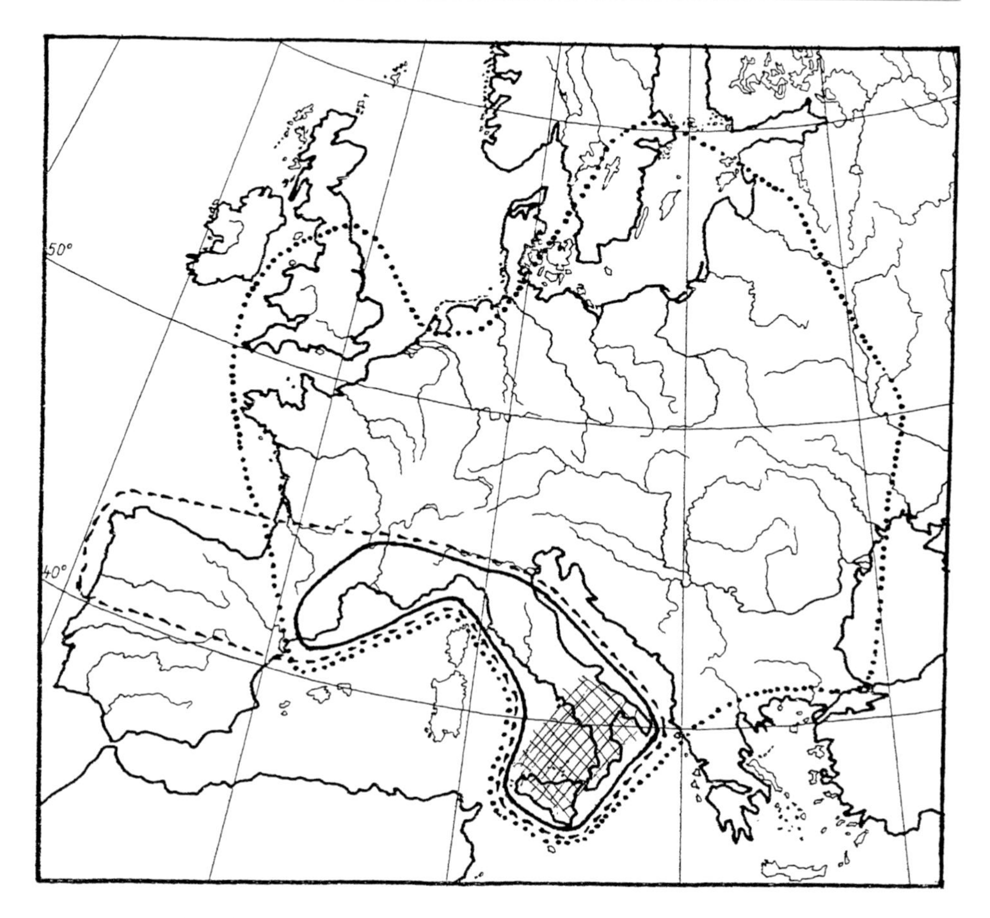

Abb. 18.4 Beispiel eines Arealkerns von adriatomediterranen Arten (umgezeichnet nach De Lattin (1967))

diese Weise lässt sich nachweisen, dass gar nicht so wenige Arten in bestimmten (vor allem bergigen) Regionen in Mitteleuropa selbst überwintert haben, vor allem solche, die im Mediterrangebiet überhaupt nicht vorkommen (Malicky 1983, 2000, 2006). In diesem Sinne kann man von Faunenelementen der Hohen Tatra oder der Steirischen Randgebirge oder des Massif Central usw. sprechen.

Diese zweite Bedeutung des Wortes Faunenelement sagt also eine Menge über die Herkunft und Geschichte einer Art aus.

Im Zusammenhang mit Faunenelementen und Arealkernen ist auch der Begriff **Biomgrundtypen** wichtig. (bei de Lattin lautet dieser Ausdruck **Biochore**). Er bedeutet, dass nicht alle Tierarten gleiche Ansprüche stellen. Eine Art mag bessere Lebensbedingungen finden, wenn das Klima wärmer oder feuchter wird, aber eine andere, wenn es kühler oder trockener wird (Abb. 18.5). Dementsprechend liegen ihre Refugien in ganz verschiedenen Regionen. Man spricht dann von den Biomgrundtypen des Arboreal, des Eremial, des Xeromontan, des Dinodal usw.

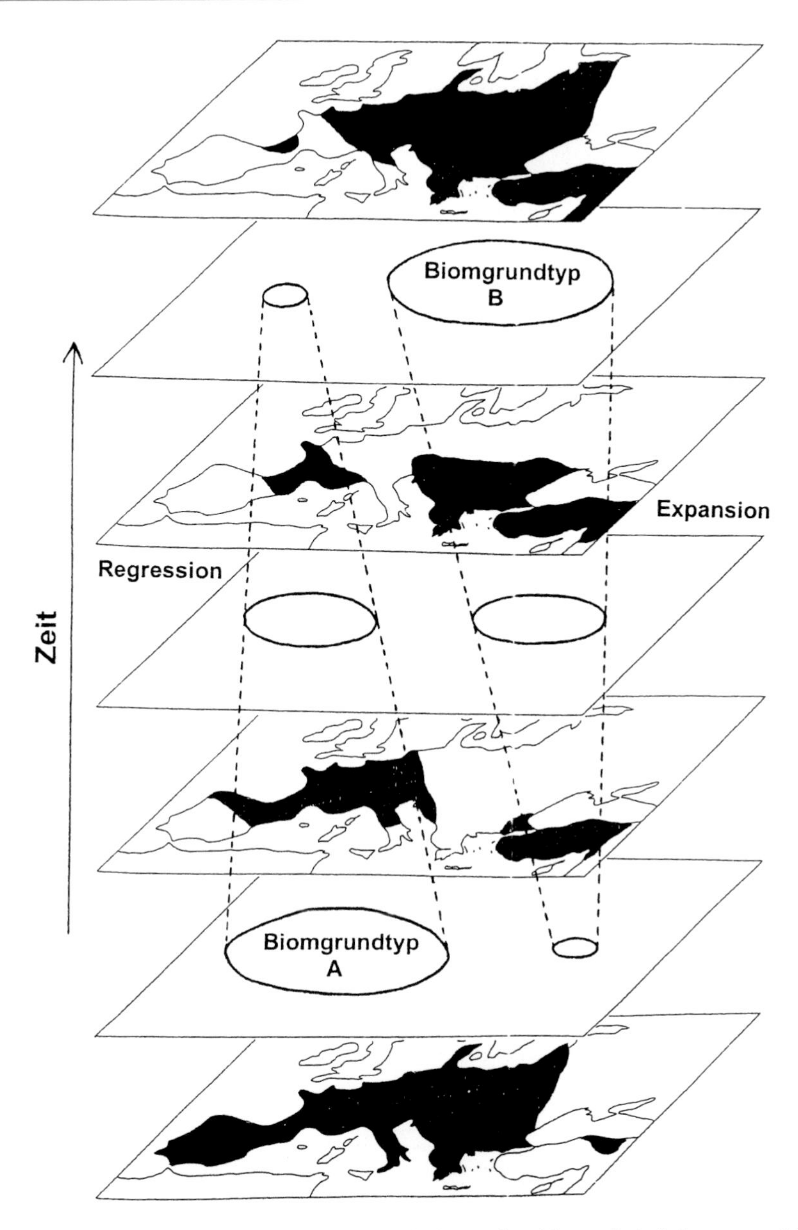

Abb. 18.5 Schematische Darstellung der verschiedenen Arealdynamik bei Arten verschiedener Biogrundtypen unter einer gleichen Änderung von Außenbedingungen (siehe Text)

In der letzten Zeit sind viele molekulargenetische Untersuchungen an zahlreichen Arten angestellt worden. Dabei sind die auf morphologischen Untersuchungen (die bisherigen Verfahren beruhen hauptsächlich auf solchen) erzielten Ergebnisse bestätigt und sogar vielfach erweitert worden. Vor allem kennen wir jetzt ziemlich viele (meistens gebirgige) „Überwinterungsplätze“ weit nördlich vom Mediterranraum. Aber im

Mediterrangebiet selbst ist eine lokale Anhäufung von Stenendemiten nicht so deutlich; mehr oder weniger alle Gebirge dort beherbergen einzelne davon. In den Tropen dürfte es ähnlich sein, wo die Dinge allerdings viel komplizierter und schwieriger zu durchschauen sind. Ganz abgesehen davon, dass in tropischen Ländern die faunistische Durchforschung bei Weitem nicht so engmaschig ist wie in Europa und Aussagen über Endemiten nur subjektiven Wert haben, auch wenn man glaubt, die betreffenden Arten ökologisch eingrenzen zu können. So wurde eine auffallende Art *(Phoupanpsyche caroli)* aus einem Hochgebirge in Laos beschrieben und dann, höchst unerwartet, am Mt. Kinabalu auf Borneo wiedergefunden, über 2000 km entfernt.

Soweit eine kurze Einführung. Für mehr Information sei das Buch von De Lattin (1967) empfohlen.

Literatur

de Lattin G (1967) Grundriß der Zoogeographie. Gustav Fischer Verlag, Stuttgart

Holdhaus K (1954) Die Spuren der Eiszeit in der Tierwelt der Alpen. Abh Zool-Bot Ges Wien 18:1–493

Malicky H (1983) Chorological patterns and biome types of European Trichoptera and other freshwater insects. Arch Hydrobiol 96:223–244

Malicky H (2000) Arealdynamik und Biogrundtypen am Beispiel der Köcherfliegen (Trichoptera). Èntomol Basil 22:235–259

Malicky H (2006) Mitteleuropäische (extra-mediterrane) Arealkerne des Dinodal am Beispiel von Köcherfliegen (Trichoptera). Beitr Èntomol 56:347–359

Reinig W (1937) Die Holarktis. Gustav Fischer Verlag, Jena

19 Das Publizieren

Es genügt nicht, keine Gedanken zu haben.
Man muss auch unfähig sein, sie auszudrücken.
(Karl Kraus)

Das Publizieren der Ergebnisse von Arbeiten ist Hauptziel wissenschaftlicher Tätigkeit. Von noch so interessanten und wertvollen Ergebnissen hat niemand etwas, wenn man sie nicht bekannt gibt. Zur inneren Erbauung allein betreibt man keine wissenschaftliche Forschung, wenn das auch subjektiv im Vordergrund stehen mag.

Man hört oft die Meinung, man solle nicht zu viel publizieren, weil Irrtümer möglich seien, die Literatur überlastet sei usw. Richtig: Irrtümer sind immer möglich, aber nur der begeht keine Irrtümer, der überhaupt nichts tut. Irrtümer sind zum Korrigieren da, und man muss aus ihnen lernen – sowohl aus den eigenen als auch aus den fremden –, um es besser zu machen. Perfektion und kritische Grundhaltung sind zwei verschiedene Dinge: Kritische Grundhaltung ist notwendig und unentbehrlich, Perfektion ist sowieso nicht erreichbar. Wer behauptet, perfekt zu sein, dem ist im höchsten Maße zu misstrauen. Dass die Literatur überlastet ist, stimmt. Aber sie ist überlastet mit überflüssigen und minderwertigen Publikationen. Mit guten Publikationen ist sie sicher nicht überlastet! Die Menge der Publikationen hat nichts mit ihrer Güte zu tun. Das Ziel heißt also: gut und viel statt schlecht und wenig. Deshalb soll man sich bei jeder wissenschaftlichen Arbeit schon in einem sehr frühen Stadium Gedanken über die Publikation machen. Es gibt so viele Möglichkeiten: interne Berichte, kurze Notizen und formale Artikel in Zeitschriften, Beiträge zu Büchern und Sammelbänden, Vorträge, Speicherung in Datenbanken …

Dazu ist eine wichtige Anmerkung notwendig. „Früher“, also ungefähr vor der Mitte des 20. Jahrhunderts, hat man publiziert, wenn man etwas Interessantes herausgefunden hatte und es den Fachkollegen mitteilen wollte. Dabei hat man sich Zeit gelassen. Man weiß, wie viele Jahre lang Charles Darwin seine berühmte Arbeit über die Entstehung der Arten herumliegen ließ; und schließlich hat er sie erst drucken lassen, nachdem er

H. Malicky, *Vom Handwerk der Entomologie*,
https://doi.org/10.1007/978-3-662-59525-1_19

erfahren hatte, dass ein anderer dieselben Ideen gehabt hatte und sie auch publizieren wollte – wer weiß, ob die Arbeit andernfalls nicht erst in seinem Nachlass aufgetaucht wäre? Mit der Arbeit von Gregor Mendel über die Erbsenhybriden war es nicht viel anders. Das war auch die Zeit, in der es passieren konnte, dass ein junger Arzt namens Sauerbruch eine kurze Arbeit publizierte und ihm darauf spontan die zwei bedeutendsten Professoren seines Landes Briefe schrieben, der eine davon mit der Einladung, bei ihm Assistent zu werden. Das war die Zeit, in der in den Publikationen etwas von Bedeutung gestanden ist. Heute hat sich das geändert. Von jedem, der die Wissenschaft zu seinem Beruf erkoren hat, der eine Anstellung, ein Stipendium, eine Vergünstigung usw. will, verlangt man Publikationen oder wie sie auf Neudeutsch/Euro-Pidschin heißen, „Papers" (Abb. 19.1). Die müssen bestimmte strenge formale Bedingungen erfüllen, in entsprechender Zahl vorliegen und in möglichst „hochrangigen" Zeitschriften erscheinen. Was darin steht, ist relativ unwichtig, denn die meisten Wissenschafter haben sowieso nicht mehr die Zeit, die Flut neuer Literatur zu lesen, die seit Langem jedes vernünftige Maß überschreitet. So sind die Verhältnisse leider, mit denen man sich auseinandersetzen muss, ob man will oder nicht. Der Anfänger soll sich von vornherein auf diese Diskrepanz einstellen.

Abb. 19.1 Wissenschafter, die Karriere machen wollen, müssen Papers produzieren

Die Taxonomie ist etwas besser dran. Zwar ist ihre Literatur auch gewaltig angeschwollen, aber die Nomenklaturregeln, die man einhalten muss, zwingen jeden Spezialisten, die gesamte neue Literatur seines Fachgebietes zu lesen, ohne Rücksicht darauf, in welchen Zeitschriften sie erschienen ist. Das gewährleistet immerhin noch eine inhaltliche Auseinandersetzung mit der Arbeit der anderen.

Es gibt ziemlich viele Ratgeber in Buchform, wie man publizieren, also ein Manuskript schreiben soll. Die meisten von ihnen sind längst überholt, weil sie vor der Einführung der Computer und des Internets geschrieben worden sind. Oft sind sie sehr ausführlich und ergehen sich in (von den Autoren für wichtig gehaltenen) minutiösen Einzelheiten, die einen Anfänger nur verwirren können. Ich nenne daher keine solchen Bücher und empfehle stattdessen Anfängern oder Studenten, sich an publizierten Arbeiten aus der letzten Zeit zu orientieren und ihr Manuskript ähnlich zu gestalten. Wobei man sich an den Stil und an die Vorschriften der betreffenden Zeitschrift halten sollte, bei der man das Manuskript einreichen will. Da gibt es große Unterschiede in den Vorlieben der Redakteure.

Leistungsberichte werden häufig am Jahresende oder am Ende eines Arbeitsprojekts von Berufswissenschaftern gefordert. Auch ein Amateur kann in die Lage kommen, einen solchen Bericht schreiben zu müssen, wenn er für eine Untersuchung öffentliches Geld bekommen hat. Solche Leistungsberichte werden meistens nur in wenigen Exemplaren angefertigt (früher als Maschinschrift-Durchschläge, jetzt als Xerokopien oder Computer-Ausdrucke). Sie gelten also nicht als reguläre Publikationen. Neubeschreibungen von Arten darin sind nicht gültig. Häufig wird die Anführung aller Details verlangt, und es gehört vielerorts und vieleramts zum guten Ton, Leistungsberichte möglichst umfangreich zu machen, und wenn nicht genug Substanz vorliegt, dann nimmt man größeren Zeilenabstand, breiteren Rand, größere Schrifttypen, nur einseitig beschriebene Blätter und dergleichen Tricks zur Hilfe. In erster Linie orientiere man sich an schon vorliegenden Berichten der gleichen Art und frage ausdrücklich an, wie das Ganze aussehen soll. Das gilt auch für die inhaltliche Gliederung. Für die Publikation wissenschaftlicher Ergebnisse, die weitere Verbreitung verdienen, sind interne Berichte nicht geeignet. Sie werden auch in der Regel nicht von Referierzeitschriften erfasst.

Ähnliches gilt für Dissertationen und Diplomarbeiten. In vielen Ländern werden nur wenige Kopien davon angefertigt. Im Aufbau und in der Gestaltung muss man sich an vorhergehenden Dissertationen aus demselben Institut und ganz besonders nach den Wünschen des Betreuers richten! Eine Dissertation soll dem Kandidaten zu einer Graduierung verhelfen. Dieser Zweck steht im Vordergrund. Daher wird man sich sehr oft zu inhaltlichen Kompromissen bereitfinden müssen, die dem Verfasser gar nicht gefallen. Ich kannte einen Kollegen, der für die Vernichtung der drei Exemplare seiner Dissertation, die in den Bibliotheken der betreffenden Universität auflagen, eine Prämie ausgesetzt hatte, weil ihm der Dissertationsvater zu viel vorgeschrieben hatte, mit dem er nicht einverstanden war. Das mag ein Extremfall sein, aber es gibt etliche Wissenschafter, die in ihrer Publikationsliste ihre Dissertation aus diesem Grund nicht aufzählen.

Eine Art von Publikation (im weiteren Sinne) ist das Deponieren von Unterlagen und eines ausführlichen Manuskripts in einer öffentlichen Bibliothek oder einem Archiv. Zu den Unterlagen gehören auch Protokolle, Messergebnisse, Fotos, Filme, Tonbänder, Belegstücke von den Versuchsobjekten und dergleichen mehr. In manchen Instituten ist das sogar vorgeschrieben, damit man später, falls nötig, Versuche überprüfen kann. Für Amateure sei ausdrücklich auf diese Möglichkeit hingewiesen: Notizbücher, Aufzeichnungen über Sammelfahrten, Zuchtnotizen und dergleichen sollten nicht nach dem Tode des Eigentümers vernichtet werden. Oft sind z. B. alte Freilandnotizen und Sammellisten von höchstem Wert für Umweltuntersuchungen, wenn es darum geht, Veränderungen im Laufe der Jahrzehnte festzustellen. In diesem Fall ist es nur nötig, dass die Notizen halbwegs leserlich und in einer Form vorliegen, wie sie auch von anderen ohne nähere Erläuterung verstanden werden können. Stenografische Notizen mit vielen Privatkürzeln sind dabei unerfreulich. Grundsätzlich sollte auch jeder Amateur daran denken, seine Notizen, die besonders viel wertvolle Informationen enthalten, durch die Anfertigung von Duplikaten, z. B. als Xerokopien, die an geeigneten Museen oder Bibliotheken deponiert werden, vor Verlust zu schützen.

Es sei auch die Möglichkeit erwähnt, Arbeiten auf Mikrofilm festzuhalten und Kopien davon an Interessierte zu verteilen und in Bibliotheken zu hinterlegen. Das Verfahren ist allerdings umständlich und hat den Gipfelpunkt seine Bedeutung schon längst überschritten. Für die raumsparende Aufbewahrung von Abbildungen ist es aber nach wie vor nützlich. Normalerweise speichert man solche Informationen auf elektronischen Datenträgern, aber kaum jemand fragt danach, wie lange ein solcher Datenträger hält (Mikrofilme und Papier halten ganz sicher viel länger!) und ob man das Ganze in dreißig Jahren noch lesen kann, wenn die dafür nötigen Geräte nicht mehr verfügbar sind. Ich erinnere nur an die vor wenigen Jahrzehnten allgemein verwendeten Tonband-Spulengeräte, die heute ganz verschwunden und deren überlebende Spulen wertlos geworden sind.

Die Möglichkeiten der Speicherung in EDV-Anlagen sind so vielfältig, und ihre Grenzen sind noch lange nicht abzusehen, sodass hier nicht näher darauf eingegangen werden kann. Nur einige Grundgedanken: EDV-Anlagen haben ungeheure Speicherkapazitäten mit schnellem Zugriff. Es lohnt sich also, auch Daten, die für sich allein nicht publizierenswert sind (z. B. faunistische Beobachtungen von häufigen Tierarten) einzuspeichern. Das gleiche gilt für Daten, die für eine formale Publikation zu unvollständig oder zu unsicher wären.

Eine Warnung sei hier ausgesprochen. Man achte darauf, dass der für die EDV-Arbeit nötige Zeitaufwand in einem vernünftigen Verhältnis zum Wert einer Information steht. EDV-Anlagen sind beliebte Spielzeuge, mit denen man ungeheuer viel Zeit vertun kann, ohne dass etwas Vernünftiges herauskommt. Manche Kollegen, die vom PC-Bazillus befallen werden, sieht man von früh bis spät nur mehr vor dem Bildschirm sitzen.

Schließlich sei etwas ausführlicher auf die Anfertigung von Manuskripten von regulären Zeitschriftenartikeln eingegangen. Es sei vorausgeschickt, dass jede Zeitschrift ihre eigenen Vorschriften hat, die von jenen anderer abweichen. Man berücksichtige das und befolge die Vorschriften der ins Auge gefassten Zeitschrift. Sie sind häufig auf den inneren Umschlagseiten abgedruckt, oder man kann sie bei der Redaktion anfordern. Wenn man das Manuskript in einen Computer schreibt, macht das Umarbeiten auf andere Formalitäten relativ wenig Arbeit.

Wie baut man ein Manuskript?

Wissenschaftliche Aufsätze sind keine Kunstwerke, haben daher keinen Anspruch auf übertriebene Individualität und sind daher einigermaßen einheitlich zu bauen. Ein Aufsatz besteht aus mehreren Teilen in folgender Reihenfolge:

- Titel
- Name des (der) Verfasser(s)
- Abstract in Englisch
- evtl. Zusammenfassung in einer oder in zwei anderen Sprachen
- Einleitung
- Material und Methoden
- Ergebnisse
- Diskussion
- Zusammenfassung
- Dank
- Literaturverzeichnis
- Adresse des Verfassers

Es ist aber nicht sinnvoll, sich bei allem und jedem sklavisch an dieses Schema zu halten. Ein Kapitel Material und Methoden kann entfallen, wenn dies ohnehin klar aus den Umständen hervorgeht (wie z. B. bei der Beschreibung von neuen Arten) oder die Methodik nicht so wichtig ist: Es ist oft belanglos, wie viele Minuten die Präparate mazeriert worden sind und ob die Präparate in Alkohol oder Formaldehyd aufbewahrt werden. Bei anspruchslosen Fotografien erübrigt sich die Angabe von Marke und Type der Kamera.

Der **Titel** soll in knapper Form darüber informieren, wovon die Arbeit handelt. Die Leser sollen sofort wissen, ob die Arbeit für sie lesenswert ist. Dazu gehört, dass man genau anführt, von welchen Tieren die Rede ist: Dazu muss man unbedingt die wissenschaftlichen Namen mit Anfügung der Tiergruppe in Titel angeben, nicht nur (wenn überhaupt) einen Namen in einer anderen Sprache; keine unscharfen Bezeichnungen wie „Makroinvertebraten“ und dergleichen, sondern neben den Namen der Arten zusätzlich in Klammer (Insecta, Heteroptera, Miridae) usw. Es soll klar sein, was für eine Art von Aufsatz das ist: ökologisch, faunistisch, taxonomisch; ob es eine experimentelle Arbeit ist oder eine Literaturbesprechung. Alles, was notwendig ist, dass ein Interessent die Arbeit findet, muss im Titel stehen. Die Arbeit wird nämlich von Referierzeitschriften zitiert, und dort steht dann häufig nichts als der Titel.

Manchmal von den Redaktionen vorgeschrieben, aber überflüssig ist die Nennung von Autornamen und Jahr der Beschreibung bei allen Tiernamen im Titel. Es genügt, wenn das im Text steht.

In früheren Jahrhunderten waren Titel wie in Abb. 19.2 oder der folgende üblich:

> Angenehmer und nützlicher Zeit-Vertreib mit Betrachtung curioser Vorstellungen allerhand kriechender, fliegender und schwimmender, auf dem Land und im Wasser sich befindender und nährender Thiere, sowohl nach ihrer Gestalt und äußerlichen Beschaffenheit als auch nach der accuratest davon verfertigten Structur ihrer Scelete oder Bein-Cörper nebst einer deutlichen so physicalisch und anatomisch besonders aber osteologisch und mechanischen Beschreibung derselben nach der Natur gezeichnet, gemahlet, in Kupfer gestochen und verlegt von J.D.Meijer, Nürnberg 1748-1756.

Natursystem
aller
bekannten in- und ausländischen
Insekten
als eine
Fortsezzung
der
von Büffonschen Naturgeschichte.
Nach dem System des Ritters Carl von Linne
bearbeitet.
Von
Carl Gustav Jablonsky.

Der Schmetterlinge erster Theil.
Mit sechs illuminirten Kupfertafeln.

Berlin, 1783.
Bey Joachim Pauli, Buchhändler.

Abb. 19.2 So sahen Buchtitel in alter Zeit aus

Aber auch in unserer Zeit kommen noch solche Titel vor:

Über einige der mittlerweile erfolgten, sensationellen Entdeckungen für die Wissenschaft neuer Koleopteren in Österreich und die sich aus diesen Funden ergebenden Folgerungen. Eine Ergänzung zu meinen Ausführungen bei der 25. Tagung des Entomologischen Vereins im Herbst 1948.

Auch noch im Jahr 2008 haben die Peer-Reviewer Folgendes durchgelassen:

Generic review of Hydropsychinae, with description of Schmidopsyche, new genus, 3 new genus clusters, 8 new species groups, 4 new species clades, 12 new species clusters and 62 new species from the Oriental and Afrotropical regions (Trichoptera: Hydropsychidae)

Bei manchen Zeitschriften werden Schlüsselwörter (Keywords, mots-clés) verlangt, die unterhalb des Namens des Verfassers stehen. Sie sind Orientierungsbehelfe und dienen demselben Zweck wie der Titel, sollen aber das Auffinden noch weiter verbessern. Leider sind Schlüsselwörter noch nicht allgemein gebräuchlich. Wenn es sich beispielsweise um „Untersuchungen über die Wirtswahl einiger an Rhamnaceen lebenden mitteleuropäischer Lepidoptera" handelt, dann kommen als Schlüsselwörter z. B. in Betracht: Phytophage, Wirtswahl, Futterpflanze, Rhamnaceae, *Rhamnus, Frangula, Paliurus,* Lepidoptera, *Scotosia, Triphosa, Gonepteryx, Sorhagenia,* Mitteleuropa.

Der Name des **Verfassers** wird hingeschrieben, wie er ist, und zwar mit dem (den) Vornamen zuerst, ohne akademische Grade und Titel. Die aus Übersee stammende Gewohnheit, immer einen zweiten abgekürzten Vornamen anzuführen, ist entbehrlich. Manche Zeitschriften setzen die Adresse unmittelbar unter den Namen; ansonsten stehen die Adressen entweder als Fußnote unten auf der ersten Seite oder am Schluss der Arbeit. Bei vielen Zeitschriften werden alle Vornamen abgekürzt. Das ist nach Möglichkeit zu vermeiden, weil es in manchen Fällen (bei häufigen Familiennamen) zu Verwechslungen führen kann.

Auch an Kleinigkeiten kann man neue Entwicklungen erkennen. Vor dem Jahr 2000 hatte eine entomologische Publikation im großen Durchschnitt zwei Autoren. Im Jahr 2010 waren es schon drei Autoren pro Publikation. Das hat nichts mit „Teamwork" zu tun, sondern mit der Anforderung, dass Berufs-Wissenschafter Leistungsnachweise erbringen müssen. Da die routinemäßige individuelle Beurteilung von Publikationen bei ihrer großen Zahl nicht möglich ist (wer soll das zahlen?), muss man Impaktfaktoren sammeln und sie mit allen denkbaren Tricks versuchen, sie zu erhöhen. Die Autoren handeln aus Notwehr. In Zeitschriften mit besonders hohen Impaktfaktoren gibt es eine erstaunlich hohe Anzahl von Ko-Autoren (Abb. 19.3).

Das **Abstract** ist eine sehr kurze Zusammenfassung der Fragestellung und der Ergebnisse in englischer Sprache. Verfasser müssen sich im Klaren darüber sein, dass viele Leser von der ganzen langen Arbeit nur das Abstract lesen. Man muss also in maximal etwa zehn Zeilen alles Wesentliche hineinschreiben. Abstracts von einer Seite Länge sind nicht sinnvoll, denn die liest sowieso niemand. Manche Redaktionen bestehen darauf, alle Namen von neu beschriebenen Arten in das Abstract aufzunehmen, was bei mehreren hundert neuen Arten zu einem mehrseitigen Abstract führen kann. Wozu das gut sein soll, ist unklar.

Kirkness, Ewen F.; Haas, Brian J.; Sun, Weilin; Braig, Henk R.; Perotti, M. Alejandra; Clark, John M.; Lee, Si Hyeock; Robertson, Hugh M.; Kennedy, Ryan C.; Elhaik, Eran; Gerlach, Daniel; Kriventseva, Evgenia V.; Elsik, Christine G.; Graur, Dan; Hill, Catherine A.; Veenstra, Jan A.; Walenz, Brian; Tubio, Jose Manuel C.; Ribeiro, Jose M.C.; Rozas, Julio; Johnston, J. Spencer; Reese, Justin T.; Popadic, Aleksandar; Tojo, Marta; Raoult, Didier; Reed, David L.; Tomoyasu, Yoshinori; Krause, Emily; Mittapalli, Omprakash; Margam, Venu M.; Li, Hong-Mei; Meyer, Jason M.; Johnson, Reed M.; Romero-Severson, Jeanne; VanZee, Janice Pagel; Alvarez-Ponce, David; Vieira, Filipe G.; Aguade, Montserrat; Guirao-Rico, Sara; Anzola, Juan M.; Yoon, Kyong S.; Strycharz, Joseph P.; Unger, Maria F.; Christley, Scott; Lobo, Neil F.; Seufferheld, Manfredo J.; Wang, NaiKuan; Dasch, Gregory A.; Struchiner, Claudio J.; Madey, Greg; Hannick, Linda I.; Bidwell, Shelby; Joardar, Vinita; Caler, Elisabet; Shao, Renfu; Barker, Stephen C.; Cameron, Stephen; Bruggner, Robert V.; Regier, Allison; Johnson, Justin; Viswanathan, Lakshmi; Utterback, Terry R.; Sutton, Granger G.; Lawson, Daniel; Waterhouse, Robert M.; Venter, J. Craig; Strausberg, Robert L.; Berenbaum, May R.; Collins, Frank H.; Zdobnov, Evgeny M.; Pittendrigh, Barry R.
Genome sequences of the human body louse and its primary endosymbiont provide insights into the permanent parasitic lifestyle.
Proceedings of the National Academy of Sciences of the United States of America 107(27), Jul 6 2010: 12168-12173 [In English]

Abb. 19.3 So viele Autoren haben an einer Publikation von sechs Seiten geschrieben?

Die **Einleitung** gibt den Ausgangspunkt der Untersuchung an, d. h. den Stand des vorherigen Wissens, und warum man die vorliegende Arbeit geschrieben hat. Bei taxonomischen Arbeiten kann man sich die Einleitung sparen, wenn ihr Inhalt sowieso schon aus dem Titel hervorgeht. Die Einleitung soll relativ kurz sein.

Unter dem Titel **Material und Methoden** wird angegeben, was für Material man verwendet hat, also die Namen der Arten und dergleichen (falls nötig, in Form einer Tabelle), und wie man die Arbeit durchgeführt hat. Bei taxonomischen Arbeiten, die einem bekannten Schema folgen, kann man das sehr kurz halten oder ganz weglassen. Bei anderen Arbeiten sind solche Angaben aber wichtig: Von wann bis wann die Arbeiten durchgeführt worden sind, in welchen Zeitabständen Messungen stattfanden, welches Messgerät verwendet wurde, welche Lichtfalle zum Einsatz kam usw. Hier ist auch Platz für begleitende Informationen, wie z. B. Temperaturmessungen, chemische Daten von Wasserproben und dergleichen. Bei rein taxonomischen Arbeiten, bei denen standardisierte und allgemein bekannte Methoden angewandt wurden, kann man dieses Kapitel sehr kurz fassen oder weglassen. Die Herkunft und Art des Materials scheint dann üblicherweise sowieso im weiteren Verlauf des Textes auf.

Die Kapitel **Ergebnisse** und **Diskussion** werden nach dem üblichen, von den „großen" Zeitschriften geforderten Schema getrennt gehalten, obwohl das oft nicht notwendig ist. Bei taxonomischen Arbeiten sind eher andere Kapitel-Einteilungen üblich, deren Auswahl und Benennung dem Verfasser überlassen bleibt.

Bei manchen Zeitschriften wird anschließend noch eine ausführlichere **Zusammenfassung** verlangt, die nicht mit dem am Anfang stehenden Abstract zu verwechseln ist.

Diese Zusammenfassung schreibt man normalerweise in derselben Sprache, in der der Aufsatz geschrieben ist, aber man kann dieselbe Zusammenfassung noch in weiteren Sprachen in Übersetzung anfügen. Wenn es sich z. B. um eine Bearbeitung von Material aus Saudi-Arabien oder Griechenland handelt, empfiehlt sich eine Zusammenfassung in Arabisch oder Griechisch – falls das drucktechnisch möglich ist. In solchen Fällen hat man ja irgendwelchen Kontakt mit Kollegen aus diesen Ländern (die einem z. B. das Material geschickt haben), die diesen kurzen Text gerne übersetzen.

Das **Literaturverzeichnis** ist für die Leser sehr wichtig, denn es ist eine der wichtigsten Quellen, aus denen man erfahren kann, was für Arbeiten es zum Thema gibt. Man verfertige es daher sorgfältig. Meistens verlangt die Schriftleitung, dass alle im Text erwähnten Arbeiten im Verzeichnis enthalten sind, aber keine weiteren. Für die Leser ist es aber oft wichtig, von weiteren Publikationen zu erfahren. Man nehme also eher mehr Titel in das Literaturverzeichnis auf; wenn erforderlich, kann man sie ja im Text irgendwo kurz erwähnen. Normalerweise reiht man die zitierten Arbeiten alphabetisch nach dem Familiennamen des (Erst-)Autors und, wenn von demselben Autor mehrere Arbeiten erwähnt sind, diese zeitlich nach den Erscheinungsjahren, und wenn aus demselben Jahr mehrere Arbeiten vorliegen, fortlaufend z. B. mit 1983a, 1983b usw. Es gibt aber verschiedene Möglichkeiten der Reihung, und jede Zeitschrift pflegt eine andere zu bevorzugen. Man nehme sich daher Aufsätze aus der betreffenden Zeitschrift zum Vorbild. Die Vornamen der Autoren werden im Literaturverzeichnis oft abgekürzt, was zwar bedauerlich, aber allgemein üblich ist. Bei einigen Zeitschriften wird verlangt, die Zitate im Text mit fortlaufenden Nummern zu versehen und das Literaturverzeichnis in dieser Reihenfolge zu ordnen. Das erschwert aber das Suchen sowohl nach den Zitaten als auch nach den Arbeiten, und wenn man als Autor vor der Fertigstellung der Arbeit noch ein Zitat mittendrin einfügen will, muss man alle Zitate im ganzen Text ändern.

Das Zitat besteht aus dem (den) Namen des (der) Verfasser(s), dem Erscheinungsjahr, dem vollständigen Titel der Arbeit in genauer Original-Schreibweise (auch wenn diese sachlich fehlerhaft sein sollte), dem Namen der Zeitschrift, dem Jahrgang oder Band der Zeitschrift und der Seitenzahl von … bis. Bei Büchern muss man den Verlag und den Erscheinungsort angeben, bei Artikeln aus Büchern auch den Namen des Herausgebers, Titel von Buch und Artikel, Seitenzahl von … bis. Manche Zeitschriften verlangen auch die Angabe der Heftnummer und den Erscheinungsort der Zeitschrift. Beides ist aber oft nicht leicht zu eruieren und eigentlich überflüssig. In der Praxis schreiben dann viele Verfasser irgendeine plausible Heftnummer und irgendeinen plausiblen Erscheinungsort dazu in der bewährten Hoffnung, dass das niemandem auffallen wird – das sei eine Mahnung an Schriftleiter, auf überflüssige und zeitraubende Formalitäten zu verzichten. Übrigens machen es viele Autoren auch mit den geforderten Autorennamen und Jahreszahlen so, wenn deren Ermittlung übertrieben viel Mühe kosten sollte. Ich sage nicht, dass das empfehlenswert ist (aber es kommt vor …).

Andrerseits gibt es auch Zeitschriften, bei denen im Literaturzitat der Titel der Arbeit weggelassen wird und nur die erste Seite der Arbeit genannt wird. Dies ist ausgesprochen ärgerlich und abzulehnen. Die Leser haben einen Anspruch darauf, zu

Murray, D. 2007. *Scythris potentiella* (Zeller) (Lep.: Scythrididae) new to Hertfordshire. *The Entomologist's Record and Journal of Variation* **119**:71.

ADE, J., K. WOLF-SCHWENNINGER & O. BETZ (2012): Auswirkungen der Wiesenmahd auf verschiedene Käferarten ausgewählter Grünflächen im Stadtgebiet Tübingens. – Jahreshefte der Gesellschaft für Naturkunde in Württemberg **168**: 199-216.

Kajzer, A., 2001: Preispevek k poznavanju vodnih hroščev (Coleoptera: Hydrocanthares) Slovenije in dela Balkana. Acta entomologica slovenica, 9(1):83-99.

Berthélemy, C., and González del Tánago, M. (1983), ‚Les Taeniopterygidae du bassin du Duero (Insecta, Plecoptera)', *Annales de Limnologie*, 19, 9-16.

MAISTRELLO, L., DIOLI, P., VACCARI, G., NANNINI, R., BORTOLOTTI, P., CARUSO, S., COSTI, E., MONTERMINI, A., CASOLI, L. & BARISELLI, M. 2014: Primi rinvenimenti in Italia della cimice esotica *Halyomorpha halys*, una nuova minaccia per la frutticoltura. – ATTI Giornate Fitopatologiche 2014:283-288.

Abb. 19.4 So können Literaturzitate nach den Vorschriften verschiedener Zeitschriften aussehen

erfahren, wie eine Publikation heißt und wie viele Seiten sie umfasst. Bei der taxonomischen Arbeit wird man allerdings selten solche Zeitschriften finden.

Korrekte Literaturzitate sehen also ungefähr wie in Abb. 19.4 dargestellt aus.

Über die genaue Form der Literaturzitate orientiere man sich an Arbeiten aus den letzten Heften der jeweiligen Zeitschrift und ahme sie nach. Fast jede Zeitschrift hat andere Vorschriften, ob nach dem Autornamen ein Punkt oder ein Beistrich oder ein Strichpunkt kommt, ob die Jahreszahl in Klammern steht oder nicht, ob zwischen Titel der Arbeit und Titel der Zeitschrift ein Bindestrich oder ein Punkt steht, ob die Jahreszahl unmittelbar nach dem Autornamen oder ganz am Schluss kommt. Es gibt keine Einheitlichkeit. Näheres findet man z. B. auf den Umschlagseiten der Zeitschriften unter dem Titel „Hinweise für Autoren“ (Instructions for authors).

Für das Zitieren des Titels und der bibliografischen Angaben von fremden Arbeiten braucht man selbstverständlich keine Erlaubnis von Verfasser und Verlag! Für das Zitieren von kurzen Texten aus fremden Arbeiten braucht man auch keine Erlaubnis, sofern man das Zitat deutlich kennzeichnet und seine Herkunft nennt. Hingegen muss man für die unveränderte Übernahme von Abbildungen aus fremden Arbeiten eine schriftliche Erlaubnis vom Verfasser und/oder vom Verlag einholen.

Was ist publizierenswert?

Bevor man eine Arbeit publiziert, überlege man jedesmal, wem sie nützen könnte; ob zu erwarten ist, dass sie überhaupt jemand liest. Diese Überlegung war in „früheren“ Zeiten selbstverständlich; man publizierte nur dann etwas, wenn man etwas Neues gefunden hatte und es den Fachkollegen mitteilen wollte. Diese früheren Arbeiten waren nicht immer perfekt abgefasst, viele waren ziemlich konfus, aber irgendetwas Wichtiges haben sie enthalten. Heute geht der Trend zu formal perfekten Publikationen, in denen weder Neues noch Interessantes darinsteht (was auch wenig ausmacht, weil viele Leute sowieso kaum mehr Zeit zum Lesen von Publikationen haben), die man aber für die Karriere braucht. Je nachdem, in welcher Zeitschrift die Arbeit steht (in amerikanischen Zeitschriften wird sie auf alle Fälle höher bewertet) und je nachdem, wie oft sie zitiert wird, zählt sie mehr oder weniger. Der Inhalt ist nicht so wichtig. Das mag sarkastisch klingen, aber wenn man dauernd nichtssagende Publikationen lesen muss, kommen oft solche Gedanken. Aber Amateure brauchen sowieso keinen Impact-Faktor.

Das soll aber nicht heißen, dass man aus lauter Bescheidenheit nichts mehr publizieren soll. Der Umstand, dass im Moment auf einem sehr spezialisierten Gebiet kaum jemand anderer arbeitet, ist kein Grund für das Zurückhalten neuer Erkenntnisse. Irgendwann einmal wird jemand sicher nach dieser Literatur suchen. Es sei nur an Gregor Mendel und seine berühmte Erbsenarbeit erinnert, die vierzig Jahre lang von den Fachkollegen weder gelesen noch verstanden wurde. Dazu lässt man eine Arbeit ja drucken, damit sie beliebig später noch zur Verfügung steht.

Zuerst muss man sich darüber klar werden, ob eine Information überhaupt publikationswürdig ist oder nicht. Über eine Beobachtung von *Papilio machaon* in einer Gegend, wo er häufig ist, wird man keinen Zeitschriftenaufsatz schreiben, sondern man wird den Fund einer allfälligen regionalen oder nationalen Datenbank mitteilen. Wenn diese Beobachtung in einem Land gemacht wurde, wo man den *P. machaon* für ausgestorben hielt, kann man eine Notiz darüber schreiben. Verbreitet war früher unter Amateuren die Unsitte, Faunenlisten zu veröffentlichen und dabei die angeblich „häufigen" Arten, d. h. jene, die nach Meinung des Verfassers häufig sind, wegzulassen. Eine Faunenliste soll ein möglichst vollständiges Bild von der Fauna zur betreffenden Zeit geben, und da gehören natürlich die häufigen Arten in erster Linie dazu. Beispiele zeigen, dass sie einige Jahre später total verschwunden sein können, sodass nachher angezweifelt wird, ob sie tatsächlich vorkamen, wenn keine konkreten Meldungen von vorher vorliegen. Ein publizierenswerter Befund sollte, muss aber nicht neu sein, und nicht jede Neuigkeit ist publizierenswert. Eine neue Untersuchung altbekannter Dinge kann sehr wertvoll sein, wenn sie genauer ist und Irrtümer richtigstellt.

Eine Publikation in einer Zeitschrift soll zwischen Arbeitsaufwand, Kosten, Informationsgehalt und zu erwartendem Bedarf ein ausgewogenes Verhältnis aufweisen. Wir müssen uns allerdings darüber im Klaren sein, dass wir im Durchschnitt für höchstens zehn Leser schreiben! Die meisten, die den Aufsatz zu Gesicht bekommen, lesen nur die Überschrift und dann bestenfalls die Zusammenfassung! Trotzdem ist das Druckenlassen eines Aufsatzes auf alle Fälle gerechtfertigt, wenn er gute Information enthält. Wenn auch nicht viele Leute unmittelbar auf das Erscheinen einer Arbeit reagieren, liegt sie schwarz auf weiß vor; der Verfasser hat seine Schuldigkeit getan, und die Daten liegen zur Verfügung der Nachwelt allgemein auf. Wenn die Nachwelt sie nicht nützt, ist sie selbst schuld. In manchen Arbeitsgebieten, die gerade sehr modern sind, werden Arbeiten, die über 20 Jahre alt sind, nicht mehr zitiert, auch wenn sie grundlegend wichtig sind. Man fragt sich, mit was für Verrücktheiten wir im Wissenschaftsbetrieb noch rechnen müssen.

Soll man lieber wenige lange oder mehrere kurze Arbeiten publizieren? Es gibt nur wenige Zeitschriften, die sehr lange Arbeiten annehmen. Und wenn sie es doch ausnahmsweise tun, dann dauert die Drucklegung lange. Wenn man also eine umfangreiche Revision einer Insektengruppe schreibt, muss man lange Umschau halten, wo man sie publizieren kann. Oft wird man sie stückeln und auf mehrere Zeitschriften aufteilen müssen.

Eine heterogene lange Arbeit wird man, ob man will oder nicht, sowieso aufteilen. Wenn es z. B. um eine biologische Untersuchung an irgendwelchen Tieren geht, bei der chemische und histologische Methoden zusammen mit Freilandaufnahmen und Verhaltensstudien vorkommen, dann gibt es nicht nur die objektive Schwierigkeit, eine Zeitschrift für einen vielleicht hundert Seiten langen Aufsatz zu finden, sondern es besteht die Gefahr, dass die Leser die sie interessierenden Teile nicht finden. Man kann ja nicht alles in den Titel schreiben, und wenn der etwa lautet „Untersuchungen über das Zusammenleben von Homopteren mit Ameisen in Costa Rica", dann wird der Umstand, dass dabei histologische Arbeiten gemacht wurden, leicht übersehen werden, auch wenn das im Abstract und in den Keywords stehen sollte. So große, umfassende Untersuchungen waren „früher" üblich und sind heutzutage bestenfalls als Dissertationen möglich, aber beim Druckenlassen muss man sie wohl oder übel in mehrere Teile zerlegen: einen allgemeinen und einführenden Teil, einen histologischen, einen chemischen, einen Teil über Freilandarbeit, einen Verhaltensteil usw. Und damit das Ganze nicht in Vergessenheit gerät, dazu noch eine oder mehrere Kurzmitteilungen bei Kongressen und dergleichen.

Obwohl es an sich viele Publikationen in der Literatur gibt, besteht doch ein Mangel an zusammenfassender Literatur, also Übersichtswerken, mit denen man wirklich etwas anfangen kann. Es wimmelt von Aufsätzen wie „Die *Eilema*-Arten der Pyrenäen" oder „Die Elateriden des Thüringerwaldes" oder „Die Lepidostomatidenlarven der Slowakei", aber warum gibt es keine oder fast keine Arbeiten wie „Die Lithosiinen Europas und des Mediterran-Gebietes" oder „Die Libellen der Westpaläarktis" oder „Die Köcherfliegen Nordamerikas", die einen Überblick auch für Nicht-Spezialisten geben und nach denen man womöglich noch alle dort vorkommenden Tiere auch wirklich bestimmen kann? Gelegentlich gibt es eine Liste mit bestenfalls einigen (aber nicht allen) Synonymen, meistens noch dazu ohne Verbreitungsangaben, und die geografische Grenze geht womöglich mitten durch Griechenland oder liegt am Bosporus – und was dergleichen Ärgerlichkeiten für den Benützer noch mehr sind. Gibt es ausnahmsweise doch einmal ein richtiges Übersichtsbuch, dann muss der Benützer bald feststellen, dass man eine Art aus Kreta oder eine andere Art aus den Pyrenäen (nämlich diejenige, die man gerade bestimmen möchte) damit nicht erkennen kann, ohne dass ein Grund dafür angegeben wäre. Man sollte nicht glauben, wie häufig solche Mängel sind.

Der „Impact-Faktor"

Für Entomologen, die über Taxonomie arbeiten, ist der Impact-Faktor ziemlich unwichtig, denn Zeitschriften, die einen nennenswerten Impact-Faktor haben, nehmen sowieso keine taxonomischen und faunistischen Arbeiten an. Anders ist es bei Wissenschaftern, die in ihrem Beruf weiterkommen wollen. Was ist der Impact-Faktor?

Der Impact-Faktor ist eine Zahl, die angibt, wie oft Artikel eines bestimmten Periodikums im Durchschnitt pro Jahr in anderen Arbeiten zitiert werden. Als Bemessungsgrundlage gelten die ersten zwei Jahre nach Publikation. Impact-Faktoren in der Biochemie und Molekularbiologie rangieren von 38.4 (Annu.Rev.Biochem., Rang 1) bis 0.082 (Rev.Roum.Biochim., Rang 156), in der Inneren und Allgemeinen Medizin von 22.7 (N.Engl.J.of Med., Rang 1) bis 0.012 (GAZ Med-France, Rang 117). Der Impakt-Faktor als statistischer Mittelwert (mit sehr großer Streubreite) erlaubt keine Vorhersage, wie häufig eine Publikation zitiert wird. Es ist unbestritten, daß der Impact-Faktor ein gutes Maß für die Qualitätsanforderungen einer Zeitschrift darstellt, und daß jeder Wissenschaftler versucht, so „hochplaziert" wie möglich zu publizieren. Es ist ebenso unbestritten, daß manchmal auch in Spitzenzeitschriften wie Science und Nature Artefakte, höchst zweifelhafte oder auch kuriose Novitäten publiziert (und auch zitiert!) werden. Diese Ausnahmen bestätigen die hohe Qualität, denn im Gegensatz zu Zeitschriften, deren Impakt-Faktor (sehr viel) niedriger ist, werden Fälschungen und Artefakte hier auch aufgedeckt, Kuriositäten nicht ganz selten mittels (sarkastischer) Leserbriefe ad absurdum geführt. Die Zitationsfrequenz ist die tatsächliche Häufigkeit, mit der eine Publikation pro Jahr zitiert wird … Die Feststellung der Zitationsfrequenz ist ein relativ aufwendiges Unterfangen, erlaubt aber den tatsächlichen „Impact" jeder publizierten Arbeit in Form von Zahlen und Zitations-Häufigkeits-Histogrammen darzustellen. Besonders aussagekräftig wird die Analyse durch Vergleich der Impact-Faktoren, der Zahl der Arbeiten und der Zitationsfrequenz in kumulativer oder Einzel-Darstellung unter Berücksichtigung der entsprechenden Histogramme. Dabei kann u. a. überprüft werden, ob kontinuierliches Wachstum aus wenigen Arbeiten zu Beginn eines Forscherdaseins resultiert oder ob der Zuwachs auch von späteren Publikationen gespeist wird. Selbsternannte („internationale") Spezialisten für bestimmte Fachgebiete können dadurch entlarvt werden, daß sie weder (oder kaum) in den entsprechenden Zeitschriften publizieren noch dort zitiert werden etc. [Zitiert aus der Österreichischen Hochschulzeitung 44(12):40].

Also: Arbeiten, die man in „high impact"-Zeitschriften veröffentlicht, zählen weit mehr als in „low impact"-Zeitschriften. Der Impact-Faktor ist eine Zahl, die angibt, wie oft Artikel eines bestimmten Periodikums im Durchschnitt pro Jahr in anderen Zeitschriften zitiert werden. Dazu kommt noch eine Zahl, die angibt, wie oft die individuelle Arbeit innerhalb eines Jahres von anderen Autoren zitiert wird. Je höher der errechnete Wert ist, als desto wertvoller wird die Publikation eingestuft, und desto größere Chancen hat der Verfasser, bei der Vergabe von Posten und Stipendien berücksichtigt zu werden. Abgesehen davon, dass für die Erreichung möglichst hoher Impact-Faktoren von den Herausgebern alle möglichen formalen Tricks angewendet werden (siehe Diefenbach 2000), ist dagegen eine Menge einzuwenden.

1. Selbst im naturwissenschaftlich-biologischen Bereich gibt es außer Biochemie, Immunbiologie, Pharmakologie, Physiologie, Molekularbiologie und Genetik noch andere Fächer, beispielsweise Zoologie, Botanik, Ökologie usw., deren Publikationen von den „high impact"-Zeitschriften normalerweise gar nicht angenommen werden. Wenn das ausnahmsweise doch passiert, dann ist der Anteil der „Kuriositäten" ziemlich hoch.
2. Als Bemessungsgrundlage für den Impact-Faktor gelten die ersten zwei Jahre nach Publikation: Nach allgemeiner Erfahrung dauert es nicht selten 1–2 Jahre, bis ein

Manuskript gedruckt erscheint, und ein weiteres Jahr, bis alle Interessierten die Arbeit kennen. Wie soll da die Zitierhäufigkeit schon nach 1–2 Jahren beurteilt werden?

3. Wenn eine Arbeit wenig oder nicht zitiert wird, heißt das nicht unbedingt, dass sie nichts wert ist. Es bedeutet vielmehr sehr oft, dass auf diesem engsten Spezialgebiet im Moment sonst niemand arbeitet. Eine Arbeit z. B. über die Bodeninsekten der Nikobaren wird kaum oft zitiert werden, auch wenn sie noch so gut und auch von praktischem Wert (z. B. als Entscheidungshilfe für Behörden) ist. Bei Wissenschaftsfächern, in denen sehr viele Leute arbeiten (Genetik, Immunbiologie usw.), mag der Impact-Faktor bei der Beurteilung einer Arbeit hilfreich sein. Leider haben aber die Universitäts-Gremien dieses Schema für alle Naturwissenschaften übernommen, wo es größtenteils sinnlos ist.
4. Wer viele Veröffentlichungen in „low impact"-Zeitschriften hat, ist kein „mediokrer Polyskribent"! Erfahrungsgemäß wollen viele Autoren, vor allem solche, die in Ruhe wissenschaftlich arbeiten und auf eine Karriere verzichten wollen, den ärgerlichen, zeitraubenden Auseinandersetzungen mit den Peer-Reviewern aus dem Wege gehen. Peer-Reviewer sind Fachkollegen, denen das Manuskript vor der Annahme durch die Redaktion zur Beurteilung vorgelegt wird und die anonym dazu Stellung nehmen. Dieser Vorgang ist heute allgemein üblich. Ferner sind viele Autoren nicht bereit, die irrsinnig teuren Seitengebühren (page charges) aus der eigenen Tasche zu zahlen, die die meisten großen Zeitschriften einheben. Ein Autor, der fünf Jahre lang an einer wichtigen Monografie arbeitet und in dieser Zeit nichts anderes publiziert, muss sie wohl oder übel einer „low quality"-Zeitschrift anbieten, weil die anderen Zeitschriften Manuskripte von 300 Seiten nicht annehmen, ganz abgesehen von den astronomischen Seitengebühren.
5. Es gibt nun einmal sehr viele nordamerikanische Wissenschafter auf der Welt, die keine Fremdsprachen beherrschen und daher keine nicht-englischen Arbeiten und auch kaum englische Arbeiten in nicht-amerikanischen Zeitschriften zitieren. Zitierhäufigkeiten aus amerikanischen Zeitschriften sind also auf alle Fälle viel höher. Was hat das mit der Qualität von Arbeiten zu tun?
6. Nach aller Wahrscheinlichkeit wird irgend etwas aus einer Zeitschrift, die pro Jahr 7000 Seiten hat (z. B. *Science*), viel öfter zitiert werden als irgend etwas aus einer Zeitschrift mit nur 600 Seiten (z. B. *Naturwissenschaften*). Was hat das mit Qualität zu tun?
7. Wissenschaftliche Publikationen haben heute eine ganz andere Funktion als früher. „Früher", also etwa in der ersten Hälfte des 20. Jahrhunderts, hat man eine Arbeit geschrieben, wenn man etwas Neues, Interessantes gefunden hatte und es den Kollegen mitteilen wollte. Heute braucht man Papers für die Karriere; was drinsteht, ist relativ unwichtig, denn viele Wissenschafter haben sowieso keine Zeit, Arbeiten zu lesen; sie zitieren sie bestenfalls. So kann jemand, der alle Tricks anwendet, gezielt zu hoher Zitierhäufigkeit und ebensolchen Impact-Faktoren kommen. Eine beliebte Methode ist die Bildung von Seilschaften: Eine Gruppe von Kollegen zitiert die Arbeiten der anderen Mitglieder der Gruppe möglichst häufig: So kommen die

seitenlangen Literaturverzeichnisse in vielen Publikationen zustande! Ein gewisser G. Mendel, der heute in den Verhandlungen des Naturwissenschaftlichen Vereins zu Brünn einen fünfzig Seiten langen Aufsatz über Erbsenhybriden publizieren würde, würde aber heute genauso durch den Rost fallen wie vor über hundert Jahren.

Folgerung: Dringende Warnung, die Beurteilung von Wissenschaftern und ihrer Arbeiten allein (oder überhaupt) auf Zitierhäufigkeit und Impact-Faktor zu stützen. Wenn man wissen will, was eine Arbeit wert ist, dann muss man sie lesen. Wenn dies ein Minderheitenstandpunkt werden sollte, wären die Folgen für die gesamte Wissenschaft nicht abzusehen.

Die Vergötterung des Impact-Faktors hat zunehmend dazu geführt, dass für die meisten „besseren" wissenschaftlichen Zeitschriften astronomische Bezugspreise verlangt werden. Selbstverständlich gibt es alle diese Zeitschriften auch (oder nur) im Internet, wo man für das Lesen viel Geld zahlen muss. Nur ein konkretes Beispiel: „Normale" entomologische Zeitschriften im Umfang von etwa 200 bis 300 Seiten kosten ungefähr 30 bis 60 EUR pro Jahr (Beispiele: *Entomologist's Gazette, Ephemera, Entomo Helvetica, Entomologische Nachrichten und Berichte, Beiträge zur Entomofaunistik*). Die Zeitschrift *Aquatic Insects* aber verlangt für den Band 36 nicht weniger als 834 EUR; der Umfang betrug bei Band 34 226 Seiten, bei Band 35 118 Seiten. Das geht auf Kosten der Steuerzahler und auf private Kosten der Wissenschafter.

Wahl der Zeitschrift

Für die Arbeitsweise in der Taxonomie gelten aber andere Gesichtspunkte. In einer taxonomischen Publikation müssen frühere Arbeiten, die eine nomenklatorische Neuerung enthalten, also Neubeschreibungen, Revisionen etc., auf alle Fälle berücksichtigt werden, egal, in welcher Zeitschrift sie erscheinen (die natürlich gewissen Mindestanforderungen entsprechen müssen). Daher, und weil für die „Karriere" die „low impact"-Zeitschriften sowieso fast nichts zählen, ist die Wahl der Zeitschrift ziemlich egal. Der Autor wird für eine taxonomische Arbeit zunächst eine Zeitschrift wählen, die eine bessere Druckqualität hat, in der die Arbeit rasch erscheint und bei der die Sonderdrucke billig oder gratis sind. Ich bin gut damit gefahren, dass ich jedesmal, wenn ich eine Arbeit fast fertig habe, unter Mitteilung des Umfangs und des Titels der Arbeit bei verschiedenen Schriftleitern anfrage, ob das Manuskript willkommen wäre und wenn ja, bis wann ich es abliefern muss und wann mit dem Erscheinen zu rechnen ist. Für normale taxonomische, faunistische oder zoogeografische Arbeiten von maximal 20 Seiten Umfang kann man mit einer Publikationsfrist von unter einem Jahr rechnen. Zeitschriften, bei denen es zwei oder drei Jahre dauert, wird man meiden.

Normalerweise bekam der Verfasser Sonderdrucke von seiner Arbeit. Bei vielen Zeitschriften waren 25 oder 50 Sonderdrucke gratis, und wenn man mehr brauchte, musste man sie zahlen. Man erkundige sich von vornherein nach dem Preis, um nicht

Überraschungen zu erleben. Sonst kann es einem passieren, dass man für hundert Sonderdrucke zwei Monatsgehälter hinlegen muss. Bei anderen Zeitschriften waren 50 oder 100 Sonderdrucke gratis oder kosteten wenig. Sonderdrucke braucht man unbedingt zum Aufrechterhalten des Kontaktes mit den Fachkollegen. Wenn die Sonderdrucke zu teuer sind oder wenn man bei manchen Zeitschriften gar keine mehr bekommt, macht man sich einfach selber welche auf der Kopiermaschine. Für den privaten Gebrauch ist das frei.

Heute gibt es aber nicht mehr viele Zeitschriften, von denen man Sonderdrucke bekommt. Man kann in der Regel ein „PDF" auf elektronischem Wege bekommen und sich seine Sonderdrucke beliebig selber ausdrucken, falls man einen passenden Drucker hat.

Zeitschriften, die für eine Arbeit ein Honorar zahlen, gab es nur in den „guten alten" Zeiten, aber auch bis 1990 in den Ländern des „real existierenden Sozialismus". Im Gegenteil ist es vor allem bei „high impact"-Zeitschriften üblich, dass der Verfasser für die Publikation seiner Arbeiten zahlen muss, und zwar nicht wenig. Man zahlt von 50 $ Gebühr pro Seite aufwärts. Besonders „billige" Zeitschriften verlangen „nur" 15 $ pro Seite. Oder der Autor muss zwar nichts zahlen, aber jeder Leser, der einen Aufsatz lesen will, muss 40 $ zahlen. Nach meiner Meinung ist es eine Zumutung, wenn ein Autor, der viel Mühe und Zeit auf eine Arbeit aufgewendet hat und das als Amateur noch dazu auf eigene Kosten, ohne dafür einen Lohn zu bekommen, für die Veröffentlichung auch noch zahlen muss. Man stelle sich nur vor: Man bringt sein Auto zur Reparatur, und der Mechaniker müßte für seine Arbeit dem Kunden zahlen statt umgekehrt!

Bei der Auswahl der Zeitschrift wird man auch an ihre Verbreitung, an den zu erwartenden Leserkreis und an die Sprachkenntnisse der Leser denken müssen. Je besser man das Zielpublikum kennt, desto besser kann man es erreichen. Wenn ich beispielsweise eine taxonomische Arbeit über Köcherfliegen schreibe, kann ich sie ruhig in einer ganz kleinen, wenig bekannten Zeitschrift publizieren, wenn ich dann den Kollegen Sonderdrucke schicke. Eine Arbeit über Käfer wird man bevorzugt bei einer spezialisierten koleopterologischen Zeitschrift unterbringen.

Dem Anfänger sei geraten, bei allen diesen Problemen erfahrene Kollegen zu fragen. Die Bedingungen und Umstände ändern sich rasch, und es können sich neue Entwicklungen ergeben, die die Gesichtspunkte verändern.

Früher hat man Manuskripte auf Papier geschrieben eingereicht. Heute reicht man schon bei jeder Zeitschrift Manuskripte auf Disketten, CDs und ähnlichen Datenträgern oder per E-Mail ein. Damit erspart sich die Schriftleitung das arbeitsintensive und daher sehr teure Setzen, wie es früher üblich war. Voraussetzung dafür ist, dass der Verfasser seinen Text mit dem Computer schreibt, was sowieso allgemeine Übung ist. In der Praxis gibt es bei diesem Verfahren allerdings noch große Schwierigkeiten, denn die verschiedenen Computer (in Österreich Blechtrottel genannt) verstehen einander nicht recht. Man frage daher jeweils bei der Schriftleitung um Näheres an. Im Zweifelsfall schicke man zuerst einen Probetext, ob dieser überhaupt lesbar ist. Nicht jeder Wissenschafter ist ein Computer-Akrobat.

Bei manchen Kongressberichten verwendet man das Verfahren der fotografischen Reproduktion (photo-ready manuscripts). Dabei hat der Verfasser das Manuskript in perfekter endgültiger Form einzusenden, und genau so wird es fotografiert und gedruckt. Das erspart allen Beteiligten sehr viel Arbeit, gewährleistet aber natürlich kein einheitliches Schriftbild innerhalb der Zeitschrift, weil jeder Verfasser eine andere Schrifttype und -größe verwendet. Versuche, für Verhandlungsbände eine einheitliche Schrifttype zu verlangen, sind kläglich gescheitert.

Noch ein Wort zu den Abbildungen. In früheren Zeiten waren Abbildungen sehr teuer, der gesetzte Text aber billig. Aus dieser Zeit hat sich bis heute häufig die Meinung erhalten, man sollte Publikationen möglichst wenige Abbildungen beifügen. Das Gegenteil ist heute richtig. Das Setzen eines Textes war arbeitsintensiv und daher teuer. Abbildungen werden jetzt mit billigen Methoden reproduziert. So sind viele Zeitschriften schon dazu übergegangen, Tabellen (die beim Setzen ganz besonders mühsam sind) vom Original fotografisch zu reproduzieren, sofern sie nicht sowieso elektronisch eingereicht werden. Sowohl Strichzeichnungen als auch Fotografien machen mit heutigen Druckverfahren keine besondere Mühe. Farbfotos sind allerdings noch immer viel teurer und bei vielen Zeitschriften nur dann unterzubringen, wenn man für sie einen finanziellen Beitrag leistet. Aber es ist zu hoffen, dass Farbbilder mit fortschreitender Technik billiger werden.

Peer-Reviewing

Bei vielen Zeitschriften hat es sich eingebürgert, einlangende Manuskripte nicht nur vom Schriftleiter, sondern außerdem noch von mehreren Fachkollegen („Peers“), die anonym bleiben, prüfen zu lassen. Das ist im Prinzip gut, denn so werden unbrauchbare Arbeiten ferngehalten. Früher haben die Schriftleiter allein die Kontrolle besorgt, und da mag gelegentlich allerhand Merkwürdiges durchgerutscht sein. Allerdings muss man zugeben, dass bei der heute viel höheren Spezialisierung ein Schriftleiter eher überfordert ist als früher. Aber möglicherweise hatten Schriftleiter früher mehr Allgemeinbildung.

Nebenbei bemerkt: Die Peer-Reviewer bekommen für diese Arbeit nichts bezahlt und dürfen nicht einmal Artikel aus Zeitschriften dieses Konzerns aus dem Internet beziehen.

Die Beurteiler teilen ihr Urteil dem Schriftleiter mit, der dann wieder den Verfasser anschreibt und informiert. In der Praxis sieht das z. B. so aus, dass man als Verfasser das Manuskript mit der Bemerkung zurückbekommt, dass der Inhalt zwar ausgezeichnet sei, aber irgend etwas weiter vorne oder weiter hinten stehen sollte und dass im Literaturverzeichnis zwei Arbeiten zu viel oder fünf zu wenig stünden und dergleichen. Es werden also in erster Linie formale Details bekrittelt, weil die Peer-Reviewer sich oft nicht die Zeit nehmen (oder sie gar nicht haben), näher auf den Inhalt einzugehen.

Manche Kollegen, deren Muttersprache nicht Englisch ist, erleben Folgendes. Man schreibt ein Manuskript in Englisch und schickt es an einen englischen Kollegen zum

Korrigieren. Dieser dreht dann meist praktisch den ganzen Text um, und wenn man zurückfragt, was für Fehler man gemacht habe, kommt die Antwort: Es sind fast keine Fehler, aber das ist nicht Englisch. Das so korrigierte Manuskript schickt man also an eine Schriftleitung – und bekommt es regelmäßig mit der Bemerkung zurück, dass das Englisch unbrauchbar sei. Unerfahrene mögen also nicht zu sehr erschrecken. wenn ihnen das passiert. Das ist ganz normal und passiert jedem, von dem der Schriftleiter weiß, dass seine Muttersprache nicht Englisch ist. Das Englische ist zwar die wichtigste Sprache in der Wissenschaft geworden, was aber nicht heißt, dass es auch die logischste und präziseste ist. Manchmal hat man den Eindruck, dass außer der Queen sowieso niemand ordentlich englisch kann.

Jeder Spezialist übernimmt früher oder später selbst die Rolle des Peer-Reviewers und bekommt dann die andere Seite der Medaille zu sehen. Mit wenigen Ausnahmen (nämlich von Zeitschriften, bei denen man intensiver mitarbeitet und der Schriftleiter einen schon besser kennt) bekommt man da überwiegend Belangloses zu beurteilen, das offenbar schon der Schriftleiter als solches erkannt hat. Ich habe den Verdacht, dass eine Vorauswahl getroffen wird: Die großen Professoren bekommen die guten Arbeiten zum Referieren, der Rest wird gleichmäßig an Gutmütige verteilt.

Der ganze Vorgang, so gut er gemeint ist, hat in erster Linie eine Verzögerung der Drucklegung zur Folge. Wenn man bei einer Arbeit lesen muss, dass sie am 6. Mai 2008 bei der Schriftleitung eingelangt und erst am 9. März 2009 angenommen worden sei, obwohl sie von jemandem verfasst wurde, der von dem Thema mehr versteht als alle anderen Spezialisten zusammen, dann fragt man sich wirklich nach dem Grund der zehnmonatigen Verzögerung. Als Leser fragt man sich auch immer wieder, wie trotz angeblich hochwertigem Reviewing ganz erstaunliche Publikationen durchrutschen.

Übrigens wird bei den sehr teuren Zeitschriften hervorgehoben, dass sie „peer-reviewt" seien. Das ist aber nichts Besonderes, denn das geschieht längst auch bei den „gewöhnlichen" Zeitschriften, für die es keine Impact-Faktoren gibt.

In anderen Wissensgebieten, in denen es um sehr viel mehr Geld geht, herrschen brutale Bräuche. Pharma- oder Chemiekonzerne u. Ä. stellen Wissenschafter extra dazu an, für Zeitschriften als Peer-Reviewer zu arbeiten. Bekommt ein solcher ein Manuskript von der Konkurrenz zum Beurteilen und steht nichts Besonderes drin, gibt er es mit besten Empfehlungen weiter. Steht aber etwas drin, was für die eigene Firma interessant sein könnte, dann erhebt er Einwände und verlangt zusätzliche Untersuchungen – was eine Verzögerung bedeutet, und inzwischen kann die eigene Firma ihre eigenen Forschungen mithilfe dieser Informationen beschleunigen.

Man muss sich wohl oder übel mit dem Peer-Reviewing abfinden. Wenn man sein Manuskript mit Beanstandungen zurückbekommt, dann ändert man dies und jenes. Keinesfalls ist man verpflichtet, alles, was die Reviewer verlangen, zu ändern. Die Meinung des Verfassers wiegt auf alle Fälle schwerer, denn er ist für die Publikation verantwortlich. Er hat nicht nur das Recht, sondern auch die Pflicht, auf seiner Meinung zu beharren, wenn er sie für richtig hält. Beispielsweise soll sich ein Amateur nicht dazu bereitfinden, die „allerneueste" Nomenklatur, die ihm von einem Beurteiler aufgedrängt wird, zu akzeptieren. Andrerseits soll man wohlgemeinte Kritik ernst nehmen. Ärgerlich war früher, dass man wegen der Änderungswünsche das Ganze nochmals schreiben muss. Da bewährt sich der Computer, denn dabei spart man sehr viel Arbeit.

Wenn Sie sich wieder einmal über einen lästigen Reviewer ärgern sollten, dann trösten Sie sich mit einem leicht variierten Ausspruch von Karl Kraus: „Peer reviewing ist jene Krankheit, für deren Therapie sie sich selber hält."

Publikationssprachen

In sehr alten Zeiten (also mehrere Jahrhunderte zurück) hat man wissenschaftliche Arbeiten grundsätzlich nur in Latein geschrieben. Im 18. Jahrhundert hat sich das geändert: Da hat zwar jeder Wissenschafter selbstverständlich Latein beherrscht, aber viele haben schon ihre Nationalsprachen verwendet. Heute ist das Latein als Wissenschaftssprache verschwunden, und zwar aus dem einfachen Grunde, weil selbst von jenen Leuten, die in der Schule Latein lernen mussten, nur eine winzige Minderheit es tatsächlich beherrscht. Im Lauf des 19. und 20. Jahrhunderts haben sich Deutsch, Französisch und Englisch als Kongresssprachen etabliert, und alle Gebildeten haben diese drei Sprachen zumindest einigermaßen verstanden. Wobei Französisch und Deutsch in Europa als Umgangssprachen vorherrschten; das Englische war eher außerhalb von Europa im Zusammenhang mit dem englischen Kolonialreich vorherrschend. In der zweiten Hälfte des 20. Jahrhunderts hat aber das Englische ein derartiges Übergewicht bekommen, dass es Bestrebungen gibt, alle anderen Sprachen von der Verwendung in der Wissenschaft auszuschließen. Die Gründe dafür sind nicht wissenschaftlicher, sondern politisch-historischer Natur. Das erste Ereignis fand 1933 und 1938 statt, als ein undiskutables Regime zahlreiche Wissenschafter ins Ausland trieb, von denen viele nach England oder in die USA emigrierten und dann statt deutsch englisch schrieben. Das zweite Ereignis war der Kalte Krieg, in dem die eine Hälfte der Welt Russisch und die andere Englisch zu lernen hatte, mit dem Effekt, dass diese Englisch und jene justament nicht Russisch, sondern auch Englisch lernte. Dann folgte ein automatischer Verstärkungseffekt, der durch massive Profitinteressen getragen wird.

Heute kann man ohne Englischkenntnisse, d. h. ohne wenigstens englische wissenschaftliche Texte lesen zu können, nicht mehr wissenschaftlich arbeiten. In vielen Teilgebieten der Wissenschaft, vor allem in den angeblich „führenden" (d. h. wo viel Geld im Spiel ist), also Molekularbiologie, Genetik, Atomphysik etc., wird überhaupt nur mehr englisch publiziert, und auch in den biologischen Wissenschaften gibt es einen starken Druck in diese Richtung. Dieser Druck wird dadurch verstärkt, dass die meisten nordamerikanischen Wissenschafter keine Fremdsprachen beherrschen und anderssprachige Publikationen (und häufig auch Arbeiten in Englisch in nicht-amerikanischen Zeitschriften) ganz einfach nicht zur Kenntnis nehmen.

In der Insektentaxonomie ist das aber anders. Taxonomische Arbeiten müssen zur Kenntnis genommen werden, egal in welcher Sprache. In der Entomologie sind sehr viele Amateure tätig, die keinen so leichten Zugang zur Literatur und zu den sonstigen Informationen haben wie die professionellen Entomologen an den Museen und Universitäten. Wenn man einige Jahrzehnte zurückblickt, dann hat auch da schon das Englische dominiert, aber es wurden daneben noch viele (überwiegend europäische) Sprachen verwendet, von denen Deutsch und Französisch am wichtigsten waren und auch von Nicht-Muttersprachlern verwendet wurden. Inzwischen hat sich das auch wieder geändert. Zwar beträgt der Anteil englischsprachiger Literatur in der Entomologie ungefähr drei Viertel der Arbeiten, aber das Deutsche nimmt noch ungefähr 10–15 % ein, das Französische unter 10 %, daneben aber kommen nach wie vor viele Arbeiten in Italienisch, Spanisch und Russisch vor, in Übersee viel Japanisch und Chinesisch. Dazu kommt in viel geringeren Anteilen nach wie vor eine große Auswahl anderer Sprachen, einschließlich Isländisch, Baskisch, Estnisch usw. Allerdings werden alle diese Sprachen – und auch das Deutsche und das Französische – nur mehr von Muttersprachlern verwendet. Im Prinzip schreibt jeder Mensch am liebsten in seiner Muttersprache, denn diese beherrscht er am besten und kann sich darin weitaus besser ausdrücken als in jeder Fremdsprache. Andrerseits will man, wenn man schon die Mühe fremdsprachlichen Schreibens auf sich nimmt, von möglichst vielen Lesern verstanden werden, und Englisch ist eben derzeit die weltweit am meisten verstandene Sprache. Es geht aber nicht nur darum, in welcher Sprache man schreibt, sondern auch darum, welche Sprache die Leser verstehen. In Europa kann man sich darauf verlassen, dass die meisten Kollegen nach wie vor zumindest fragmentarisch Englisch, Deutsch und Französisch so weit beherrschen, dass sie wenigstens fachliche Arbeiten lesen können. Mit der Kenntnis des Französischen kann man dann auch Italienisch und Spanisch einigermaßen verstehen. Ohne solche Sprachkenntnisse hat man keine Chance, wissenschaftlich auf dem Laufenden zu bleiben. Ein Beispiel mag das verdeutlichen. Nach dem Literaturreferat der Zeitschrift *Braueria* (die sich nur mit Trichopteren befasst) gab es im Lauf der letzten Jahrzehnte folgende Anteile an trichopterologischen Publikationen weltweit:

%	1975–1984	1985–1994	1995–2004	2005–2014
Englisch	66	67	68	76
Deutsch	14	15	15	9
Französisch	8	5	2	3
Andere Sprachen	11	13	15	11

Allerdings sind solche Anteile nicht in allen Arbeitsgebieten gleich. Nach einer älteren Übersicht waren die Anteile bei Publikationen über Libellen (Odonata) in Englisch nur 39 %, 23 % in Deutsch, 8 % (aber vermutlich in Wirklichkeit viel höher) in Japanisch, 7 % in Französisch und insgesamt 23 % in insgesamt 20 weiteren Sprachen. Das macht der viel höhere Amateur-Anteil an den Libellenforschern, die überwiegend in den Muttersprachen publizieren.

Mark Twain meinte, ein durchschnittlich intelligenter Mensch könne das Englische in sieben Tagen, das Französische in sieben Wochen, aber „die schreckliche deutsche Sprache“ nur in sieben Jahren erlernen.

Gesprochenes und geschriebenes Englisch haben miteinander wenig zu tun; Ausspracheregeln gibt es praktisch keine. Auch geborenen Engländern unterlaufen immer wieder Aussprachefehler. Das Englische besteht zu einem großen Teil aus kurzen, einsilbigen Wörtern, von denen jedes im Durchschnitt so zwischen fünf und zehn verschiedene Bedeutungen hat. Homonyme, also Wörter, die gleich geschrieben oder ausgesprochen werden, gibt es in allen Sprachen, sind aber sonst eher die Ausnahme. Beispielsweise bedeutet laut Wörterbuch *lead* (ausgesprochen liid oder led, je nachdem): Führung, Vorsprung, Beispiel, Hinweis, Anhaltspunkt, Indiz, Spur, Blei, Hauptrolle, Hundeleine, Kabel, Bleistiftmine, Senkblei, leiten, führen, ausspielen, bewegen, veranlassen, auslegen usw. Das Wort *spring* bedeutet laut Wörterbuch: Quelle, Frühling, elastische Feder, Sprung, Elastizität, Ursprung, Herkunft, springen, quellen, entspringen, abstammen, federn, sprudeln, schnappen, zerbrechen, sich verziehen, herausholen, befreien, aufscheuchen. Und was das Wörtchen *screen* alles bedeuten mag …?

Mein Kollege Crichton pflegte zu sagen, dass man ein englisches Wort nur dann korrekt aussprechen könne, wenn man es kennt, und nannte als schlagendes Beispiel seinen eigenen Namen, den die meisten Engländer falsch aussprächen, von den Ausländern ganz zu schweigen. Man lernt in der Schule, dass der Buchstabe A im Englischen e laute, aber bald kommt man drauf, dass er je nach Belieben auch a oder o lauten kann; das E laute i, aber nach Belieben auch e; das I laute ai, aber auch i; das O laute aou, aber auch o, i oder u; und das U laute ju, aber nach Belieben auch a oder ö. Und wer weiß schon, wie man folgende Wörter korrekt ausspricht, wenn man sie nicht schon kennt: Colonel; Hebrides; choir/choice; woman/women …

Immerhin war Mark Twain fair genug, beim Erlernen des Englischen in sieben Tagen einzufügen „mit Ausnahme der Aussprache und der Rechtschreibung“, denn dafür wären wahrscheinlich siebzig Jahre notwendig.

Irgendwo in England habe ich diesen Spruch aufgeschnappt: „The French and Italian eat a lot of fat and drink a lot of wine and the Japanese are continuously in stress. Nevertheless, they live longer. It must be the language that kills you!“

Literatur

Diefenbach A (2000) Impact Factor. Naturwissenschaftliche Rundsch 53:110

20 Wie hält man einen Vortrag?

Ihr könnt predigen, was ihr wollt, aber predigt niemals über vierzig Minuten
(Luther)

Die Rede ist von wissenschaftlichen Vorträgen, und zwar vor allem von solchen, wie sie ein Entomologe beispielsweise an einer entomologischen Tagung oder bei einem Seminar hält. Es geht nicht um literarische Redewettbewerbe und schon gar nicht um Ansprachen bei Wahlversammlungen.

Eine Rede ist keine Schreibe. Einen bestimmten Sachverhalt würde man in einer schriftlichen Publikation ungefähr so darstellen:

> „*Nothodectus alcar* Hpt. wurde früher als f. *cyane* Tt. von *N. butleri* Wllg. gewertet. Daher war zunächst zu erwarten, dass die Durchsicht des vorhandenen Sammlungsmaterials einige unter *N. butleri* eingereihte *N. alcas* aufdecken würde. Dies war jedoch nicht der Fall. Auch die von Werther, Frauerdorfer und mir eigens darauf gerichteten Populationsaufnahmen der letzten Jahre brachten keinen Nachweis für ein Vorkommen von *N. alcar* im Untersuchungsgebiet. Es wurde von uns ausschließlich *N. butleri* gefunden, von dem zahlreiche Belegexemplare vorhanden sind.“

Dasselbe würde in einem Vortrag, zumindest im bairisch-österreichischen Sprachgebiet ungefähr so lauten:

> „Sie kennen, meine Damen und Herren sicherlich *Nothodectes alcar.* Das ist ein nicht besonders häufiges Tier, aber fast jeder hat es in der Sammlung. Es kommt aber nicht überall vor, und aus unserem Untersuchungsgebiet war es auch noch unbekannt. Wir haben also eine Zeitlang gehofft, dass wir es noch finden. Sie wissen ja, dass man die besten Entdeckungen und die meisten Neufunde in fremden Sammlungen macht. Wir haben also – das sind die Herren Werther, Fraundorfer und meine Wenigkeit – alle Sammlungen durchgeschaut. Es waren ungefähr fünfzehn Sammlungen. Überall sind Mengen von *Nothodectus butleri* darin gewesen, aber kein einziger *alcar.* Gerade unter *butleri* hätten wir *alcar* am

H. Malicky, *Vom Handwerk der Entomologie*,
https://doi.org/10.1007/978-3-662-59525-1_20

ehesten vermutet, weil die einander recht ähnlich sind. Wir haben dann ein paar Jahre lang auf den Exkursionen immer wieder auf alle *Nothodecten* aufgepasst, ob nicht doch ein *alcar* dabei ist – ohne Erfolg. Wir haben zwar seither zweihundert *butleri* gefunden; jetzt haben wir wenigstens einen guten Überblick über die Verbreitung von dieser Art, sodass die Arbeit nicht vergeblich war, aber von *alcar* haben wir noch immer keinen Nachweis."

Der Vortrag ist also länger als der geschriebene Text. Er ist voller nichtssagender Füllwörter und voller Wiederholungen. Oft wird gepredigt, dass „Redundanz" zu vermeiden sei, d. h., dass man nicht Überflüssiges sagen und nichts wiederholen solle. Das ist weltfremd: Die meisten Zuhörer merken sich etwas erst beim zweiten und dritten Mal.

Am besten lernt man das Vortraghalten im kleinen Kreis, z. B. in Studentenseminaren oder in Entomologenvereinen. Da kann nicht viel schiefgehen, man bewegt sich in vertrauter Umgebung, die Kritik ist offen und ehrlich, und man lernt eine Menge. Als Unerfahrener gleich zu Anfang einen Vortrag vor einem fremden Publikum von hunderten Leuten zu halten, ist unangenehm und riskant.

Der wichtigste Gedanke, den ein Vortragender haben soll, ist: Ich weiß über mein Thema auf alle Fälle mehr als die Zuhörer. Ich habe ihnen etwas zu sagen, und das soll mir Sicherheit geben (vorausgesetzt, ich habe den Vortrag ordentlich vorbereitet).

Alte Vortragsprofis müssen dieses Kapitel natürlich nicht lesen. Sie werden mir bei jedem Punkt widersprechen können: dass man das und jenes sehr wohl tun darf, wenn – wenn – wenn … Stimmt. Mit Erfahrung kann man sich die unglaublichsten Dinge leisten. Ich kannte einen Kollegen, der immer wieder denselben Vortrag vor Volkshochschulen zu halten hatte, was ihm bald langweilig wurde. So ordnete er schließlich die Farbdias nicht in bestimmter Reihenfolge ins Magazin, sondern jedesmal anders beliebig durcheinander, und reimte sich dann jedesmal spontan den Zusammenhang zusammen. Er war ein so gewiegter Vortragender, dass es trotzdem immer ein Erfolg wurde. Aber nicht alle Wissenschafter, die schon hundertzwanzig Vorträge gehalten haben, sind auch wirklich alte Vortragsprofis. Manche von ihnen wissen noch immer nicht, wie man es macht.

Zuerst und vor allem: Ein Vortrag ist keine Vorlesung! Dass es in den Universitäten noch immer „Vorlesungsverzeichnis" heißt, entspricht einer traditionellen Terminologie (Abb. 20.1). Heutzutage können alle Studenten lesen und schreiben; man muss ihnen nichts mehr vorlesen. Aber bei jedem Kongress trifft man Leute, die sich zum Vortragspult begeben, dort ein dickes Manuskript entfalten und mit monotoner Stimme, womöglich mit schwerem Akzent, von der ersten bis zur letzten Seite vorlesen. In manchen Ländern war das vor nicht allzu langer Zeit vorgeschrieben, denn dort musste man das Vortragsmanuskript im gesamten Wortlaut beim vorgesetzten Ministerium einreichen und die Genehmigung dafür einholen.

Apropos, kennen Sie den? *Charles de Gaulle hält im Kreml eine Rede – ohne Manuskript. Unter den Zuhörern Beunruhigung: „Sollte man das für möglich halten? Der ist General!! Und Präsident!! Und kann nicht lesen!!"*

Abb. 20.1 So kann man sich Vorlesungen im Mittelalter vorstellen

Wenn möglich, probiere man im Vortragssaal vorher aus, ob man Mikrofon und Verstärker braucht. Man vergewissere sich, ob das Mikrofon funktioniert, und ob die zuhinterst sitzenden Zuhörer gut verstehen. Nötigenfalls muss man etwas lauter sprechen, kann aber bald wieder etwas (nicht sehr!) leiser werden, wenn sich die anfängliche Unruhe im Saal gelegt hat. Nicht jeder ist imstande, einen ganzen Vortrag lang mit lauter Stimme durchzuhalten.

Man sei auf allfällige Klimaanlagen gefasst, die während des Vortrages eingeschaltet werden, mit ihrem Getöse jeden Vortrag unhörbar machen, aber dafür einen Strom eiskalter Luft gezielt auf den Vortragenden blasen, damit dieser sicher recht schnell heiser werde …

In einem Vortrag soll man den Zuhörern mit einfachen Worten und in einfachen Sätzen sagen, worum es geht. Man beginne keine komplizierten, langen Sätze – nicht jeder ist der Meister, sich aus solchen spontan wieder herauszuwinden. Man vermeide – selbstverständlich – grobe Grammatikfehler, aber man fürchte sich auch nicht besonders vor ihnen. Niemand kommt in freier, spontaner Rede ohne Grammatikfehler durch. Und schon gar nicht, wenn man einen Vortrag in einer Fremdsprache hält. Kein vernünftiges Publikum wird daran Anstoß nehmen.

Man sorge für deutliche Aussprache. Das ist leichter gesagt als getan. Wenn man dabei Schwierigkeiten hat (nicht jeder hat Sprechwerkzeuge mitbekommen, wie sie ein

Sprecher im Kurzwellenradio haben *sollte*), dann denke man an den alten Demosthenes und übe, wenn möglich im selben Vortragssaal und vor kleinerem Publikum, das nachher Kritik üben soll. Deutlich zu sprechen ist wichtiger als laut zu sprechen. Laut sprechen kann nicht jeder; nicht jeder ist ein Burgschauspieler (oder was früher einmal ein solcher war).

Die „richtige" Aussprache sollte kein Problem sein, wenn man in der Muttersprache spricht. Wie weit man in Dialektfärbung verfallen und Dialektausdrücke verwenden darf, hängt vom zu erwartenden Publikum ab. Das absolute Verbot von Dialektfärbung und Dialektausdrücken, wie es gelegentlich verhängt wird, ist illusorisch. Jedem Menschen hört man seine heimatliche Aussprache an, und jenen erst recht, die behaupten, sie hätten keine. Bei Vorträgen in Englisch ist es ärger. Wenn man unmittelbar hintereinander fünf Briten aus demselben Institut dasselbe Wort in fünf verschiedenen Versionen ausgesprochen gehört hat, dann kann man richtige englische Aussprache nur mehr für Glückssache halten. Ganz abgesehen von diversen Cowboy-, Känguruh- und Kiwidialekten, die man auf Kongressen unter dem Titel „Englisch" vorgesetzt bekommt.

Die Wortwahl muss man auf das Publikum abstimmen. Man muss vorher überlegen, welche Kenntnisse man bei den Zuhörern voraussetzen darf. Einen Vortrag über die Biologie eines Schmetterlings wird man auf einem Lepidopteristenkongress, vor einem naturwissenschaftlichen Verein und vor Landwirten jeweils ganz anders halten.

Wichtig ist die Zeiteinteilung. Bei Kongressen wird man oft erheblich eingezwängt. Das ist meist die Schuld der Veranstalter. Die einheitliche Regelung pro Vortrag 15 min plus 5 min Diskussionszeit ist abzulehnen. Jeder Vortrag braucht seine Zeit. Ein Vortragender plappert 15 min lang über nichts, und ein anderer braucht 30 min für eine konzentrierte Wiedergabe seines Referats. Die Veranstalter sollten dabei die benötigte Zeit für jeden Vortrag individuell bemessen! Das funktioniert erfahrungsgemäß gar nicht schlecht.

Der Vortragende soll an menschliche Schwächen denken und sich darauf einstellen. Wenn man die harte Wirklichkeit kennt, muss man zur Kenntnis nehmen, dass vormittags vor 10 Uhr das Auditorium nicht vollständig ist, weil ungefähr die Hälfte der Menschheit in der Frühe noch nicht voll einsatzfähig ist, dass nachmittags zwischen 15 und 16 Uhr allgemeine Schläfrigkeit herrscht und dass eine Viertelstunde vor Beginn der Mittagspause knurrende Mägen die Aufmerksamkeit der Zuhörer reduzieren.

Ich persönlich schreibe meistens auf meine Vortragsankündigungen: „Bitte nicht vor 11 Uhr Vormittag". Wenn es alle so machen würden?? Nein, so machen es nicht alle. Der eine muss früher abreisen und will daher nicht der Letzte am Abend sein, der andere möchte aber gerade den letzten Termin am Nachmittag, um sich nicht so abhetzen zu müssen.

All das gehört zum Thema Zeiteinteilung.

Soll man den Vortrag auswendig und ohne Hilfe halten? Wer das kann, ist zu bewundern. Vorträge in Philosophie, Theologie usw. müssen vermutlich so sein. Aber in der Entomologie geht es um ganz konkrete Dinge, deren Details man erklären und zeigen muss. Also: Verwendung von Diapositiven und Power-Point-Scheiben zum

Projizieren. Diese erleichtern den Vortrag ganz ungemein; man muss sich die Reihenfolge der Gedanken nicht extra merken und läuft keine Gefahr, etwas zu vergessen, weil ja an der richtigen Stelle das dazugehörige Bild erscheint.

Allerdings haben die Diaprojektoren ihre Tücken. Manche bleiben selten hängen, andere sehr oft. Man sehe sich für den Fall vor, dass die Maschine streikt, das Licht angeht, sich drei bis vier Leute in die Innereien des Projektors vertiefen und man währenddessen fünf Minuten lang extemporieren muss. Eine solche Panne kann man z. B. mit aus dem Stegreif erzählten Neben-Beobachtungen füllen (das Erzählen von Witzen ist nicht üblich – höchstens welche über streikende Projektoren, aber die sind schon alt ...). Aber dieser Ratschlag ist inzwischen überholt, denn bei Tagungen gibt es fast keine Diaprojektionen mehr.

Bei Power-Point-Projektionen kann es andere Überraschungen geben. Zum Beispiel, dass alles in den Komplementärfarben projiziert wird, weil die verschiedenen Blechtrotteln einander nicht verstehen ...

Wie viele Bilder soll man während des Vortrags zeigen?

Das kommt ganz auf das Thema an. Jedenfalls alle, die notwendig sind, damit die Zuhörer den Vortrag verstehen. Nicht zu viele Details, die sich die Zuhörer in der kurzen Zeit sowieso nicht merken können. Lange Zahlenkolonnen und lange Artenlisten kann man sich ersparen. Man halte aber diese Listen bereit, um sie, wenn nötig, Interessierten nach dem Vortrag oder in der Diskussion zeigen zu können.

Für einen längeren (z. B. abendfüllenden) Einzelvortrag, wenn gut eine Stunde oder mehr zur Verfügung steht, soll man nicht viel mehr als ungefähr 100 Bilder vorsehen. Vorträge mit mehr als 300 Bildern sind eine Plage für das Publikum.

Bei der Gliederung des Vortrags und bei seinem Aufbau gibt es viele Möglichkeiten. Man setze seine Fantasie ein und schrecke vor Experimenten nicht zurück. Demonstrationsmaterial lockert jeden Vortrag auf. Man beobachte erfolgreiche Vortragende und lerne von ihnen. Es gibt auch Bücher über erfolgreiches Vortragen: Dort findet man viele Hinweise (z. B. Booth 1993; Hawkins und Sorgi 1985). Manchmal kann es (vor allem bei anspruchsvollen Vorträgen) nicht schaden, zu Anfang die Gliederung des Vortrags zu präsentieren, entweder mündlich oder durch Projektion.

In den ersten Minuten ist das Publikum noch etwas unaufmerksam, daher wird man nicht gleich im ersten Satz wichtige Dinge sagen, die man leicht überhören könnte. Aber sobald Ruhe im Saal eingetreten ist, soll man gleich am Anfang sagen, wovon überhaupt die Rede ist. Ich habe bei Kongressen immer wieder Vorträge hören müssen, bei denen die Zuhörer nicht wussten, wovon die Rede war, weil der Vortragende irgendwann den Namen des betreffenden Tieres oder des betreffenden geografischen Begriffes nebenbei genannt, aber undeutlich ausgesprochen hatte. Wenn möglich, soll man also gleich ein Bild zeigen, auf dem das betreffende Tier oder die betreffende Sache dargestellt ist, und außerdem soll man die wichtigen Namen in lesbarer Form projizieren oder auf eine Tafel schreiben. Wenn es ein Vortrag ist, in dem z. B. die Fauna eines Gebietes behandelt wird, soll man eine Landkarte zeigen und erklären, wo das ist und wie es genau heißt. Ein durchschnittliches Publikum weiß sicher nicht auswendig, wo das Oaş-Gebirge liegt und was Krkonoše auf Deutsch heißt. Wenn der Vortrag auf Deutsch gehalten wird, so soll man nicht Krkonoše, sondern Riesengebirge sagen, auch wenn das aus politischen Gründen nicht erwünscht ist. Noch besser, man nennt mehrere Namen des Gebirges oder Ortes in den verschiedenen in Betracht kommenden Sprachen. Tiere sollen mit ihren wissenschaftlichen Namen bezeichnet werden; ihre Namen in anderen Sprachen können zusätzlich erwähnt werden. In der letzten Zeit ist die Unsitte eingerissen, in Vorträgen auf Englisch die Tiernamen nur mehr auf Englisch zu sagen – wie soll ein internationales Publikum wissen, was ein two spotted leafroller ist? – oder, noch schlimmer, die wissenschaftlichen Namen in verhunzender englischer Aussprache zu nennen. Leider ahmen auch Vortragende, deren Muttersprache nicht Englisch ist, diese Unsitte nach. Nicht nur im englischen Sprachbereich ist es leider üblich, Wörter aus anderen Sprachen grundsätzlich falsch auszusprechen. Die Vorsitzenden sollten bei Tagungen energisch darauf hinweisen, dass das nicht zulässig ist. Es heißt nicht Päpailiou poadälairias, sondern Papilio podalirius; und es heißt Hydropsyche, nicht Aidopsaikii; es heißt nicht Skrjafuljaridse, sondern Scrophulariaceae.

Beim Vortrag (es sei denn, es wäre ein sehr kurzer) halte man einen abwechselnden Rhythmus von wichtigen und weniger wichtigen Aussagen ein. Niemand ist imstande, pausenlos konzentrierter Information zu folgen; dafür ist das menschliche Gehirn nicht gebaut. Wichtige Passagen hebe man hervor, entweder durch besonders lautes, deutliches Sprechen, oder durch Wiederholung, oder durch die vorgesetzte Bemerkung „und jetzt kommt etwas Wichtiges". Dann schließe man, zur Erholung der Hörer, wieder etwas weniger Wichtiges an. Man lasse sich nicht einreden, dass in einem wissenschaftlichen Vortrag kein Wort zu viel gesagt werden darf und dass jede Redundanz (d. h. Wiederholung) zu vermeiden sei (wie es immer wieder in Ratschlägen für Vortragende zu finden ist!). Das kann man in einer geschriebenen Publikation machen, die der Leser notfalls wiederholt lesen kann, obwohl auch beim Lesen, ganz ohne Redundanz, die Aufmerksamkeit sehr bald erlahmt.

Sehr günstig ist es, den Vortrag mit Bildern aufzulockern, die nicht unmittelbar zum Thema gehören. Wenn man z. B. über die Biologie eines Tieres berichtet, kann man Bilder von der Landschaft und von den Biotopen zeigen. Faunistische und zoogeografische Vorträge kann man in die Form von Reisevorträgen kleiden, die beim Publikum immer beliebt sind – nur soll man nicht übertreiben und des Guten zu viel tun. Bilder von der Versuchsanordnung, von den Geräten usw. sind empfehlenswert.

Schwierig sind rein taxonomische Vorträge. Meist sind solche Themen nicht für Vorträge geeignet, außer vor sehr spezialisiertem Publikum, und auch dann nur in verringerter Dosis. Eine gedruckte Publikation über die Revision der südostasiatischen Arten der Gattung *Dipseudopsis* kann hervorragend und für den spezialisierten Leser faszinierend sein, aber ein Vortrag darüber ist wohl immer unverdaulich. Man kann darüber an einem Kongress ein Kurzreferat halten, in dem die Ausgangslage, die Fragestellung und die Ergebnisse zusammengefasst werden, aber eine detaillierte Besprechung aller 45 Arten kann man keinem Publikum zumuten. Was leider nichts an der Tatsache ändert, dass bei

Tagungen solche Vorträge gehalten werden. Es ist eine schwierige Aufgabe für die Veranstalter, solche Vortragende einzubremsen, bei denen es sich ja oft nicht um Anfänger handelt, die es noch nicht wissen, sondern um bejahrte und würdige Professoren.

Überhaupt vermeide man es, die Zuhörer mit zu vielen Details zu füttern. Man konzentriere sich auf einige wenige Details und hebe diese hervor, also etwa der Vergleich von zwei Messergebnissen, die man eigens projizieren oder auf eine Tafel schreiben kann. Man vermeide es, lange Listen von Details vorzulesen; die sich kein Mensch in der Geschwindigkeit merken kann. Man sage lieber an passender Stelle, dass man die Details hier auf dem Blatt habe und sie nach Vortragsende allfälligen Interessenten zeigen könne.

Wenn man einen Vortrag in einer Fremdsprache hält, dann lese man nach, was im Kapitel Publizieren darüber gesagt wird, und wende es sinngemäß an.

Was tut man, wenn das Publikum an einer unerwarteten Stelle des Vortrags plötzlich laut zu lachen beginnt? Nicht verwirren lassen, sondern weiter vortragen. Wem es gegeben ist, der mache spontan eine scherzhafte Bemerkung. Manchmal versteht man gleich, warum die Leute gelacht haben: Irgendeine unübliche Wortwahl (vor allem, wenn man in einer Fremdsprache vorträgt) ist der häufigste Grund. Eine Russin sagte: „Die Verteilung der Trichopteren in den lettischen Flüssen ist ausgesprochen mosaisch.“ Ein Ungar sagte: „Die Methode hat Vorteil, aber auch Hinterteil.“ Und ein durchaus Nicht-Ausländer sagte: „Der Käfer wurde letztes Jahr von Herrn Novak gefunden, und zwar wurde dieser von Weidenruten geklopft.“

Man fürchte sich nicht vor solchen Ausrutschern, denn sie können jedem passieren. Wegen solcher Dinge kommt niemand in einen schlechten Ruf. Manchmal hat der Vortragende keine Ahnung, warum das Publikum lacht, auch nicht im Nachhinein. Mir ist es einmal passiert, dass die Zuhörer lachten, weil ich das Wort „voluminös“ verwendete. Es stellte sich heraus, dass am Abend vorher im Fernsehen irgendeine dumme Geschichte mit einer „voluminösen“ Dame zu sehen gewesen war.

Anfänger mögen sich von Pannen nicht abschrecken lassen. Wenn man einmal zehn Vorträge gehalten hat, dann hat man Übung und weiß, worauf es ankommt. Man habe keine Angst, sich zu blamieren. Wenn man etwas zu sagen hat und es klar und deutlich sagt, dann merkt das Publikum den soliden Hintergrund und sieht über Schwächen hinweg. In einen schlechten Ruf kommt man vielmehr, wenn man keine ordentlichen Daten hat, wenn man leer herumredet oder Unsinn erzählt. Das sagen einem die Leute zwar nicht sofort ins Gesicht, aber sie erzählen es weiter, und es spricht sich herum.

Literatur

Booth V (1993) Communicating in Science. Writing a scientific paper and speaking at scientific meetings, 2. Aufl. Cambridge University Press, Cambridge, S 78. ISBN 0-521-42915-3

Hawkins C, Sorgi M (1985) Research: how to plan, speak and write about it. Springer, Berlin. ISBN 3-540-13992-3

21 Wie organisiert man eine wissenschaftliche Tagung?

Im Lauf des Berufslebens eines Wissenschafters kommt es immer wieder vor, dass er oder sie eine Tagung organisieren muss. Aber auch Amateure sehen sich manchmal in dieser Lage, wenn sie in einem Verein tätig sind. Die meisten Tagungen verlaufen ja im Großen und Ganzen reibungslos. Manche Dinge kann man aber verbessern, denn die Veranstalter sind keine professionellen Reisebüro- oder Hotelfachleute und haben es nirgends gelernt (wo auch?), wie man so etwas macht. Mit der Erfahrung lernt jeder dazu. Die Rede ist nicht von internationalen großen Konferenzen. Die zu organisieren würde die Möglichkeiten einer Einzelperson und auch mehrerer Einzelpersonen übersteigen. So etwas muss man professionellen Veranstaltern überlassen. Gemeint sind vielmehr kleine Tagungen mit ein paar Dutzend bis vielleicht ein- oder zweihundert Teilnehmern, wie sie jedes Jahr an vielen Orten stattfinden.

Zuerst zu den kurzen Tagungen, die an einem Tag oder über ein Wochenende stattfinden. Zu solchen wird in der Regel nur eingeladen, aber die Teilnehmer werden nicht registriert, es gibt keine Tagungsgebühr zu bezahlen, und der Ablauf ist eher zwanglos. Für solche Tagungen sind die Vorbereitungen einfach, der Arbeitsaufwand ist gering. Die Veranstalter müssen rechtzeitig die geeigneten Räume reservieren lassen und die Einladungen mit dem Programm rechtzeitig versenden. „Rechtzeitig“ heißt, ungefähr ein halbes bis ein Jahr vorher. Wenn es traditionelle, alljährliche Tagungen sind, genügt es, wenn die Einladungen ungefähr zwei oder drei Monate vorher bei den potenziellen Teilnehmern eintreffen. Wenn die Einladungen für so kurze Tagungen zu früh eintreffen, besteht die Gefahr, dass sie vergessen werden.

Häufig findet eine Tagung jedes Jahr regelmäßig zu einem bestimmten Termin statt, sodass sich bald eine Tradition herausbildet und ein bestimmter Interessentenkreis die Stammgäste stellt. Die weitere Entwicklung über die Jahre hin erfolgt durch Mundpropaganda: Es spricht sich bald herum, ob es dort interessant und gemütlich oder das Gegenteil ist, und ob man dort die Leute trifft, die man treffen will.

H. Malicky, *Vom Handwerk der Entomologie*,
https://doi.org/10.1007/978-3-662-59525-1_21

Aber auch bei diesen kleinen, kurzen Tagungen muss man dafür sorgen, dass in vernünftiger Nähe Kaffee und dergleichen vorhanden ist und dass die Teilnehmer ohne großen Zeitaufwand etwas zu essen finden; allfällige Übernachtungsmöglichkeiten müssen in der Nähe oder sonst leicht erreichbar sein. Viele Teilnehmer reisen mit dem Auto an, daher muss man für Parkplätze sorgen oder zumindest den Teilnehmern vor der Anreise, also bei der Einladung, Hinweise auf Parkmöglichkeiten geben. Das ist vor allem dann wichtig, wenn so eine Tagung im Zentrum einer großen Stadt stattfindet. Präzise Hinweise, wie man die Tagungsstätte findet, sind unbedingt nötig. In großen Städten irren Autofahrer stundenlang herum und wissen nicht, wo sie sind und wohin sie sollen. Das Beilegen eines Stadtplanes allein hilft wenig. Immerhin haben viele Autos jetzt ein Navigationsgerät eingebaut. Ansonsten gilt sinngemäß das, was auf den folgenden Seiten über die „längeren" Tagungen gesagt wird.

Für eine größere Tagung muss man wesentlich mehr Arbeit aufwenden und den Details mehr Aufmerksamkeit schenken. Größere Tagungen sind häufig Teile des Veranstaltungskonzepts von nationalen oder internationalen wissenschaftlichen Gesellschaften und finden in Abständen von jeweils mehreren Jahren an verschiedenen Orten und in verschiedenen Ländern statt. Beispiele sind die Kongresse der Europäischen Gesellschaft für Lepidopterologie (SEL) oder die internationalen Symposien über Trichopteren, Plecopteren und Ephemeropteren. Da existiert irgendein Gremium, sei es eine formale Gesellschaft oder ein permanentes Komitee, das über die Einladungen entscheidet, oder die Annahme eines bestimmten Tagungsorts und eines bestimmten Termins wird von der Mehrheit der Teilnehmer bei der vorhergehenden oder zweitvorhergehenden Tagung entschieden. Das heißt, dass jahrelange Vorplanung nötig ist. Ungefähr vier bis sechs Jahre vorher müssen schon die ersten Voraussetzungen geschaffen werden.

Handelt es sich um eine spontane Einladung durch ein Institut oder eine Einzelperson, dann ist dieser Zeitraum der Vorbereitung kürzer, aber es gibt größere Unsicherheiten bei der zu erwartenden Zahl der Teilnehmer und dementsprechend bei den voraussichtlich nötigen Tagungsräumen, die groß genug sein müssen – was wieder eine finanzielle Frage ist. In so einem Fall lohnt es sich, etwa zwei Jahre vorher unverbindliche Fragebogen an die potenziellen Teilnehmer zu versenden, um die ungefähre Zahl der tatsächlichen Teilnehmer herauszufinden; außerdem, wie viele Vorträge zu erwarten sind und wie viel Zeit daher notwendig wird. Nach langjährigen Erfahrungen kann man damit rechnen, dass letzten Endes annähernd ebenso viele Teilnehmer kommen werden, wie bei der ersten Umfrage grundsätzlich ihr Interesse an einer Teilnehme bekundet haben. Es werden zwar nicht genau dieselben Leute sein, aber ihre Gesamtzahl wird ungefähr gleich sein.

Bei Tagungen, die wie die genannten Beispiele in einer Tradition stehen, gibt es Erfahrungswerte. Wenn bei vergangenen Tagungen derselben Reihe zwischen 80 und 300 Teilnehmer kamen, dann sind ungefähr ebenso viele auch weiterhin zu erwarten, falls sich nicht Grundlegendes geändert hat. Das kann beispielsweise passieren, wenn bisher als Tagungssprache nur Deutsch zugelassen war und plötzlich auf Englisch umgestellt wird.

Man wiege sich nicht in der trügerischen Hoffnung, es kämen umso mehr Teilnehmer, je „besser" das Programm ist (d. h. je mehr wissenschaftlich hochrangige Vortragende gewonnen werden). Wenn es sich um eine heterogene Tagung handelt, etwa über mitteleuropäische Entomofaunistik, über Zoogeografie und Ökologie Griechenlands usw., dann hängt die Teilnehmerzahl in erster Linie von der Größe des Tagungsortes ab; in Budapest oder München kommen beispielsweise 300 Teilnehmer, in Portorož oder Lunz am See kommen knapp 100. Bei homogenen Tagungen, wie z. B. bei den internationalen Trichopterensymposien, bei denen alle Teilnehmer von allen Vorträgen etwas verstehen und die ein „Muss" sind, weil man dort das Neueste und Wichtigste erfährt, schwankt die Teilnehmerzahl weniger stark.

Sobald man eine realistische Idee von der Zahl der zu erwartenden Teilnehmer hat, kann man sich auf die Suche nach einer passenden Tagungslokalität machen. Dabei ist es nicht notwendig, besonders große Vortragssäle zu finden. Wenn 100 Teilnehmer zu erwarten sind, genügt zur Not auch ein Saal mit 80 Plätzen, in den man noch ein paar Sessel hineinstellen kann, die man in Reserve hält. Erfahrungsgemäß ist der Vortragssaal sowieso nur bei der Eröffnung voll besetzt (und nicht einmal dann, denn etliche Teilnehmer kommen zu spät). Es ist durchaus nicht nötig, einen regelrechten Vortragssaal nach Universitätsstandard zu finden. Jeder einigermaßen große Raum, der in gutem Zustand ist, ist geeignet. Einen großen Abstellraum kann man durch Aufhängen von Plakaten und dergleichen auf einfache und billige Weise in einen netten Vortragssaal verwandeln.

Der Vortragssaal allein genügt aber nicht. Es müssen auch Nebenräume vorhanden sein, in denen sich die Teilnehmer zu Gesprächen zusammenfinden können. Man braucht geräumige Gänge, in denen Ausstellungen stattfinden können, die es bei jeder solchen Tagung gibt, seien es Stände von Buchhändlern, seien es „Poster-Sessions", wie das auf Euro-Pidgin heutzutage heißt. Ein kleinerer, für Seminarvorträge geeigneter Raum sollte auch vorhanden sein; es gibt immer wieder Vorführungen von speziellem Interesse für wenige Teilnehmer, Demonstrationen von neuen Mikroskopen, Kameras usw., Vorträge außer Programm usw.

Für die Präsentation von Plakaten („Postern") braucht man eigene Plakatwände, die man irgendwo (z. B. bei professionellen Kongress-Organisationen) ausborgen kann. Man kann es sich aber einfacher machen, indem man in einem Baumarkt billige EPS-Platten (Handelsnamen Styropor, Porozell usw.) kauft und an geeigneten Wänden befestigt.

Günstig ist es, wenn alle diese Räume mit der Unterkunft und mit den Essräumen unter einem Dach sind. Man muss ja nur daran erinnern, zu welchem Zweck Leute zu Tagungen kommen: in erster Linie, um bestimmte andere Leute zu treffen oder neue, interessante Leute kennenzulernen, in zweiter Linie, um einen Vortrag zu halten, und in dritter Linie, um Vorträge zu hören. Deshalb sitzen bei Weitem nicht alle Teilnehmer bei allen Vorträgen im Saal, sondern man diskutiert auf den Gängen oder macht, falls möglich, kleine Fahrten miteinander in die nähere Umgebung usw. Schmetterlingsleute fahren gerne am Abend hinaus ins Freie, um Lichtfang zu betreiben. Ganz wichtig ist es, die Teilnehmer möglichst beisammenzuhalten. Wenn sie am Abend nach dem Essen einen gemütlichen Raum finden, wo sie ohne zeitliche Beschränkung beisammensitzen können, und wenn dann noch ein paar Flaschen Wein in Reserve stehen, ist allgemeine Zufriedenheit sicher.

In idealer Weise findet man all dies in etwas abseits gelegenen Hotels, in Erholungsheimen in den Bergen und ähnlichen Gebäuden. Die Teilnehmer wohnen und essen im selben Gebäude, halten und hören Vorträge und sitzen abends beisammen. In größeren Städten ist das nicht so. Da verlaufen sich die Teilnehmer; es gelingt eventuell nicht, die Kollegen, die man sprechen wollte, zu treffen; man muss vom Hotel zum Tagungsgebäude manchmal ein beträchtliches Stück fahren, man irrt zum Mittagessen auf der Suche nach einem Restaurant herum, man ist gehetzt, hat keine Zeit, ist unzufrieden. Und teurer ist es in einer größeren Stadt auch. Wenn es also irgendwie möglich ist, sollte man solche Tagungen eher in einem kleinen Ort in einer hübschen Umgebung veranstalten, wo aber die nötige Infrastruktur vorhanden ist. Solche Orte gibt es in Fremdenverkehrsgegenden überall; man muss sich nur eine Jahreszeit aussuchen, in der man genug Platz findet und nicht von Touristen-Massen erdrückt wird.

Wenn die Tagungslokalitäten klar sind, muss man mit den Inhabern des Gebäudes eine Vereinbarung treffen: eine vorläufige (oder auch schon endgültige) Reservierung und über die zu erwartenden Kosten. Wenn es sich um ein Hotel, Erholungsheim o. Ä. handelt, ist häufig die Benützung der Tagungsräume frei unter der Voraussetzung, dass die Teilnehmer (oder ein wesentlicher Teil von ihnen) im Hause wohnen und die Mahlzeiten einnehmen. Das bedeutet ein gewisses Risiko, denn wenn Teilnehmer ausfallen, die Räume vorbestellt haben, muss der Veranstalter finanziell einspringen. Man rechne daher das Ganze realistisch durch, unter Annahme der obersten und der untersten Grenze der Teilnehmerzahl, und kalkuliere dieses Risiko ein. Eventuell frage man nach einer Storno-Versicherung. Es empfiehlt sich, den Teilnehmern ein Pauschal-Angebot zu machen, inklusive Zimmer, Mahlzeiten und Tagungsgebühr, und dabei einen kleinen Spielraum für Unvorhergesehenes zu lassen. Man kann darin auch die Kosten für Exkursionen, Eintrittsgelder, Sondereinladungen, Empfang durch die Veranstalter usw. unterbringen. Das vereinfacht den Ablauf, weil man dann nicht individuell abrechnen muss und daher bei der Tagung weniger Zeit verschwendet; das bedeutet auch, dass man für das Tagungsbüro weniger Personal braucht.

Es ist üblich, sich zur Finanzierung der Tagung um öffentliche Gelder zu bemühen. Wenn man für den Vortragssaal eine Miete zahlen muss, wird das unvermeidbar sein. Aber man überlege realistisch, ob sich die zusätzliche administrative Arbeit lohnt, die mit Subventionsgesuchen, Beibringen von Unterlagen, Schreiben von Berichten, Erfüllen von Auflagen usw. verbunden ist, d. h. ob die zu erwartenden Höhe der Subvention in einem vernünftigen Verhältnis zum zusätzlichen Aufwand steht.

Ungefähr ein Jahr vor der Tagung sende man die Einladung mit den Anmeldungsformularen aus. Dabei geht es

1. um die Teilnahme überhaupt,
2. um die Anmeldung von Vorträgen und Postern,
3. um die Teilnahme an Exkursionen und anderen Sonderveranstaltungen,
4. um die Quartier-Reservierung.

Wichtig: Das Anmeldungsformular soll so gestaltet sein, dass der Anmelder eine Kopie oder einen Teil davon behält, auf dem alle nötigen Informationen verbleiben, insbesondere die Adresse, bei der man rückfragen kann, ebenso die Details, wofür genau man sich angemeldet hat (Ankunftszeiten, Teilnahme an Exkursionen usw.). Nicht jeder erinnert sich genau, was er vor einem Jahr in ein Formular geschrieben hat.

Man mache sich von vornherein eines klar: Je mehr Formulare und je mehr separate Anmeldungen, desto mehr Arbeitsaufwand für die Veranstalter. Viele Veranstalter befassen sich daher überhaupt nicht mit der Quartierbeschaffung und übertragen sie einem Reisebüro oder einem lokalen Tourismus-Amt. Das muss sich nach den lokalen Möglichkeiten richten. Bei relativ kleinen Tagungen, von denen hier die Rede ist, lohnt es sich aber, Pauschal-Angebote zu machen; man ist dann bei der Abwicklung flexibler. Ein Vorteil der Pauschal-Kalkulation: Es gibt immer wieder einzelne Teilnehmer, die aus finanziellen Gründen auf die Teilnahme verzichten müssen, deren Anwesenheit aber sehr erwünscht ist, sei es, dass sie in ihren Ländern keine Devisen bekommen, sei es, dass sie überhaupt kein Geld haben. Bei getrennter Verrechnung muss man in diesen Fällen Ansuchen um offizielle Unterstützung und dergleichen schreiben, was in der Regel mühsam und zeitraubend ist. Bei pauschaler Kalkulation kann man diese Kosten stillschweigend in der Gesamtsumme unterbringen und die betreffenden Kollegen gratis einladen.

Ein leidiges Thema ist das Zahlen. Normalerweise werden von den Teilnehmern Vorauszahlungen verlangt. Da die Banken die legitimen Nachfolger der mittelalterlichen Raubritter sind, gibt es dabei immer viel Ärger. Ich persönlich habe es vorgezogen, die bescheidene Vorfinanzierung der Vorbereitungskosten (Druck und Versand der Einladungen usw.) aus eigener Tasche vorzustrecken und dann das Geld in bar von den Teilnehmern bei Ausfolgung der Tagungsunterlagen einzukassieren. Damit habe ich beträchtliche Summen eingespart. Manche Hotels verlangen von den Teilnehmern Kreditkarten. Was tut man, wenn einige Teilnehmer keine haben? Die Hotelleute bearbeiten, von dieser Forderung abzusehen? Oder erst gar nicht an der Tagung teilnehmen?

Für die Rücksendung der Anmeldeformulare muss man Fristen setzen. Man gebe sich keiner Täuschung hin: Solche Fristen werden niemals eingehalten. Nicht nur einzelne, sondern sehr viele Teilnehmer melden sich viel zu spät an. Das muss man einfach als „Naturgesetz“ zur Kenntnis nehmen, und es hat keinen Zweck, sich darüber zu ärgern oder gar Moralpredigten in mündlicher oder schriftlicher Form von sich zu geben. Daher setze man die Frist wesentlich früher, als man sie wirklich braucht, und rechne mit vielen Nachzüglern. Das hat auch einen anderen Vorteil: Wenn es sich aus irgendeinem anderen Grund spießen sollte (wenn etwa vorauszusehen ist, dass der eine oder andere Vortrag voraussichtlich das geforderte Niveau nicht erreichen wird), kann man sich auf die verspätete Einreichung berufen. Der Leser sei über so viel Offenheit nicht schockiert. Die Welt, in der wir leben, ist nicht ideal, und wir alle sind es auch nicht. Bei einer Tagung geht es darum, dass die Leute gut miteinander auskommen, und um das zu erreichen, sind gelegentlich ein paar Tricks angebracht.

Ein weiterer Punkt, der früh zu bedenken ist, ist das Raum-Zeit-Gefüge der Tagung. Die Gesamtdauer ist ja, wenn die Einladungen ausgeschickt werden, schon festgelegt.

Es gilt dann, die eingegangenen Vortragsanmeldungen unterzubringen und dazu noch Zeit für Exkursionen und Veranstaltungen zu lassen.

In eher nördlichen Gefilden des deutschsprachigen Mitteleuropa herrschen harte Bräuche. Es wird festgelegt, dass jeder Vortragende nur zehn Minuten Redezeit habe plus fünf Minuten Diskussion, und pünktlich wird ihm das Mikrofon abgedreht. Diskussionen werden streng beschränkt, und was zu lange dauert, wird mit der Bemerkung abgeschmettert, man müsse das Programm pünktlich durchziehen. Das halte ich, der ich eher aus dem Südosten stamme, für barbarisch. Ordnung und Disziplin sind gute Dinge, aber wenn ich fünfhundert Kilometer zu einer Tagung fahre, dann will ich dort hören, was die Kollegen zu sagen haben, und will genug Zeit für Diskussionen haben. Eine einheitliche Redezeit von 10 oder 15 min ist auch nicht richtig, denn ein Vortragender, der nichts zu sagen hat, darf die Zuhörer eine Viertelstunde lang langweilen, während ein anderer, der Wesentliches zu sagen hat, das meiste weglassen muss, weil die Zeit nicht reicht. Dass die Qualität von wissenschaftlichen Referaten sehr verschieden sein kann, muss wohl nicht extra bewiesen werden.

Ich habe mit einer anderen Methode guten Erfolg gehabt. Bei der Vortragsanmeldung frage ich im Formular immer nach dem Zeitbedarf. Die Vortragenden schreiben dann, je nachdem, 10 oder 20 oder ausnahmsweise auch 30 min hin, und erfahrungsgemäß halten sie sich auch daran.

Empfehlenswert ist es, wenn der Vorsitzende dem Vortragenden fünf Minuten vor dem vorgesehenen Ende des Referats eine Tafel vor die Nase legt, auf der groß geschrieben steht: NOCH 5 MINUTEN.

Wenn es mit der Zeit gar zu knapp wird, kann man auch an Parallelsitzungen denken, die gleichzeitig ablaufen. Dann braucht man natürlich mehrere Vortragsräume. Das ist bei großen Kongressen normal, aber bei kleineren Tagungen eher unerwünscht. Eine bessere Möglichkeit ist, eine „Poster Session" einzuschieben, und die Veranstalter sollten sich von vornherein (also in der Einladung) das Recht vorbehalten, bei zu vielen Vorträgen einige davon auf die Postersession zu verschieben. Es muss den Vortragenden überhaupt freistehen, eine Mitteilung in Form eines Vortrags oder eines Posters anzumelden. Die Veranstalter müssen aber darauf dringen, dass die Poster **während der ganzen Tagung** ausgestellt bleiben.

Dass man ähnliche Vorträge zeitlich unmittelbar aufeinander folgen lässt, und sie nicht alphabetisch nach den Namen der Vortragenden ordnet, ist wohl selbstverständlich. Sehr wohl aber ordnet man die Zusammenfassungen, die zu Beginn der Tagung verteilt werden, alphabetisch.

Zur Einteilung der Vorträge wäre noch einiges zu sagen. Es ist nicht gleichgültig, wann welcher Vortrag gehalten wird, und die Veranstalter tun gut daran, sich das sorgfältig zu überlegen. Mit einiger Erfahrung kennt man ja die Kollegen und ihre Vortragsqualitäten. Einem als gutem Vortragenden bekannten Kollegen wird man daher die beste Zeit einräumen, d. h. am späteren Vormittag (aber auch nicht zu knapp vor dem Mittagessen) oder am frühen Nachmittag, entweder am ersten oder am vorletzten Tag. Vorträge, die voraussichtlich weniger Publikum ansprechen, kann man früher ansetzen, und irgendjemand muss wohl oder übel den ersten Vortrag in der Früh halten – das wird in der Regel ein Vortragender sein, den man noch nicht gut kennt. Einen Vortragenden, der dafür berüchtigt ist, kein Ende zu finden, platziert man am Nachmittag an letzter Stelle; dann nimmt er dem Nächsten keine Zeit weg, und das Publikum verflüchtigt sich dann sowieso allmählich.

Viel Ärger verursachen immer wieder die Beginnzeiten. Ich würde empfehlen, eine Tagung vor allem am Eröffnungstag niemals vor 10 Uhr vormittags zu beginnen. Die Teilnehmer sind frisch angekommen, kennen sich noch nicht aus und laufen wie eine Schar aufgeschreckter Hühner durcheinander. Der eine muss dringend telefonieren, der andere Geld wechseln, der dritte sucht sein abgängiges Gepäck und der vierte bevorzugt den gesunden Vormittagsschlaf und sitzt noch beim Frühstück. Das Ganze wird noch ärger, wenn am Anreisetag, also z. B. am Sonntag vorher, die Banken geschlossen haben, das Telefon im Tagungsbüro nicht funktioniert (weil der Telefonist nicht im Dienst ist), eine Reservierung verloren gegangen ist, mehrere Teilnehmer einen Parkplatz suchen und dergleichen mehr.

Man lasse zwischen den Vortragsblöcken genügend Zeit für sogenannte Kaffeepausen; erstens, um Zeitüberziehungen zu kompensieren, und zweitens, um den Teilnehmern genug Zeit für notwendige Besorgungen zu lassen. Am ersten Tag, also meistens am Montag, lasse man nach der Eröffnung mindestens eine Stunde Zeit, damit man Geld wechseln und dergleichen kann, und beginne erst später oder am Nachmittag mit den Vorträgen.

Das alles muss man schon mehrere Monate vorher überlegen.

Eine wichtige Bemerkung. Man halte sich grundsätzlich an die international üblichen Zeitangaben und nicht an die in Nordamerika üblichen verwirrenden Gebräuche. Es heißt korrekt ***nicht*** „2.30 p. m.“, sondern 14 Uhr 30. Es heißt korrekt 11.09.2001 und ***nicht*** 09-11-01. Auch vermeide man vorsintflutliche Maße, wie es sie auch bei uns vor 200 Jahren gegeben hat (Fahrenheit, miles, feet, pounds per square inch und dergleichen), sondern verwende immer metrische Angaben, also Meter, Kilometer, Kilogramm, Grad Celsius. Die Mehrheit der Tagungsteilnehmer kommt aus anderen Ländern, und gebildete Amerikaner und Briten haben schon lange gelernt, was Meter und Milligramm sind, und stoßen sich nicht mehr daran, wenn ehrwürdige Berge nicht in feet gemessen, sondern mit Metern beleidigt werden.

Zu der Ausschreibung der Tagung ist noch einiges zu sagen. Man muss von vornherein genau wissen, an welche Teilnehmer sich die Einladung richtet. Daher muss man überlegen, wie man diese am besten erreicht. Handelt es sich um die Tagung einer wissenschaftlichen Gesellschaft, die über ein Publikationsorgan verfügt, dann genügt es, die Einladung mit dem Formular darin abzudrucken oder beizulegen. Ist das nicht der Fall, dann muss man Adressen sammeln und die Einladungen individuell verschicken. Keinesfalls darf man Stöße von Einladungen an Freunde übergeben mit der Bitte, sie zu verteilen. Unverbindliche Versprechungen von irgendjemandem, die Blätter irgendwo bei irgendeiner Aussendung beilegen zu wollen, sind nichts wert. Man hat schon erlebt, dass selbst Mitglieder des Organisationskomitees keine Einladungen erhalten haben. Die Einladungen müssen rechtzeitig zu den Interessenten kommen, damit eine pünktliche

Anmeldung möglich ist. Wenn das nicht der Fall ist, kann man seine Wunder erleben – was so weit gehen kann, dass die Veranstalter für zu wenige Teilnehmer aus ihrer privaten Tasche für die Reservierungen zahlen müssen. Handelt es sich um eine ganz neuartige Tagung, dann muss man lange vor der eigentlichen Einladung die Stimmung erkunden, d. h. an einen sehr großen Kreis von Interessenten Fragebogen versenden: Ob man meine, dass so eine Tagung nützlich wäre; ob man persönlich teilnehmen wolle, falls sie stattfände; ob man evtl. einen Vortrag halten würde und über welches Thema; wann der günstigste Termin wäre (mehrere Termine zur Auswahl vorschlagen !); Bitte um Adressen von Kollegen, die vielleicht auch interessiert wären. Aus den Antworten kann man die mögliche weitere Vorgangsweise entnehmen.

Heutzutage werden Tagungen im Internet angekündigt. Aber wie das meiste, was im Internet steht, schlampig gemacht wird, ist das auch bei diesen so. Vor allem muss man dafür sorgen, dass das Zielpublikum solche Ankündigungen überhaupt findet. Nicht jeder verbringt den größten Teil seiner Zeit mit dem Durchforschen des Internets, und wenn man eine solche Ankündigung derart versteckt, dass man sie nicht einmal mit den üblichen Suchprogrammen findet, kann man sich die Arbeit sparen. Die Internet-Adresse, unter der man diese Seite findet, muss den Interessenten bekannt sein. Also durch Annoncen in Zeitschriften oder brieflich (auf Papier). Häufig findet man dann tatsächlich die Seite, auf der dann die längste Zeit nur steht „in preparation". Es ist erstaunlich, was an wichtigen Informationen auf solchen Seiten **nicht** steht, es fehlen Adressen, Termine, oder das Ganze steht nur auf Englisch da, wenn die Tagung auf Deutsch stattfindet, usw. Ich kenne mehrere Beispiele dafür, dass Tagungen abgesagt werden mussten, weil keine schriftlichen Informationen ausgeschickt wurden und die Seite im Internet unauffindbar oder unbrauchbar war. Alte Erfahrung: Tagungen, zu denen regelmäßig **schriftlich per Post** eingeladen wird, florieren seit vielen Jahrzehnten und sind nach wie vor gut besucht.

Der Personalbedarf einer Tagung muss ebenfalls früh erörtert werden. Nicht jeder Veranstalter ist ein großer Institutschef, der über eine große Zahl von Vorzimmersklaven gebietet. Eine Tagung von ungefähr 100 Teilnehmern kann leicht von einer Person allein organisiert werden; unmittelbar vor und während der Tagung sind allerdings einige Helfer zusätzlich nötig. Die Vorbereitungen für die Reservierung der Tagungsräume, die Einladungen usw. können leicht nebenbei, neben der Berufsarbeit, getroffen werden. In den letzten zwei Wochen vor der Tagung ist man dann allerdings ganztägig beschäftigt. Für den Anreisetag und den Eröffnungstag braucht man mindestens zwei Helfer: eine Person, die den Anmeldungstisch hütet und sich von dort nicht entfernt, die Auskunft jeder Art geben kann und die die zu erwartenden Sprachen der Teilnehmer beherrscht, und eine Person, die herumläuft und überall einspringt, wo es notwendig ist, Wege zeigt; Dinge und Leute sucht, die dringend gebraucht werden; die eine Sicherung sucht, wenn der Strom plötzlich ausfällt; die jemanden zum Arzt bringt, usw. Der Haupt-Organisator muss an diesen zwei Tagen dauernd anwesend sein und sich im Gewühl behaupten, Ruhe bewahren und nicht die Nerven verlieren.

Bei vielen Tagungen muss man beobachten, dass sich bei der Ankunft vor einem langen Tisch, der mit fünf oder zehn Leuten besetzt ist, lange Schlangen von Teilnehmern stauen. Die Leute hinter dem Tisch blättern in Stößen von Papier, suchen dauernd etwas und kennen sich nicht aus, und die Schlangen der Wartenden werden immer länger. Das beweist Unfähigkeit der Organisatoren. Für jeden Teilnehmer, der sich ordnungsgemäß angemeldet hat, muss alles griffbereit liegen: Er bekommt seine Tagungsmappe mit individuellem Inhalt, an der ein Zettel befestigt ist, auf dem seine persönlichen Informationen stehen, wie viel er zu zahlen hat, und er bekommt die Mappe gegen unmittelbare Bezahlung. Auf dem Zettel steht auch, wie er seine Unterkunft findet; wenn das zu kompliziert ist, wird er einem Helfer übergeben, der ihn hinbringt (oder, falls es sich um Privatquartiere handelt, ruft man den Vermieter an, der ihn abholt). Alle notwendigen Informationen über Was und Wo und Wann für die ganze Tagung müssen klar und deutlich auf Plakaten stehen, die schon vor Beginn der Tagung an mehreren Stellen der Tagungsräume angeschlagen sein müssen. Man sollte nicht für möglich halten, was in dieser Hinsicht alles daneben gehen kann. Bei einer Tagung irgendwo im Süden war zwar der Zeitplan festgelegt, nicht aber der Plan für die Tagungsräume, sodass man Scharen von Teilnehmern und Vortragenden von Hörsaal zu Hörsaal irren sah. Bei derselben Tagung lag das Exkursionsprogramm nur bei einem der „Schalterbeamten" auf, der es mündlich jedem einzelnen Ankömmling mitteilte – bis ein Teilnehmer ihm das Papier entriss und es an eine Anschlagtafel steckte.

Bei einer Tagung – ich will verschweigen, wo – hatte man die zur Verfügung stehende Zeit einfach durch die Zahl der angemeldeten Vorträge dividiert und diese im Acht-Minuten-Takt (ohne Pausen) aufs Programm geschrieben. Da sich selbstverständlich niemand an seine acht Minuten hielt, war abzusehen, dass die Vorträge bis drei Uhr früh dauern würden. Schon bald tauchte dann der (nicht ganz ernst gemeinte) Vorschlag auf, man möge alle Vorträge auf Band aufnehmen und mit erhöhter Geschwindigkeit abspielen, um mit der Zeit auszukommen … Der Tag endete aber in allgemeiner Zufriedenheit, denn irgendwann nachmittags waren sich Veranstalter, Vortragende und Auditorium einig, dass es jetzt genug sei, und man begab sich in ein Weinlokal.

Die Anreise und das Finden des Tagungslokals kann man den Teilnehmern in verschiedener Weise erleichtern. Wenn die Veranstaltung in einer eher ländlichen Gegend stattfindet, kann man leicht Orientierungstafeln aufstellen: bei jeder Ortseinfahrt, unmittelbar unter der Ortstafel (Abb. 21.1); dann bei jeder Kreuzung und schließlich unmittelbar am Gebäude. Die Erlaubnis für das Anbringen dieser Tafeln für wenige Tage bekommt man im Gemeindeamt. Die Tafeln müssen so groß sein, dass sie von einem Autofahrer leicht wahrgenommen werden können: vorher unbedingt an Ort und Stelle ausprobieren! Nicht hoch oben weithin sichtbar an Leitungsmasten und dergleichen aufhängen, sondern dorthin, wohin ein Autofahrer schaut, nämlich zu Verkehrszeichen.

Auf Bahnhöfen und Flughäfen kann man beim Ausgang ähnliche Tafeln aufhängen. Zu empfehlen ist ein organisierter Abholdienst, wenn die Teilnehmer vorher schreiben, mit welchem Zug oder Flug sie ankommen. Das macht erstaunlich wenig zusätzliche Arbeit.

Abb. 21.1 So kann man Hinweistafeln zu Tagungen anbringen

Liegt der Tagungsort irgendwo „in der Gegend" außerhalb von großen Städten, dann soll man den Teilnehmern rechtzeitig vorher eine Kartenskizze mit den eingezeichneten empfohlenen Anfahrtswegen (für Autofahrer) und mit den Zugverbindungen (für Bahnfahrer) schicken. Angemessene Zeit vor der Tagung (etwa einen Monat vorher) schickt man allen, die sich angemeldet haben, einige Informationen: eine Bestätigung ihrer Anmeldung, ein vorläufiges Programm, evtl. ein vorläufiges Teilnehmerverzeichnis, Informationen über die beste Anreise per Auto, per Zug und per Flugzeug, und was sonst noch zu diesem Zeitpunkt verfügbar und wissenswert ist. Man darf sich aber keinesfalls darauf verlassen, dass jeder Autofahrer in seinem Fahrzeug ein GPS-Gerät eingebaut hat, das ihn automatisch zum Ziel bringt. Es gibt noch immer Autofahrer, die sich allein auf ihre Augen und auf ihr Gehirn verlassen.

Am Anreisetag und am Eröffnungstag herrscht großer Trubel. Der Hauptorganisator darf den Überblick nicht verlieren. Es mag Genies geben, die alle Details über alle Teilnehmer, deren individuellen Wünsche, deren Zimmernummer, an welchen Exkursionen sie interessiert sind usw., auswendig im Kopf haben. Ich gehöre nicht dazu und empfehle daher einen kleinen Trick. Ich habe vor jeder Tagung, die ich organisiert hatte, alle Daten auf Randlochkarten eingetragen und an den Löchern markiert, für jeden Teilnehmer eine Karte. Das ergibt ein handliches Päckchen von rund hundert oder zweihundert Karten, aus denen man in Sekundenschnelle mit Hilfe einer umgebauten Häkelnadel die gewünschten Informationen herausholen kann. Es ist zwar heute schwer, noch Randlochkarten aufzustöbern, weil sie gründlich aus der Mode gekommen sind, aber entweder findet man irgendwo in irgendeiner Ablage gebrauchte Randlochkarten, deren Text man überkleben kann (sofern die Löcher noch intakt sind), oder man kann sich zur Not welche anfertigen lassen oder selber machen. Ein solches Päckchen ist sehr handlich und erspart das umständliche Hantieren mit Ordnern und Papierstößen. Das war allerdings vor Jahrzehnten, und heute hat man allerhand digitales Spielzeug, mit dem man alle diese Informationen schnell und einfach bekommen kann – oder auch nicht.

Und grundsätzlich muss der Haupt-Organisator alles knapp vor dem großen Ansturm kontrollieren, ob es tatsächlich funktioniert und ob nichts vergessen wurde.

An zentraler Stelle soll eine Anschlagstafel stehen, auf der man Ankündigungen, Programmänderungen, Details von Exkursionen usw. anbringen kann. Teilnehmer können ihre Botschaften ebenfalls anschlagen. Eine altmodische Tafel zum Aufschreiben mit Kreide ist immer nützlich.

Da die meisten Teilnehmer keinen Wert darauf legen, geselcht zu werden, bringe man in allen Räumen und an allen Zugängen ohne lange Hin- und Rückfragen Tafeln an mit der Aufschrift „Rauchen verboten".

Zum reibungslosen Ablauf einer Tagung gehört es, dass alle benötigten Geräte vorhanden, griffbereit und in gutem Zustand sind. Für den Fall von Pannen sind auf alle Fälle Reservegeräte bereitzuhalten, vor allem Projektoren. Jeder Vortragende ist auf den Anmeldungsformularen zu fragen, was er Spezielles braucht. Standardausrüstung war früher ein Diaprojektor für 5 × 5-cm-Kleinbildrähmchen und ein Overhead-Projektor für Folien, aber jetzt gibt es fast nur mehr Power-Point-Projektion für digital gespeicherte Bilder, dazu eine passende Projektionswand. Über Sonderwünsche muss man sich mit dem Vortragenden im Detail abstimmen, etwa Projektoren für größere Dias, Tonbandgeräte, Videogeräte, Computerterminals und dergleichen. Falls nötig, bringt der Vortragende seine Apparate selber mit. Die heute üblichen digitalen Projektoren können manchmal ganz erstaunliche Dinge projizieren, wenn die beiden Programme nicht übereinstimmen. Um das zu vermeiden, muss man Sachverständige fragen, und auf alle Fälle vor dem Vortrag ausprobieren, ob es auch passt. Noch etwas ist neu an diesen Projektoren. Früher konnte man an den Diaprojektoren für jedes Bild extra die Schärfe einstellen, was notwendig war, wenn die Dias in verschieden dicken Rähmchen saßen, und so war ein Vortrag mit ziemlich vielen „Bitte schärfer stellen"-Einwürfen gespickt. Das gibt es jetzt nicht mehr, denn die digitale Projektion ist immer unscharf, und man hat immer Schwierigkeiten, kleine Schrift zu lesen. Warum das so ist, weiß ich nicht, aber das ist die tägliche Erfahrung bei Tagungen. Daher ein Hinweis an alle, die eine Power-Point-Projektion vorbereiten: Nicht zu viel auf ein Bild laden und nur sehr große Schrift verwenden. Was man auf dem Bildschirm daheim sieht und gut lesen kann, darf man nicht auf eine 3 × 4 m große Wand projizieren, das ist bei Weitem zuviel. Ein A4-Blatt als Vorlage für eine solche Projektion ist viel zu groß!

Was die „altmodischen" Diaprojektoren betrifft, gibt es erfahrungsgemäß überaus viele Möglichkeiten, dass sie nicht funktionieren. Jeder, der viele Vorträge gehalten hat, kann ein trauriges Lied davon singen. Selten ein Projektor, der nicht hängen bleibt. Weise Ratschläge, man möge nur einheitlich gerahmte Dias nehmen, sind für die Katz, denn bei einer Tagung mit vielen Vortragenden sind die Dias niemals einheitlich. Relativ am seltensten bleiben die Projektoren mit Karussell-Magazin hängen. Ich würde solche unbedingt vorziehen. Jene mit geradem Magazin bereiten manchmal Überraschungen; wenn z. B. das erste Dia drin ist und jemand irrtümlich auf den Retour-Knopf drückt, dann fällt das Ganze zu Boden, und außer Scherben gibt es eine lästige Verzögerung, weil man die Dias dann wieder einordnen muss.

Am wenigsten kann technisch bei jenen subfossilen Diaprojektoren passieren, bei denen man die Dias einzeln mit der Hand einführen muss. Aber Achtung: In diesem Fall gibt es nicht weniger als acht verschiedene Möglichkeiten, ein Dia einzuschieben, und nur eine davon ist die richtige. Ich erinnere mich an Vorlesungen, in denen der Laborant sich an dem Chef für irgendwelches Ungemach dadurch rächte, dass er während der Vorlesung die Dias erst beim achten Mal richtig hineinschob.

Lästig sind die kilometerlangen Kabel bei vielen Projektoren, über die man immer stolpert. Bessere Modelle haben eine Infrarot-Schaltung, die sehr zu empfehlen ist. Der Vortragende erspart sich dabei das heitere „Next-please", wenn er das nächste Bild haben will. Die Veranstalter sollen auch unbedingt darauf achten, dass der Projektor eine ausreichend starke Lampe hat. Immer wieder passiert es, dass man Dias projizieren will und sie sich als viel zu finster herausstellen. Das liegt nicht allein daran, dass sie tatsächlich zu dunkel sind. Mir ist es wiederholt passiert, dass ich meine Dias zu Hause mit zufriedenstellendem Erfolg ausprobiert habe, und dass dann im Vortragssaal der Projektor so schwach war, dass man nichts erkennen konnte. Wenn es nicht zu umständlich ist, kann man zur Not seinen eigenen Projektor mitbringen, um sicher zu sein. Wo das nicht geht, dann ist es gut, von besonders wichtigen Dias (Tabellen und dergleichen) zur Sicherheit eine Folie mitzunehmen, die man mit dem Overhead-Projektor projizieren kann, falls einer vorhanden ist.

Schwierigkeiten gibt es auch immer wieder mit Projektoren, die nur ganz dünne Dias annehmen und mit dickeren nicht funktionieren. Solche Projektoren haben bei einer Tagung nichts zu suchen, ebensowenig solche, die keine Kühlung haben und Dias, die ein bisschen länger eingespannt bleiben, schrumpfen und schmelzen lassen.

Äußerst wichtig ist die Akustik des Vortragssaales. Man sollte nicht glauben, was für elende Akustik manche Hörsäle haben. Die Aufforderung an die Vortragenden, lauter zu sprechen, ist eine Zumutung. Nicht jeder ist ein Demosthenes oder ein Albin Skoda. Daher: vorher sorgfältig die Akustik des Saales prüfen, evtl. Teile des Saales, wo man besonders schlecht hört, sperren, und falls nötig bzw. auf alle Fälle für Mikrofon und ordentliche Lautsprecher sorgen. Das Mikrofon sollte auf jeden Fall tragbar sein, damit der Vortragende beim Reden herumgehen kann.

Es ist bei längeren Tagungen üblich, von den Vortragenden vorher Zusammenfassungen ihrer Referate oder Poster zu verlangen, die in einem Heftchen zusammengefasst werden (meist in billigem Kopierverfahren), das man zu Beginn der Tagung an alle Teilnehmer verteilt. Das Heft soll auch eine Teilnehmerliste (mit Postadressen! und nicht nur E-Mail-Adressen) enthalten. Programmzettel kann man verteilen und viele Kopien davon an mehreren Stellen frei auflegen. Falls von der Tagung Verhandlungen („Proceedings") publiziert werden sollen, muss man auch dafür rechtzeitig Vorsorge treffen. Ihre Herstellung erfordert viel zusätzliche Arbeit und Kosten. Es muss schon vorher klar sein, ob für diese Arbeit jemand zur Verfügung steht und ob das Geld vorhanden ist. Wenn nicht, verzichtet man besser von vornherein darauf. Wenn man Glück hat, findet man einen Verleger, der das Ganze übernimmt, der dann natürlich alles tut, um auf seine Kosten zu kommen. Verhandlungsbände, die von tröpfelnden Subventionen abhängen, erscheinen viel später und sind dann, sagen wir, vier Jahre nach der Tagung, schon längst überholt und wertlos. In einem solchen Fall wird man auch keine wertvollen Artikel bekommen, denn ein Autor, der weiß, dass sein Beitrag wissenschaftlich wertvoll ist, publiziert ihn anderswo, wo es schneller geht, und schickt nur eine kurze Zusammenfassung.

Wer sich die Redaktionsarbeit eines Verhandlungsbandes aufbürdet, muss wissen, dass die meisten Manuskripte zu spät kommen und sich die meisten Autoren nicht an die (wenn auch noch so strengen) Vorschriften halten. Dagegen gibt es zwei Strategien: Erstens setze man den Ablieferungstermin so früh wie möglich fest; am besten mit dem Ende der Tagung: „Manuskripte, die zum Tagungsende nicht vorliegen, können nicht mehr berücksichtigt werden." Einige kommen dann doch noch etwas später, aber eine gewisse Toleranzfrist muss man schon einräumen. Zweitens: Da sich die meisten Autoren an strenge formale Richtlinien sowieso nicht halten und Rücksendung, Korrektur, Rücksendung, nochmalige Korrektur usw. sehr viel Arbeit und Nerven kosten, stelle man von vornherein keine strengen Richtlinien. Das ist bei regulären Zeitschriften anders, aber bei Tagungsverhandlungen, die möglichst schnell erscheinen sollen, muss man halt über manches hinwegsehen, wenn die Beiträge sonst einigermaßen klar und verständlich sind. Heute spielt sich der Versand von Texten überwiegend elektronisch ab, was aber nichts an diesen Bedenken ändert.

Bei Tagungen sind Sonderveranstaltungen üblich: Exkursionen, Empfänge, Damenprogramm usw. Was man in dieser Hinsicht bietet, hängt von den individuellen und lokalen Möglichkeiten ab. Entomologen wollen gern in der Umgebung des Tagungsortes ein paar Insekten sammeln. Das kann man mit dem Besuch von sehenswerten kulturdurchtränkten und historischen Stätten verbinden usw. Man mache aber unbedingt selber lange vorher einen strengen Zeitplan, der auf 10 min genau ist; man fahre die Strecke ab, gehe die vorgesehenen Wege zu Fuß und notiere genau die Zeit, gebe angemessene Toleranzen dazu. Man plane unbedingt regelmäßige Haltepausen an Stellen ein, wo es Toiletten gibt. Zu überlegen ist auch, ob man lieber einen großen Autobus oder mehrere Kleinbusse nimmt. In jedem großen Bus sollte ein „Fremdenführer" sein, der den Leuten alles Wissenswerte erklärt. Bei Kleinbussen wird das schwer sein; evtl. kann man die Erklärungen auf einem Blatt zusammenstellen und Kopien davon an die Teilnehmer verteilen.

Meistens müssen sich die Teilnehmer schon Monate vorher zu bestimmten Exkursionen anmelden, wenn es eine Auswahl an gleichwertigen gibt. Es zeigt sich aber immer wieder, dass sich Teilnehmer spontan zu etwas anderem entschließen oder absagen etc. Wenn es sich daher machen lässt, dann treffe man mit dem Reiseunternehmer zuerst nur eine vorläufige Vereinbarung und verlange von den Teilnehmern eine bindende Anmeldung zu Beginn der Tagung (z. B. „bis Montag Abend"). Außerhalb der Hochsaison sind die meisten Busunternehmen flexibel genug, um auf solche Wünsche eingehen zu können. Häufig werden bei einwöchigen Tagungen zwei Exkursionen angeboten, eine halbtägige und eine ganztägige, oft noch eine mehrtägige nach Tagungsende; es gibt manchmal auch eine Auswahl an gleichzeitigen Exkursionen zu verschiedenen Zielen. Das hängt von der Zahl der vorhandenen „Fremdenführer" als Exkursionsleiter ab. Reine Touristenführungen sind für entomologische Tagungen nicht zu empfehlen. Man soll so etwas immer individuell auf die Teilnehmer abstimmen und schöne Sammelplätze und „klassische" Untersuchungsgebiete zeigen.

Bei längeren Fußmärschen, vor allem im Gebirge, nehme man unbedingt mehrere erfahrene Begleitpersonen mit, die das Gelände gut kennen und bei Bedarf Hilfe leisten können. Vorher sind die Mitgehenden mehrmals eindringlich auf die Notwendigkeit von brauchbaren Schuhen und Wetterschutz aufmerksam zu machen, bei längeren Märschen auch auf die erforderliche Kondition. Heute ist es einfach, ein Mobiltelefon mitzunehmen. In Gebirgstälern, wo es keinen Empfang gibt, nehme man ein Satellitentelefon. Solche kann man günstig ausleihen.

Mit dem Damenprogramm will man mitreisende Begleiterinnen während der Vorträge unterhalten. Herren sollen aber auch zugelassen sein. Kleine Rundgänge durch die Stadt, Besuch von Kulturstätten, Einkaufsmöglichkeiten und dergleichen, kürzere Fahrten durch die Umgebung sind angebracht. Bei geringer Teilnehmerzahl ist man flexibel und kann auf individuelle Wünsche eingehen. Häufig wird das Damenprogramm von Familienangehörigen der Veranstalter organisiert. Aber eine Tagung kann ohne Weiteres auch ohne solches auskommen.

Gesellige Abende (1–2 pro Tagung) sind üblich. Meistens ist es leicht, einen Sponsor dafür zu finden, sei es der Bürgermeister oder eine Firma, für die man dann bescheidene Werbung macht. Solche Abende kosten nicht allzuviel und sind finanziell gut im Tagungsbudget unterzubringen; wenn nicht, kann man auch einen kleinen Beitrag dafür verlangen. Wenn die Veranstaltung in einiger Entfernung von den Unterkünften stattfindet und alkoholische Getränke vorkommen, dann muss man unbedingt die gesamte Teilnehmerschaft mit Bussen hin- und zurückbringen, sonst kann es böse Probleme geben. Wenn es Musik und Tanz gibt, dann sorge man dafür, dass die Musik entweder gedämpft ist oder zwischen den Tischen, wo man sich unterhalten möchte, und der Lärmquelle ein ausreichender Abstand ist. Nichts ist ärgerlicher, als wenn man sich mit Freunden unterhalten will und gleich daneben das Geräuschniveau eines Kampfbombers produziert wird. Also: Nur Mut, und einige Lautsprecher abschalten! Günstig ist hingegen Volksmusik mit traditionellen Instrumenten: Hackbrett, Flöte, Zither, Schrammelmusik und dergleichen. Keine Blaskapelle in einem geschlossenen Raum!

Zur Erhöhung des Prestiges einer Tagung kann man auch prominente Vortragende gezielt einladen. Denen wird man allerdings eine Entschädigung bieten müssen, über die man sich rechtzeitig vorher einigen muss.

Ob man zu der Tagung „Offizielle" einlädt (Politiker, Rektoren, Nobelpreisträger ...), muss den Veranstaltern überlassen bleiben. Es hängt von den Umständen ab, macht auf alle Fälle mehr Arbeit und bringt die Gefahr, dass etwas schiefgeht. Aber es kann andrerseits auch Prestige bringen.

Ebenso bleibt es der Fantasie der Veranstalter überlassen, was man sonst noch an Aufmerksamkeiten bieten will: Plakate, Abzeichen, Klebevignetten, Sonderpostamt, schöne Briefmarken auf den Einladungskuverts, Blumen zur Begrüßung, Blumenschmuck in den Tagungsräumen ... Es gibt viele Dinge, die wenig kosten und wenig Arbeit machen, aber dem einen oder anderen Teilnehmer Freude bereiten. Oft hängt es von kleinen Dingen ab, welche Nachrede eine Tagung hat.

Häufig wird für eine Tagung ein „Wappen" (= Logo) entworfen, das man durchgehend auf Briefköpfen, auf Wegweisern und als Dekoration verwenden kann. Der Fantasie sind keine Grenzen gesetzt.

Bei entomologischen Tagungen gibt es immer einige Teilnehmer, die auf eigene Faust in der Umgebung Insekten sammeln wollen. Wenn notwendig, sind dafür die gesetzlich erforderlichen Bewilligungen zu besorgen; das obliegt den Veranstaltern. Aber außerdem und unabhängig davon empfiehlt es sich, allen Teilnehmern in die Tagungsmappe einen Brief mit dem Briefkopf der Tagung einzulegen, in dem steht, dass der Inhaber dieses Papieres Teilnehmer der Tagung ist, zu wissenschaftlichen Zwecken legal Insekten sammelt und dass man die Personen und Behörden, an die er sich um Hilfe wenden sollte, bittet, ihm zu helfen. Wenn es sich um eine internationale Tagung handelt, kann auch ein Hinweis darauf, dass es sich um einen ausländischen zahlenden Gast handelt, nicht schaden, vor allem in einer touristischen Region.

Bei Tagungen ist es im Allgemeinen üblich, dass sich jeder ein Namensschild ansteckt. Leider muss gesagt werden, dass diese Schildchen bei vielen Tagungen unbrauchbar sind, weil sie zu klein sind und die Schrift unleserlich ist. Die Schrift muss so groß sein, dass sie von jemandem mit nicht sehr guten Augen (die meisten Tagungsteilnehmer sind wesentlich älter als 20 Jahre!) aus einer Entfernung von mindestens drei Metern klar zu lesen ist. Da solche Abzeichen meistens schräg nach unten hängen, bei kleinwüchsigen Leuten relativ tief angebracht sind und sogar dann für einen zwei Meter großen Teilnehmer lesbar sein sollen, muss die Schrift noch größer sein; mit klaren, schwarzen Blockbuchstaben auf weißem Grund, nur Familiennamen und Abkürzung des Vornamens, dazu die Abkürzung des Landes, aus dem er kommt. Titel wie Professor, Doktor, Ingenieur usw., Wohnort, Adresse und dergleichen sind wegzulassen. Computerausdrucke aus hellgrauen Nadeldruckern auf grauem Papier sind unbrauchbar. In Abb. 21.2a, b sieht man Beispiele aus der Praxis. Neuerdings gibt es meist Namensschildchen, die nicht an die Kleidung angesteckt, sondern an eine Art Halsband angehängt werden. Für solche ist es charakteristisch, dass sie sich dauernd verdrehen und den Betrachtern stets die Rückseite zeigen. Also: Die gleiche Beschriftung auf beiden Seiten anbringen!

Abb. 21.2 **a** Aus der Nähe kann mann alle Namenstäfelchen gut lesen, **b** Aber aus etwas weiterer Entfernung …?

Die Tagungsmappe

Bei größeren Tagungen bekommt jeder Teilnehmer eine Mappe mit Unterlagen: Informationen jeglicher Art über die Tagung, das Programm, das Heft mit den Zusammenfassungen der Vorträge, Stadtpläne (womöglich mit eingezeichneten Restaurants, Postämtern, Bankfilialen, Parkplätzen und Warenhandlungen usw., wenn nötig, mit Kennzeichnung von Einbahnstraßen), Landkarten, Prospekte, falls nötig eine Parkerlaubnis, allfällige wissenschaftliche Separaten zum Tagungsthema, die Namensetikette, Einladungen für Veranstaltungen, die Quittung über den bezahlten Kongressbeitrag, allfällige kleine Geschenke usw. Mappen und Prospekte kann man von Sponsoren oder Fremdenverkehrsämtern gratis bekommen, ebenso Blocks aus Notizpapier, billige Kugelschreiber und Bleistifte. Diese Mappen sind aus Karton oder Plastik und meistens ziemlich unpraktisch. Erfahrene Kongressteilnehmer nehmen zu jeder Tagung ihre eigene Kongresstasche mit, die aus solidem Leder ist, Papiere im Format A4 leicht fasst, dazu Fotoapparat, ein kleines Schächtelchen und noch allerhand, was man zur Hand haben will, und das Ganze hat einen festen Schulterriemen. Bei Tagungen braucht man beide Hände frei, denn wenn man in der einen Hand die Tagungsmappe, in der zweiten den Fotoapparat und in der dritten eine Kaffeeschale halten will, bleibt zum Händeschütteln keine mehr frei. Leider hat sich noch nie ein Sponsor gefunden, der solide Ledertaschen gespendet hätte.

Zusammenfassung: Zeitplan für die Organisation einer Tagung

- Einige Jahre vorher: Ausfindigmachen von geeigneten Räumen und Unterkünften, Schätzung der Kosten; Vorschlag an das Organisationskomitee, Beschlussfassung des maßgebenden Gremiums. Falls freie, neuartige Tagung: Umfrage unter Interessenten.
- Ungefähr ein Jahr vorher: Aussendung der Einladungen und Anmeldungsformulare, Anmeldungsfrist festsetzen.
- Nach Ende der Anmeldungsfrist: einige Wochen Nachzügler abwarten, dann Tagungsräume und Unterkünfte fix bestellen. Heft mit den Kurzfassungen der Vorträge zusammenstellen und vervielfältigen oder drucken, endgültiges Programm machen und vervielfältigen oder drucken.
- Einige Monate vor der Tagung: Programm und Anreise-Informationen, Anmeldungsbestätigungen usw. an die angemeldeten Teilnehmer versenden, sodass sie diese 1–2 Monate vorher erhalten. Oder man kann eine Homepage im Internet einrichten und sie mit diesen Informationen dauernd auf dem neuesten Stand halten. Liste der für die Tagung nötigen Gegenstände aufstellen, diese besorgen und auf Funktionstauglichkeit prüfen. Tagungsmappen mit Inhalt vorbereiten, Unterlagen besorgen. Für die Poster-Session: Plakatständer organisieren, Raum dafür ausfindig machen. Eventuell improvisieren mit EPS- (Polystyrolschaum-)Platten.
- Einige Tage vor der Tagung: Tagungsräume vorbereiten, Möbel aufstellen, Dekorationen anbringen etc. Quartiergeber wiederholt kontaktieren und alles wiederholt mit ihnen absprechen und überprüfen. Überprüfen, ob alles für den Ansturm fix und fertig ist: Tagungsmappen, Geräte …
- Am Anreisetag und am Eröffnungstag: siehe oben in diesem Kapitel.

Über den Umgang mit Medien

Über Kongresse und ähnliche Veranstaltungen wird üblicherweise in den Medien berichtet. Aber auch der Alltagsbetrieb eines Instituts mag berichtenswert sein, vor allem, wenn ein rundes Jubiläum ansteht. Dann erscheinen Leute von Zeitung, Radio und Fernsehen und wollen betreut werden.

Im Prinzip fühlen sich Entomologen nicht weniger gedrängt als Chemiker, Ärzte und Archäologen, die Öffentlichkeit über ihre Arbeit und über besondere Ergebnisse zu informieren. Oft ist auch ein gewisser missionarischer Eifer dabei, Außenstehende vielleicht doch noch davon zu überzeugen, dass die Insektenforschung interessant und wichtig ist.

Es ist eine heikle Frage, ob man bei einer Tagung mit Information an die Öffentlichkeit gehen soll (das gilt auch sonst für die wissenschaftliche Arbeit). Jeder hat das Bedürfnis, seine Leistungen und die Ergebnisse seiner Arbeit anderen mitzuteilen, auch wenn die anderen nichts davon verstehen. Jeder Verein von Kaninchenzüchtern oder Briefmarkensammlern hält seine Jahrestagung ab und lädt dazu Zeitungsleute oder gar das Fernsehen ein. Das gleiche Recht hat auch der Entomologe. Aber da muss man aufpassen.

In den Augen der Öffentlichkeit genießen Insekten durchaus nicht das gleiche Ansehen wie alte Münzen, neue Chemikalien und Gletschermumien. Insekten sind etwas Lästiges oder Schädliches, das man mit allen Mitteln bekämpft, oder zumindest etwas Ausgefallenes, bei dem man nicht versteht, wie sich erwachsene Menschen ernsthaft damit befassen können. Die das dennoch tun, werden als verschroben oder komisch angesehen, und selbst wenn es sich um einen alten, ehrwürdigen Professor handelt, schwingt so nebenbei zumindest im Gedanken die Bezeichnung „skurril" mit. Das ist Tatsache, und man möge sich nichts vormachen.

Hand in Hand damit geht eine geradezu groteske Unkenntnis der Öffentlichkeit und der Medien über Insekten. Wohl jeder Entomologe hat eine Sammlung von absurden Zeitungsberichten über entomologische Themen in einer Schublade liegen. Was soll man von der Versicherung eines Chemieunternehmens halten, dass ihre Chemikalien angeblich zuverlässig zwischen den verschiedenen Insekten unterscheiden können, wenn ihre Reklameabteilung nicht einmal zwischen einer Biene und einer Fliege mit ziemlich unappetitlicher Lebensweise unterscheiden kann?

Immer wieder habe ich erlebt, wenn wir einem Journalisten etwas erzählt haben, dass er nicht ordentlich zuhört und dann Unsinn schreibt. Dabei meine ich erst gar nicht komplizierte wissenschaftliche Zusammenhänge. Wenn man dem Mann sagt, die Untersuchung sei an der Universität von Brünn durchgeführt worden, und er schreibt Prag hin – was soll man da machen?

Die Zeitungs- und Fernsehleute, die man zu entomologischen Veranstaltungen einlädt, benehmen sich dementsprechend. Hier der Ablauf der Ereignisse bei einem internationalen Kongress über Köcherfliegen (selbstverständlich vor langer Zeit und im fernen Ausland). Die Fernsehleute erscheinen und fragen den Veranstalter nach der Herkunft der Teilnehmer. Ein Südafrikaner steht auf der Liste: „Den müssen wir haben." Der Kollege aus Südafrika wird geholt. Bei seinem Erscheinen große Enttäuschung: „Der ist ja weiß, den können wir nicht brauchen." Ausgewählt wird schließlich ein sehr dekorativer Japaner mit Vollbart. Vor laufender Kamera wird ihm eine Fliegenklatsche in die Hand gedrückt und er wird dazu gefragt, ob es in seiner Heimat üblich sei, Köcherfliegen mit diesem Gerät zu erschlagen. Die Ausstrahlung geht dann am Abend unter ähnlichen Umständen vor sich. Eine dicke Brummfliege wird von einer Fliegenklatsche verfolgt, und dazu gibt es den Kommentar, was es auf der Welt nicht alles für Kuriositäten gäbe, sogar Kongresse über Fliegen!

So ähnlich geht es bei diesen Gelegenheiten immer wieder zu. Ich kann Veranstaltern von Tagungen nur raten, gut zu überlegen, ob es dafür steht, Medienleute einzuladen. Wenn es aus bestimmten Gründen (wenn z. B. Geldgeber es verlangen) sein muss, dann möge es eben sein. Aber ich habe nach wiederholten Erfahrungen dieser Art keine Journalisten mehr eingeladen. Es gibt natürlich auch gescheite und ordentliche Medienleute. Wenn man solche persönlich kennt, ist das ein Glücksfall.

Literatur

Neuhoff V (1995) Der Kongreß. Vorbereitung und Durchführung wissenschaftlicher Tagungen, 3. Aufl. VCH Verlagsgesellschaft, Weinheim. ISBN 3-527-29287-X

22 Wie richtet man ein Gästezimmer ein?

Entomologen auf Reisen schätzen gut eingerichtete Unterkunftsräume. Ich habe viele sorgfältig und liebevoll eingerichtete Gästezimmer gesehen, bei denen aber das eine oder andere, das ich gebraucht hätte, gefehlt hat.

Der Wissenschafter auf Reisen hat nicht ganz die gleichen Bedürfnisse wie ein „normaler" Reisender. Zu Hause ist alles nach langer Erfahrung wohl eingerichtet, und man findet alles, was man braucht. Unterwegs muss man viel improvisieren; man nimmt zwar Gegenstände mit, die man möglicherweise brauchen wird, aber alles Nötige kann man vor allem bei beschränktem Gepäckgewicht auf Flugreisen nicht mitnehmen.

Die üblichen Möbel (Bett, Sessel, Tisch, Kasten) sind fast überall vorhanden und bedürfen keines Kommentars. Ebenso sollte überall eine Toilette und eine Dusche in den Raum integriert sein. Der Gastgeber muss dafür sorgen, dass sie auch tatsächlich funktionieren. Nicht funktionierende Duschen, undichte Wasserhähne und verstopfte Aborte sind allerdings eher in Hotels als in Gästezimmern von Museen und Universitäten anzutreffen. Zur Sicherheit kann ein Wasservorrat bereitstehen, den man sowohl zum Trinken als auch zum Waschen verwenden kann, also beispielsweise eine Flasche mit 25 L. Nicht in allen Ländern ist es ratsam, Wasserleitungswasser zu trinken. Heißes Wasser in einer Thermosflasche ist eine gute Idee. Für genügend Handtücher, Papierhandtücher, Seife, Geschirrwaschmittel ist vorzusorgen. In vielen Hotelzimmern gibt es eingebaute Radioapparate, die fast immer nutzlos sind. Es sind billige Geräte, die nur die lokalen Sender empfangen, mit denen ein ausländischer Gast nichts anfängt. Selbst wenn es fremdsprachige Nachrichten geben sollte, weiß der Gast nicht, zu welcher Stunde er diese hören kann. Wenn schon ein Radio, dann sollte es ein Kurzwellen-Weltempfänger sein, obwohl es seither nur mehr wenige Kurzwellen-Sender gibt. Viele Reisende nehmen sowieso einen solchen auf Reisen mit. Es gibt heute schon sehr kleine, handliche, leistungsstarke Geräte. Mancher mag fragen, wozu man auf Reisen überhaupt ein Radiogerät braucht; man könne doch froh sein, von dem Trubel der Welt eine Weile verschont

H. Malicky, *Vom Handwerk der Entomologie*,
https://doi.org/10.1007/978-3-662-59525-1_22

zu bleiben. So dachte ich auch, bis ich 1974 auf einer Reise fast in einen Krieg hineingeriet und keine Ahnung hatte, was los war; von den Einheimischen war nichts Vernünftiges zu erfahren, weil sie auch nichts wussten. Die Zeitungen waren in einer für mich fremden Sprache (und vermutlich durften sie auch gar nicht die Wahrheit schreiben), ausländische Zeitungen gab es nicht. Seither nahm ich auf jede Auslandsreise grundsätzlich einen Kurzwellen-Weltempfänger mit. Heute hat man eher irgendwelche digitalen Geräte.

Ein Fernsehgerät ist hingegen entbehrlich.

Zur Bereitung von kleinen Mahlzeiten sind elektrische Kochplatten nützlich, falls es Strom gibt. Sehr bewährt haben sich heizbare Kannen, in denen man Heißwasser und Tee machen kann. Ein kleiner Satz von Trinkgefäßen, Tellern und Besteck ist ebenfalls sehr erwünscht, inklusive Dosenöffner. Wenn es keinen Strom gibt, dann genug Zünder und Heizmaterial, eventuell Kerzen. Zündhölzer sind trocken aufzubewahren; wenn sie im feuchten Klima lange herumliegen, funktionieren sie nicht, also in einer geschlossenen Dose aufbewahren.

Wenn es Strom gibt, dann sind mehrere Steckdosen günstig (je mehr, desto besser). Erfahrungsgemäß gibt es ziemlich viele verschiedene Typen von elektrischen Steckdosen und Steckern; die Gastgeber sollten daher verschiedene Adapter für ausländische Stecker bereithalten. Für den Gast ist es äußerst mühsam, schnell einen Laden zu finden, wo man solche Adapter kaufen kann. Es gibt Adapter für die häufigsten Steckertypen der ganzen Welt, aber sie sind nicht leicht zu finden.

Steckdosen braucht der Gast beispielsweise für den Rasierapparat, für den Tauchsieder (zu dem man vorsorglich ein in der Höhe passendes Gefäß mitnimmt!) und zum Aufladen von Akkumulatoren („Batterien"). In heißen Gegenden ist ein Ventilator günstig, der entweder an der Decke hängt oder auf dem Boden steht. Klimaanlagen braucht man nur bei extremer Hitze. Bei Temperaturen bis etwa 30 °C sind sie überflüssig. Klimaanlagen sind lästig, machen Lärm, erzeugen kalten Luftstrom, in dem man sich Halsschmerzen und Ohrenstechen holen kann, und bilden eine Brutstätte für Moskitos. Stichwort Moskitos: In Gegenden, in denen es lästiges fliegendes Ungeziefer gibt, sind Rahmen mit Fliegengitter in den Fenstern unbedingt erforderlich. Öfter hört man den Rat, man möge halt einfach die Fenster schließen. Das ist in warmen Gegenden unzumutbar; nicht die Hitze ist so sehr unerträglich wie die stickige Luft in einem geschlossenen Zimmer. Manchmal gibt es dann irgendwelche Apparate, die irgendein stinkendes Insektengift versprühen und verdampfen. Sie sind gesundheitsschädlich, auch wenn die Erzeugerfirma das Gegenteil behauptet, und nützen nichts.

Lärm ist eine Hauptplage in südlichen Gegenden. Kirchenglocken, Muezzins, Kinder, Hunde, Katzen, Hühner und Betrunkene sind nicht so schlimm, sie erzeugen einen natürlichen Lärm. Verkehrsreiche Straßen, dauernd laufende Motoren, Rasenmäher, Motorräder, Pumpen und dergleichen machen den Mitmenschen das Dasein unerträglich. Kreissägen und Feuerlöschspritzen sind glücklicherweise nicht ganz so häufig. Schneefräsen sind zu Zeiten, in denen man Insekten sammelt, nicht in Betrieb.

An folgenden vier Dingen mangelt es erfahrungsgemäß oft.

Erstens braucht man einen Tisch, auf dem man etwas tun kann, einen dazu passenden Sessel und eine gute Beleuchtung dazu. Reisende Wissenschafter haben immer etwas zu tun: zu schreiben, Ausbeuten zu versorgen, kleine Gegenstände zu sortieren, Diapositive für den Vortrag vorzubereiten, Schmetterlinge zu nadeln und hunderterlei mehr. Die Tischplatte soll **unbedingt hell sein** und, wenn überhaupt, ein ruhiges Muster haben. Das Hantieren mit kleinen Gegenständen, wie es Insekten nun einmal sind, auf einer dunklen Unterlage ist außerordentlich mühsam, weil man sie schlecht sieht. Das gilt übrigens auch für Laboratoriums-Tische. Ich habe es nie verstehen können, warum so viele Tischplatten in Laboratorien schwarz gestrichen sind.

In vielen Gästezimmern gibt es zwar irgendwelche Tische, womöglich mit einem Spiegel daran (wozu eigentlich?) und dann irgendwelche Polstersessel, Hocker und dergleichen, aber die Tischplatte ist entweder knapp über dem Boden (also geeignet, ein Whiskyglas oder einen Gartenzwerg draufzustellen) und der Sessel dazu ist um etliches höher, oder die Tischplatte ist gerade so groß, dass man eine Brille darauf ablegen kann; die Beleuchtung befindet sich irgendwo an der Decke, meist im Rücken des Sitzenden, oder oberhalb des Spiegels, wo sie in erster Linie blendet. Sehr notwendig ist also eine gute Tischlampe, die man in der Höhe verstellen und immer dorthin stellen kann, wo man sie braucht, mit einer hellen Lampe (z. B. entsprechend einer 100-Watt-Glühlampe) und mit Reservelampen im Vorrat. Fast überall fehlen solche Lampen in Gästezimmern und auch in Hotelzimmern. Das habe ich immer als einen großen Mangel empfunden.

Der Einwand, dem Gast stehe sowieso ein Arbeitsraum in einem Institut zur Verfügung, wo er Material versorgen kann, ist nicht richtig. Erstens ist dieses Arbeitszimmer vom Gästeraum häufig weit entfernt. Man muss den Tisch oft sofort oder auch mitten in der Nacht haben, wenn das Institutsgebäude gesperrt ist, und die Tätigkeiten auf dem Tisch sind nicht unbedingt wissenschaftsbezogen, wie das Ausbessern von Kleidung und dergleichen.

Zweitens: Ausreichende Vorkehrungen zum Waschen von Gegenständen, sowohl von Essgeschirr als auch von wissenschaftlichem Gerät und von Kleidungsstücken (Schlafsäcken, Zelten, Schuhen). Oft kommt man staub- und schlammbedeckt von der Freilandarbeit zurück und hat das Bedürfnis, die Dinge zu säubern und muss dann irgendwie improvisieren, z. B. die Dusche für alles Mögliche verwenden. Der Hinweis auf eine nahegelegene Wäscherei hilft nicht viel, denn erstens will man das Gröbste sofort waschen, und die Wäscherei braucht mindestens einen Tag, und sie hat auch nicht Tag und Nacht und alle Tage offen, und zweitens sind Wäschereien oft genug teuer und arbeiten schlampig. Zelte oder Bergstiefel werden von keiner Wäscherei entgegengenommen.

Drittens: Möglichkeiten, alles zu trocknen, sowohl den äußeren Menschen selber als auch Kleider, Zelte, Schlafsäcke, Geräte, Bücher und sonst alles, was nass ist, sei es, dass man es gerade vorher gewaschen hat, sei es, dass man vom Regen heimgesucht worden ist. Zum Trocknen von Kleidern gibt es allerhand einfache Gestelle, und ein paar feste Haken in der Wand und eine starke Schnur dazwischen genügen. Man sollte nicht glauben, wie häufig solche Vorkehrungen auch in guten Hotelzimmern fehlen, und was man für technische Tricks anwenden muss, um ein nasses Kleidungsstück zum Trocknen aufzuhängen. Oft gibt es nicht einmal Kleiderbügel mit einem Haken daran, sondern mit irgendwelchen patentierten Aufhängevorrichtungen, die nur in den Kleiderschrank passen, wohin man ein nasses Stück selbstverständlich nicht hängen kann. Ferner braucht man irgend etwas zum Trocknen von Geräten, Taschen und wissenschaftlichem Material. Oft wird man derart vom Regen durchgeweicht, dass einfach alles nass ist, und man muss die Ausbeute retten. Ein heizbarer Ventilator (auch und gerade in tropischen Gegenden!) oder ein Fön oder dergleichen sind dann unentbehrlich. Zur Not kann man auch ein offenes Feuer brauchen, das im Freien unter Dach entfacht wird.

Viertens: ein Kühlschrank, wenn möglich mit Gefrierfach, ist äußerst willkommen. Man kann darin empfindliche Gegenstände, Ausbeuten und Lebensmittel unterbringen. In den Tropen wimmelt es in den Häusern von winzigen Ameisen, die einzig und allein das Innere des Kühlschranks meiden. Ich hatte einmal einige Tafeln Nussschokolade aus Europa in die Tropen mitgebracht und sie in dichter Originalverpackung im Zimmer liegen gelassen. Nach einiger Zeit musste ich zur Kenntnis nehmen, dass die Ameisen sich hineingezwängt und die Nüsse quantitativ herausgefressen hatten. Die Schokolade selbst war für sie offenbar uninteressant. In warmen Gegenden sollte daher ein kleiner Kühlschrank in allen Hotelzimmern zur Selbstverständlichkeit gehören. Davon ist die Hotellerie aber leider noch weit entfernt.

Ausreichende Information soll für die Bewohner des Gästezimmers bereitstehen. Dass man ihn über Allgemeines informiert (z. B. wo er ein Postamt, eine Bank oder ein Restaurant usw. findet), sei es durch aufliegende Zettel, sei es durch mündliche Information, ist wohl selbstverständlich. Manchmal gibt es ein Telefon, mit dem der Gast aber nicht viel anfangen kann, wenn er z. B. die Landessprache nicht beherrscht und nicht weiß, welche Nummern er anrufen soll. In diesem Fall gebe man ihm eine Rufnummer an, an der er sicher und jederzeit jemanden findet, der seine Sprache versteht.

Aufwischfetzen, Besen und Schaufel braucht man manchmal dringend, denn man kann, wenn irgend etwas zerbrochen oder ausgeronnen ist, nicht gut auf den wöchentlichen Besuch der Raumpflegerin warten (sofern es eine solche überhaupt gibt).

Probleme in der Praxis

23

Manch einer wär viel lieber gut als roh
doch die Verhältnisse, die sind nicht so
(Brecht)

Taxonomische und faunistische Arbeit ist wie jede andere wissenschaftliche Disziplin an und für sich gerechtfertigt und bedarf keiner weiteren Begründung. Aber bei der praktischen Durchführung gibt es Probleme, die man nicht verschweigen sollte. Dabei meine ich nicht, dass sich alles und jedes und noch dazu sofort in klingende Münze oder Prozent Wirtschaftswachstum umsetzen muss, sondern ich meine, dass wir alle darauf achten sollten, dass das, was wir publizieren oder auch nur als Vorarbeit für eine Publikation machen, für andere Leute so brauchbar wie möglich sein soll. Dabei geht es um Dinge, die ganz verschieden hoch in unserer Aufmerksamkeit stehen. Manchmal sind es vermeidbare Nachlässigkeiten, deren sich sowieso jeder bewusst ist, aber an die man im kritischen Moment nicht immer denkt (wenn man beispielsweise Fundetiketten mit Kugelschreiber statt mit Bleistift beschriftet und später jammert, dass schon wieder einmal Regenwasser oder Kaffee oder Konservierungsflüssigkeit darüber gelaufen ist und man den Text nicht mehr lesen kann, Abb. 23.1). Beim Notizbuch ist es nicht ganz so arg (Abb. 23.2). Manchmal geht es darum, dass man einen Missstand dauernd beklagt, aber selber wenig tut, um ihn zu beseitigen. Und manchmal sind es aber Gewohnheiten, die sich fest etabliert haben, über die kaum jemand nachdenkt und die man fortsetzt, weil sie die anderen auch machen und deren Änderung dem Schlachten heiliger Kühe nahekommt.

Ich nenne hier Beispiele und schlage Lösungen vor, die aber nicht unbedingt als der Weisheit letzter Schluss verstanden werden sollen. Die Leser mögen zum Nachdenken über Verbesserungen angeregt werden. Wenn sich jemand betroffen fühlen sollte, möge er oder sie nicht ungehalten sein. Es ist nicht bös gemeint. Ich fühle mich auch betroffen, weil ich meine guten Ratschläge selber nicht immer befolge.

H. Malicky, *Vom Handwerk der Entomologie*,
https://doi.org/10.1007/978-3-662-59525-1_23

Abb. 23.1 Wenn man mit Kugelschreiber auf einem Leukoplaststreifen schreibt und Wasser dazukommt, sieht das Ergebnis so aus

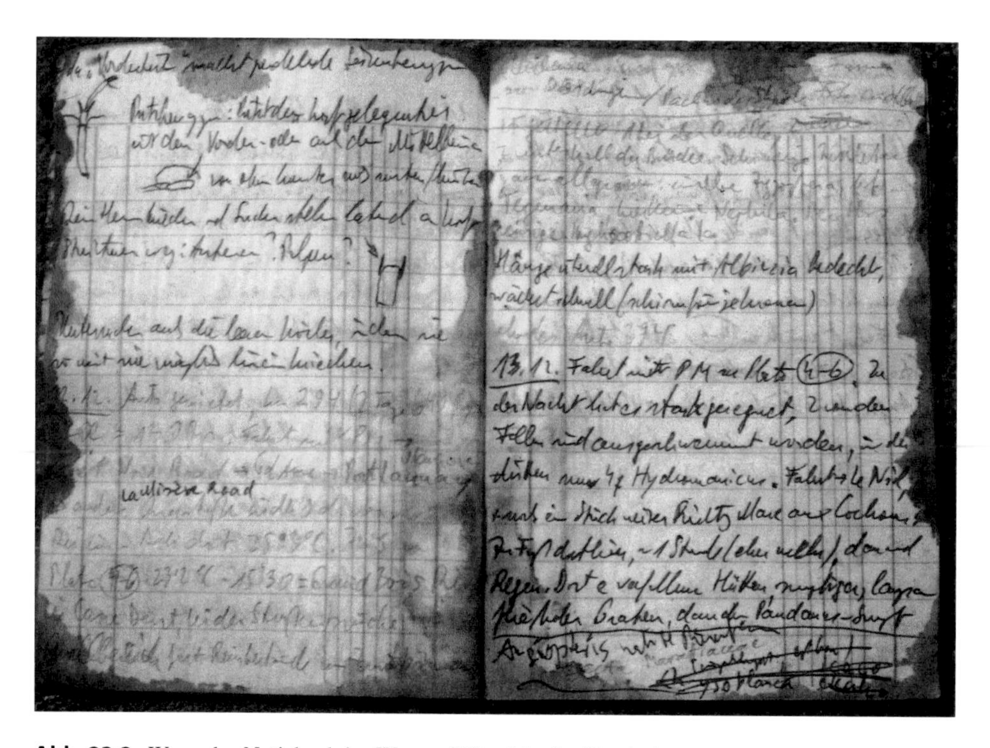

Abb. 23.2 Wenn das Notizbuch ins Wasser fällt, sieht das Ergebnis so aus

Am 16. September 1980 wurde auf der gemeinsamen Tagung der Deutschen Gesellschaft für allgemeine und angewandte Entomologie, der Österreichischen Entomologischen Gesellschaft und der Schweizerischen Entomologischen Gesellschaft in St. Gallen von der Versammlung folgende Resolution verabschiedet:

1. Die Taxonomie ist ein wichtiger, aber heute in seiner Bedeutung nicht entsprechend gewerteter Zweig der biologischen Wissenschaften. Taxonomie sollte als eine Basiswissenschaft in Forschung, Lehre und Praxis weit mehr als bisher gefördert werden.
2. Die Taxonomie ist im Hinblick auf ihre wissenschaftliche Leistung für viele nicht-taxonomische Fächer eine unverzichtbare Voraussetzung. Es müssen daher alle Bestrebungen unterstützt werden, die geeignet sind, diese dringend erforderliche wissenschaftliche Basis-Arbeit zu verbessern.
3. In allen Fach-Gremien sollten die Interessen der Taxonomie mehr als bisher wahrgenommen werden. Dafür müsste die Taxonomie in allen entsprechenden fachplanerischen Gremien auch durch Taxonomen vertreten sein.
4. Das Fach Taxonomie sollte an den wissenschaftlichen Lehr- und Forschungsinstitutionen, seiner Bedeutung angemessen, durch organisatorische Strukturen wie spezielle Abteilungen, Professuren, Dozenturen usw. und durch besondere Lehrveranstaltungen vertreten sein. Wo dies bisher nicht der Fall ist, müßten dafür kurz- und mittelfristig neue Stellen eingerichtet werden.
5. Die Vorstände der DGaaE, der ÖEG und der SEG werden von der Versammlung beauftragt, diese Resolution den zuständigen Behörden, wissenschaftlichen Gremien und Institutionen in ihren Ländern zur Kenntnis zu bringen und mit Nachdruck zu vertreten.

Es bliebe wohl eine rhetorische Floskel, wenn ich jetzt verlangen würde, die Vorstände der drei angesprochenen Gesellschaften mögen berichten, was sie in diesen fast 40 Jahren getan haben, um dieser Resolution nachzukommen. Der Kollege, der damals die Endfassung der Resolution formuliert hat, war später Umweltminister in seinem Land. Hat er sich noch daran erinnert?

Lange Jahre hindurch war taxonomische Arbeit an den Universitäten, vor allem in bestimmten Ländern, als „unwissenschaftlich" verpönt, und man hat sich erfolgreich bemüht, Taxonomen aus den Instituten hinauszuekeln und von ihnen fernzuhalten. Die Folgen haben sich bald gezeigt. Viele junge Zoologen haben nie etwas über die Bedeutung der Artkenntnis gehört und verstehen gar nicht, wozu das gut sein könnte. Worauf als weitere Folge Teile der Ökologie bereits zusammengebrochen sind – aber die Beteiligten haben es noch nicht bemerkt.

Die allgemeine Einstellung gegenüber der Taxonomie ist milder geworden. Die offenen Angriffe auf Taxonomie und Taxonomen sind seltener geworden. Sprüche wie

„Taxonomie ist eine Freizeitbeschäftigung für Hausmeister und pensionierte Eisenbahner" hört man kaum mehr. Taxonomie ist an Universitäten irgendwie geduldet oder sogar gleichberechtigt, wenn auch noch lange nicht extra gefördert. Ein eigenes Taxonomie-Studium als besonderes Fach gibt es allerdings nicht. Ich bin auch nicht sicher, ob das wünschenswert wäre, denn die Grundlagen der Taxonomie müssen für alle Biologen selbstverständlich sein, und für die Spezialisierung auf ein taxonomisches Arbeitsgebiet sind relativ wenige zusätzliche Fertigkeiten notwendig. Um diese Fertigkeiten und Kenntnisse zu verbreiten, habe ich dieses Buch geschrieben, in dem Wunsch, es möge recht weite Verbreitung finden und bei möglichst vielen Lehrveranstaltungen berücksichtigt werden. Noch ist ein weiter Weg zurückzulegen. Taxonomische Ausbildung ist schon oft gefordert worden. Zeit ist nötig, Widerstände sind zu überwinden. Neuerungen setzen sich in der Wissenschaft laut Max Planck nicht dadurch durch, dass man die Gegner überzeugt, sondern dadurch, dass diese allmählich wegsterben.

Für die gezielte Herstellung von Bestimmungshilfen wird man – ich sehe keine andere realistische Möglichkeit – eigene Institutionen schaffen müssen, die eigens diesen Auftrag bekommen und keine Nebentätigkeiten (die de facto Haupt-Tätigkeiten sind) durchführen müssen. Solche Institutionen, seien es eine Kommission einer wissenschaftlichen Akademie, eine Körperschaft des öffentlichen Rechts oder eine private Stiftung, soll qualifizierten Taxonomen die Grundlagen (Zugang zu Sammlungen und Literatur) zur Verfügung stellen und sie mit diesen Arbeiten gezielt beauftragen. Niemand bezahlt einen Maurermeister für irgendwelche Maurerarbeiten nach dessen Belieben, sondern immer nur dafür, dass er etwas ganz Bestimmtes aufmauert, was der Auftraggeber braucht, was eine bestimmte Qualität aufweisen und zu einem bestimmten Termin fertig sein muss. Diesen im Alltagsleben selbstverständlichen Grundsatz muss man auch auf die Taxonomie anwenden.

Wenn wir versuchen, realistisch zu bleiben, dürfen wir nicht glauben, dass unsere Staaten viele neue Dienstposten für Taxonomen schaffen. Da können wir noch so viele Resolutionen verabschieden. Wichtig ist in der Politik nicht, was wir für richtig halten, sondern was im Moment gerade opportun ist. Die Taxonomen haben den Moment verpasst, in die Umweltpolitik einzusteigen. Dort haben sich inzwischen hauptsächlich die Techniker fest etabliert. Teilweise hatten die Taxonomen keinen rechten Zugang zu der Umweltpolitik, teilweise aber – und das muss man klar sagen – ist ihre Realitätsferne daran schuld.

Die öffentlichen Museen sind Kristallisationspunkte taxonomischer Arbeit. Auch wenn dem nicht durch die Publikationsvorschriften verschiedener Zeitschriften „nachgeholfen" wird, gelangen viele Typen und wertvolle Sammlungen früher oder später sowieso an ein öffentliches Museum.

Die traditionellen Museen sind, wie allgemein bekannt, arbeitsmäßig überlastet. Die Produktion von praxisgerechten Bestimmungshilfen ist eher ein Privatvergnügen der Museumsangestellten, falls ihnen Administration, Öffentlichkeitsarbeit usw. dafür Zeit lassen. Das ist keine sarkastische Floskel, sondern reale Erfahrung. Hat ein Taxonom mit Glück einen Dauerposten ergattert, dann kann er sicher sein, 90 % seiner Zeit mit

Administration hinzubringen. Sei es das Telefon, sei es der Chef, seien es Besucher, sei es die E-Mail-Kiste: Alle nehmen kostbare Arbeitszeit weg. In den Museen, die ja für taxonomische Arbeit primär da sein sollten, gibt es nach wie vor und überall zu wenige Dienstposten. Aus manchen Museen hört man merkwürdige Gerüchte, von denen man hofft, dass sie erfunden oder übertrieben sein mögen. So sollen die Direktoren eines der wichtigsten Museen im Verlaufe der politisch gerade opportunen Aktivität der Privatisierungen nach Disneyland geschickt worden sein, um dort zu lernen, wie man einen Dienstleistungsbetrieb leitet. Auch sollen dort die Arbeitsplätze für Gastforscher in Zukunft vermietet werden, was einen Kollegen zu der Bemerkung veranlasste: „Denen schenke ich keine Holotypen mehr, denn wenn ich in fünf Jahren meine eigenen Typen wieder anschauen will, muss ich dafür zahlen."

Man kennt allgemein die finanziell und personell bedrängte Lage der meisten Museen. Doch wäre auch dort im Interesse der Praxisnähe manches zu verbessern. Wo sonst, wenn nicht an Museen, sollte Koordinationsarbeit jeder Art geleistet werden, beispielsweise bei der Dokumentation und Vermittlung von Beifang-Material. Große Mengen von nebenbei mitgenommenen oder mitgekommenen Insekten vergammeln irgendwo, während an einer anderen Stelle die Spezialisten verzweifelt nach solchem Material suchen. Freilich könnten auch die Museen selbst solche Beifänge entgegennehmen und in ihre Bestände integrieren, aber das würde erfahrungsgemäß ihre Arbeitskapazität übersteigen. Natürlich erwarte ich jetzt die rhetorische Frage, wann die Museumsleute diese Arbeit machen sollten, da sie sowieso schon mit verschiedenster Arbeit überlastet sind. Die Antwort müssen die jeweiligen verantwortlichen Direktoren und Kustoden geben, in deren Organisationsbereich solche Dinge fallen. Wie viel Zeit wird an Museen beispielsweise verschwendet, indem man an althergebrachten Präparationsmethoden festhält, die gigantische Arbeitszeit verschlingen, obwohl man anderswo schon längst zu zweckmäßigeren Methoden übergegangen ist. Es wird ja niemand verlangen, ab sofort die Schmetterlinge in Formaldehyd zu konservieren, aber bei sehr vielen anderen Insekten, insbesondere Dipteren, Hymenopteren, Koleopteren usw. ist Flüssigkonservierung durchaus möglich und sinnvoll, spart Zeit und vermeidet Schädlingsbefall. Dies nur ein Beispiel für viele Möglichkeiten der Verbesserung.

Schwer haben es neu gegründete oder gar neu zu gründende Museen in Entwicklungsländern. Das Museumspersonal braucht eine spezifische Ausbildung. Es genügt nicht, einen gescheiten und eifrigen Universitätsabsolventen zum Kustos zu ernennen, wenn er keine Ahnung von den Aufgaben eines Museums hat. Für taxonomische Zwecke braucht man zwar keine besonders kostspielige Geräte-Ausrüstung, aber man muss wissen, was gebraucht wird, und es muss ausreichende Qualität haben. Ein Computer und ein paar japanische Primitivmikroskope, wie man sie in Entwicklungsländern in solchen Instituten normalerweise findet, genügen nicht. Der Aufbau von taxonomischen Arbeitszentren in Ländern ohne solche Traditionen ist äußerst mühsam. In Zukunft wird man aber nirgends ohne solche auskommen, vor allem in Hinblick auf die Umweltforschung. Die beste Lösung wäre wohl, wenn für jede Neugründung eines der alten, traditionsreichen Museen die Patenschaft übernehmen würde.

Amateurtaxonomen sollten in jeder Hinsicht unterstützt werden: mit Information jeder Art, Bibliothekszugang, guten Mikroskopen usw. Gute Amateurtaxonomen, d. h. Leute, die diese Arbeit freiwillig und auf eigene Kosten und aus Liebe zu der Sache machen, sind in ihrer Effizienz den Profis vergleichbar und in der Qualität der Arbeit gleichwertig.

Bisher war die Rede von Museen. Wie steht es mit wissenschaftlichen Instituten, sei es an einer Universität, sei es z. B. an landwirtschaftlichen und ähnlichen Instituten? Die sind viel dynamischer als die höchst statischen Museen, zum Normalbetrieb gehört unmittelbare Forschungsarbeit. Dabei kommen auch Sammlungen von Insekten u. Ä. zustande, manchmal sogar sehr bedeutende. In Ausnahmefällen ist dem Institut eine offizielle Sammlung angegliedert, die nach Museumsart betreut wird. Aber meist ist das nicht so. Wenn ein Sachbearbeiter ausscheidet oder stirbt, bleibt seine Sammlung übrig, die häufig in einen Abstellraum verbannt wird und dort allmählich vergammelt. Irgendwann kommt ein neuer Institutschef, der Platz schaffen will, und das „alte Zeug" wandert in den Müll. Das ist leider der Normalzustand. Man mache sich darüber keine Illusionen. Manchmal mag die Sammlung noch gerettet werden, wenn ein dynamischer Museumsmensch rechtzeitig davon erfährt.

24 Sterben die Spezialisten aus?

Taxonomen sind nicht die Wasserträger der Biologie, sondern sie sind die Maurerpartie, die das Kellergewölbe betoniert.
(Kyselak)

Immer wieder hört man im Gespräch mit Entomologen, dass es zu wenige Spezialisten gäbe, die Material sicher bestimmen können; dass die taxonomische Expertise rückläufig sei; dass die Spezialisten überaltert seien; dass es keinen Taxonomen-Nachwuchs mehr gäbe; dass es keine akademische Ausbildung für Entomo-Taxonomen mehr gäbe. Manchmal werden sogar Wünsche laut, es möge in jedem Staat mindestens einen Spezialisten für jede Insektengruppe geben, für Käfer aber mindestens zehn. In Extremfällen wird ausgerechnet, wie viele Taxonomen es an öffentlichen Museen und Institutionen geben müsse und wie viel Geld der Staat dafür ausgeben solle.

In einer Schätzung für Nordamerika (Kosztarab und Schaefer 1990) wird angenommen, dass ungefähr 100.000 Arten von Insekten und Spinnentieren schon beschrieben sind, in Wirklichkeit mag es doppelt so viele geben. Von den bekannten sind 50 % nur in einem Geschlecht beschrieben; Eier, Larven und Puppen sind von unter 1 % beschrieben. Man brauche also etwa 1.050.000 neue Beschreibungen und Abbildungen. Weiter wird angenommen, dass jeden Tag pro Beschreiber und Illustrator eine Art dokumentiert werden kann. Dann brauche man, 200 jährliche Arbeitstage vorausgesetzt, 525 Wissenschafter und 525 Illustratoren für zehn Jahre; das kostet bei 40.000 US$ Jahresgehalt pro Person zusammen 420 Mio. US$. Das betrifft aber nur Beschreibung und Abbildung, nicht aber die Beschaffung des Materials. Für das Sammeln und Züchten muss man weitere Millionen einsetzen. Soweit die Idealvorstellung dieser Autoren.

Nun ist das zwar nicht allzu viel Geld, wenn man es mit dem vergleicht, was von Staates wegen für „viel wichtigere" Dinge (Waffen und Kriege) ausgegeben wird; es wäre sogar nur ein winziger Bruchteil der üblichen Staatsschulden. Aber die Finanzminister geben es vermutlich nicht her. Wie Johann Nestroy es formulierte: „Es gibt so

H. Malicky, *Vom Handwerk der Entomologie*,
https://doi.org/10.1007/978-3-662-59525-1_24

viel Geld wie Dreck auf der Welt, nur haben es die falschen Leut." Geradezu absurd viel Geld wird für die Forschung nach „Leben im Weltall" ausgegeben. Für die Möglichkeit, irgendwelche kümmerliche Bakterien oder dergleichen auf weit entfernten Planeten zu suchen, falls es dort überhaupt welche gäbe, sind Milliarden verfügbar. Für die Erforschung der gigantischen Fülle der Lebenserscheinungen auf unserem einzigartigen Planeten gibt es nur nebenbei ein bisschen Geld.

Andrerseits muss man bei ruhiger Überlegung zugeben, dass die Spezialisten für Insektengruppen zwar gebraucht werden, aber nicht unbedingt überall und jederzeit notwendig sind: im Gegensatz zur Freiwilligen Feuerwehr, die man immer und in jedem Dorf braucht.

Was in manchen Publikationen besonders beklagt wird, ist die Gefahr, dass die meisten heute lebenden Arten ausgestorben sein werden, wenn die Beschreibung neuer Arten und die Revision von Gruppen so langsam gehe wie jetzt. Ein Beispiel einer Berechnung gibt Baehr (2005). Für die Beschreibung von annähernd 500.000 Käferarten hat die Wissenschaft 250 Jahre gebraucht, also durchschnittlich 2000 Arten pro Jahr. Die *Insects of Australia* geben im Jahr 1970 für Australien 54.000 Insektenarten an; in der zweiten Auflage 1990 schon 86.000 Arten. Das bedeutet eine Beschreibungsquote von ungefähr 1600 Arten pro Jahr. Daraus kann man schließen, dass wir für angenommene 2 Mio. Insektenarten eintausend Jahre brauchen würden. Diese Beschreibungsarbeit, sagt man, könne man beschleunigen durch zeitsparende neue Techniken, unter denen immer wieder die großen Möglichkeiten der DNS-Taxonomie (Molekulargenetik) hervorgehoben werden.

Dabei sind Artenzahlen, die in der Literatur genannt werden, alles andere als seriös. Man hat in Panama (Erwin 1982) 19 Bäume der Art *Luehea seemanni* (Tiliaceae) auf Käfer untersucht und 955 Arten gefunden, allerdings ohne Rüsselkäfer (Curculionidae). Zusammen mit den Rüsselkäfern sind es *geschätzte* 1200 Arten. Ferner wurde *vermutet,* dass 20 % davon wirtsspezifisch seien, was also ergibt: 163 wirtsspezifische Käferarten auf *Luehea seemanni.* Ferner *schätzte* man zusätzliche 150 % weitere Arthropodenarten auf diesem Baum, und dazu noch 30 % Bodenarthropoden-Arten. Und da *schätzungsweise* 50.000 Arten von tropischen Bäumen existieren, *schätzt* man die gesamte Artenzahl von tropischen Arthropoden auf 30 Mio.

Mit solchen „Publikationen" kann man berühmt werden.

Manche Leute tun so, als könne man die für die DNS-Analyse nötigen Käfer beim Versandhandel bestellen, und am nächsten Montag käme dann die Lieferung per Tieflader. Aber selbst wenn man die DNS-Technik derart beschleunigen und automatisieren könnte, dass sie schneller zu Ergebnissen käme als die „Borstenzählerei" (was nach den bisherigen Erfahrungen Zukunftsmusik ist): Alle labormäßigen Beschleunigungen welcher Art auch immer hängen vom Vorhandensein des Originalmaterials ab, das erst mühsam gesammelt, sortiert und irgendwie präpariert werden muss. Man kann die zu untersuchenden Insekten nicht wie Ziegelsteine oder Gummistiefel bei einer Großhandels-Versandfirma bestellen. Und für das Sammeln im Freiland braucht man Leute, die wissen, wie und wo man die Tiere findet. Das kann man nicht beschleunigen.

Auch bei der laufenden taxonomischen Arbeit sind die molekulargenetischen Methoden („Barcoding“) nicht so hilfreich, wie man es gerne hätte. Man braucht teure Geräte und dazu Mitarbeiter, die damit umgehen können. Für Entomologen, die mehr oder weniger allein arbeiten, ist das nicht zu schaffen. Man muss die Proben, die zu untersuchen sind, entweder einer kommerziellen Firma geben, die für die Analyse viel Geld verlangt, oder einen gutmütigen Kollegen finden, wobei es aber sehr lange dauern kann, bis man Ergebnisse bekommt.

Ganz abgesehen davon, dass es grundsätzliche methodische Einwände dagegen gibt, sich allzu sehr auf die DNS-Analyse zu verlassen (Wägele 1994). Molekulargenetische Befunde sind überaus wertvolle zusätzliche Merkmale bei der Identifizierung von Arten und bei der Rekonstruktion der Phylogenese, aber sie sind nicht die absolute Wahrheit.

Was die Zahlen betrifft, wie viele Insektenarten es insgesamt auf der Welt geben soll, kann man sie allesamt nur als „Hausnummern“ bezeichnen. Für einzelne gut bekannte Gruppen kann man ihre Größenordnung realistisch abschätzen, aber für die Gesamtheit der Insekten oder gar aller Lebewesen wäre das reine Fantasie. Sicherlich, mit der Einführung neuer Methoden, vor allem der Molekulargenetik, entdeckt man neue Arten, aber in Gruppen, die halbwegs gut bekannt waren, hält sich das in Grenzen. Anders ist es bei Gruppen, bei denen man bisher zu wenig ordentliche Merkmale kannte, wie bei Parasiten oder diversen Einzellern. Aber auch da spielt die Fantasie eine große Rolle. In meiner Studentenzeit lernten wir, dass angeblich die Nematoden die artenreichste Tiergruppe seien, weil es bei jeder anderen Tierart mindestens einen spezifischen parasitischen Nematoden gäbe. Inzwischen kennen wir (laut Wikipedia) ungefähr 20.000 Nematodenarten und warten auf die Fortsetzung.

Zu der Aussage, es gäbe keine akademische Ausbildung zu Taxonomen mehr, ist zu sagen, dass es eine solche meines Wissens nie gegeben hat! Es hat an den Universitäten gelegentlich Spezialkurse gegeben, aber diejenigen Professoren, die bedeutende Taxonomen sind und waren, haben die Taxonomie mehr oder weniger aus persönlicher Vorliebe oder aus Notwendigkeit für andere Untersuchungen betrieben. Jeder Taxonom, den ich kennengelernt habe, hat sich dieses Handwerk selber beigebracht. Ordinariate oder Lehrstühle ausdrücklich für Taxonomie hat es vermutlich nirgends und nie gegeben – oder kann mich jemand vom Gegenteil überzeugen?

Gibt es keinen Nachwuchs an Taxonomen und sind sie überaltert? Diese Klagen hört man seit Langem, und wenn man in alten Zeitschriften stöbert, findet man sie auch schon vor hundert und mehr Jahren. Bei der schon erwähnten Umfrage (Kap. 4) zeigte sich, dass die Altersverteilung der Entomologen erstaunlich genau mit der Gesamtbevölkerung übereinstimmt (Abb. 24.1). Selbstverständlich sind nicht alle erfassten Entomologen „Spezialisten“ höchsten Ranges. Das wäre in der Praxis nicht erfassbar gewesen, aber man sieht, dass alle Altersgruppen zwischen 16 und 86 Jahren vertreten waren. Ich meine, dass es auch heute, vierzig Jahr später, nicht wesentlich anders ist. Aber ob ein an der Sache interessierter Mensch von einem begeisterten jugendlichen Käfersammler im Lauf der Jahre zu einem internationalen Spezialisten wird, hängt von individuellen Faktoren und Zufällen ab, von denen ein zoologisches Universitätsstudium nur einer

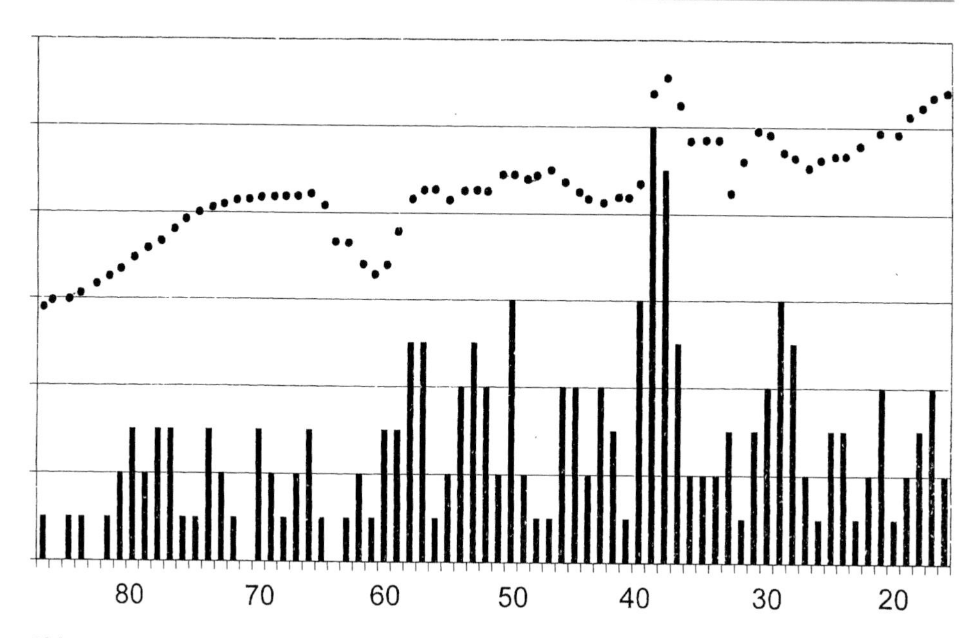

Abb. 24.1 Alterverteilung der Entomologen nach der Umfrage 1978 im Vergleich zur Gesamtbevölkerung. *Säule* Entomologen, *Punkt* Gesamtbevölkerung (verschiedene Maßstäbe, siehe Text), *horizontal* Alter der Personen

von vielen ist. Ebenso, auf welche Insektengruppe er sich spezialisiert. Eine gezielte Ausbildung zu einer Art Berufstaxonomen gibt es nicht, und Forderungen dieser und ähnlicher Art hat es schon lange und wiederholt gegeben, ohne dass sich etwas geändert hätte (siehe die Resolution in Kap. 23).

Spezialisten kommen und gehen. Es dauert etliche Jahre, bis sie als solche wahrgenommen werden, und irgendwann verschwinden sie wieder. Es ist weitgehend Zufall, wenn es gleichzeitig mehrere gibt. Um 1950 herum sind allmählich immer mehr Spezialisten für Köcherfliegen aufgetaucht, sodass es zwischen 1970 und 2000 in den meisten europäischen Ländern jeweils einen oder mehrere gab. Seither sind viele gestorben oder sie arbeiten nicht mehr. Einige jüngere sind nachgerückt, aber insgesamt sind es im Moment kaum mehr als zwischen den Jahren 1900 und 1950, also viel weniger als zwischen den Jahren 1970 und 2000. Aber es kommen, wie immer, irgendwann einmal wieder welche nach.

Literatur

Baehr M (2005) Sollen wir noch Arten beschreiben? Und wenn ja, wie? Entomol Nachr Ber 49:91–95

Erwin T (1982) Tropical forests: their richness in Coleoptera and other arthropod species. The Coleopt Bull 36:74–75

Kosztarab M, Schaefer CW (1990) Systematics of the North American insects and arachnids, status and needs. Agricultural Experiment Station Information Series 90-1. Virginia Polytechnic Institute and State University, Blacksburg

Wägele JW (1994) Rekonstruktion der Phylogenese mit DNA-Sequenzen: Anspruch und Wirklichkeit. Nat Mus 124:225–232

25 Neuere Entwicklungen

I hab zwar ka Ahnung, wo i hinfahr,
aber dafür bin i gschwinder dort.
(Helmuth Qualtinger)

Die Grundlagen für dieses Buch stammen aus den Siebziger- und Achtzigerjahren des 20. Jahrhunderts für meine Vorlesung „Einführung in die praktische Arbeit mit Insekten". Seither hat sich viel geändert. Ich habe in diesem Buch verschiedene Gesichtspunkte und Techniken, die damals aktuell waren, weggelassen. Einige habe ich aber beibehalten, auch wenn es inzwischen Besseres gibt.

Dieses Buch befasst sich nicht mit digitalen Arbeitstechniken, obwohl ein solches höchst wünschenswert wäre – und zwar eines, das allgemein verständlich wäre.

Die Wissenschaft hängt unmittelbar von der Weltlage ab, in der sich einige große Entwicklungen abgespielt haben: die Digitalisierung, die Profitmaximierung und die Bürokratisierung.

Anfang der Neunzigerjahre hat sich gewissermaßen als „Sieg über das kommunistische System" der „Neoliberalismus" mit grenzenloser Raffgier eingebürgert. Für weniger als ein Prozent aller Geldbewegungen auf der Welt wird ein Gegenwert erbracht. 99 % besteht aus dem Hin- und Herschieben von Geld ohne Leistung, aber mit gigantischem Profit, ohne dass dafür Steuern gezahlt werden. Jeder, der so „dumm" ist, etwas zu arbeiten, zu produzieren oder zu verkaufen, zahlt Steuern. Das schlägt sich auch in der Wissenschaft nieder.

Da ist die Digitalisierung aller Lebensbereiche, die auch auf die wissenschaftliche Arbeit größten Einfluss hat. Kommunikation kann jetzt unglaublich rasch und weltweit erfolgen. Wissenschaftliche Literatur kann bequem und schnell auf den Bildschirm geholt werden; die sehr genaue Lage eines Sammelortes kann mit dem GPS-Gerät schnell gefunden werden, und vieles andere mehr. Man wird selbstverständlich alle Vorteile nach Möglichkeit nützen. Hier ist nicht der Ort, darauf näher einzugehen, aber

H. Malicky, *Vom Handwerk der Entomologie*,
https://doi.org/10.1007/978-3-662-59525-1_25

man muss auch an die Schattenseiten denken. Das Internet liefert die technischen Grundlagen für weltweite Bespitzelung, Beleidigung und Verleumdung in einem Ausmaß, gegen das die berüchtigten historischen Beispiele geringfügig erscheinen. Früher, wenn ein Mensch eine wichtige Botschaft an die Menschheit hatte, schrieb er sie auf die Wand einer öffentlichen Bedürfnisanstalt. Jetzt gibt es die sozialen Medien. Man kann jedes Ereignis, das irgendwo auf der Welt stattfindet, in ein paar Minuten erfahren, aber ob der Bericht stimmt, weiß man genauso wenig wie früher, eher im Gegenteil. Für das Wort „Lügen" gibt es jetzt den Ausdruck „Fake News".

Wissenschaftliche Arbeiten auf Papier sind solide und dauerhaft. Wenn es weltweit auch nur 100 gedruckte Exemplare einer Publikation gibt, ist sie auf Dauer leicht fünfhundert Jahre lang unverändert verfügbar, denn es ist äußerst unwahrscheinlich, dass alle Kopien verbrennen oder weggeworfen werden. Irgendwo bleiben sicher einige übrig. Was aber im Internet steht, steht dort nur so lange, wie irgendjemand dafür zahlt. Alles Wichtige, was man gespeichert hat, sollte man auf Papier ausdrucken, womöglich in zwei Kopien, die man an zwei verschiedenen Orten, möglichst weit entfernt vom Gerät deponiert. Gerade in der entomologischen Systematik und bei Datenbanken ist das wichtig.

Elektronische Datenbanken haben große Vorteile, aber die Daten müssen immer wieder auf neue Datenträger übertragen werden. Ein grundlegender Nachteil aller elektronischen Medien ist, dass die Inhalte – im Gegensatz zu Druckerzeugnissen – nicht unmittelbar lesbar sind, sondern die passenden Geräte brauchen. Alle paar Jahre kommen neue Varianten auf den Markt, und bald merkt man, dass das neue Gerät die dreißig Jahre alte Version nicht mehr lesen kann und das Gespeicherte ins digitale Nirwana verschwunden ist. Ich erinnere nur an die seinerzeit überall verwendeten Tonband-Spulengeräte. Unzählige Spulen sind bespielt worden, die heute wertlos sind, weil es keine Geräte mehr gibt, mit denen man sie abspielen könnte und weil das Material brüchig geworden ist. Arbeit in großem Ausmaß ist dadurch wertlos geworden. Wenn jemand stirbt, macht sich normalerweise kaum jemand die Mühe, das Gerät des Verstorbenen auf Aufhebenswertes zu durchsuchen und dieses neu zu speichern. Private Datenbanken gehen so verloren. Die Einführung neuer Geräte und neuer Versionen wird mit „Fortschritt" begründet, und weil sie angeblich um so viel besser seien. In Wirklichkeit will man jedoch auch die alten unbrauchbar machen, um die Kunden zu zwingen, immer wieder Neues zu kaufen. Außerdem sind Geräte und Programme, wie jeder aus eigener leidvoller Erfahrung weiß, je neuer, desto störungsanfälliger.

Sehr viel wissenschaftliche Information ist im Internet, was die Suche erleichtert. Man muss nicht mehr mühsam in Bibliotheken suchen und hat, was man braucht, in sehr kurzer Zeit verfügbar. Das hat dazu geführt, dass Literatur zunehmend im Internet gesucht wird und viele Wissenschafter überhaupt nicht mehr wissen, was es wirklich alles gibt, geschweige denn, dass sie sich eine Separatensammlung anlegen. Denn es ist eben nicht **alles** im Internet, und gerade wichtige taxonomische Arbeiten sind in kleinen Zeitschriften erschienen und (noch) nicht digital verfügbar. Oder sie sind doch im Internet, aber mit den üblichen Suchmaschinen aus welchem Grund auch immer nicht auffindbar. Oder die Benutzer müssen für den Zugang zu Publikationen viel zahlen.

Was die neuen digitale Geräte betrifft, geraten sie immer mehr in die Rolle eines Spielzeugs: „was man noch alles damit machen kann“. Ich will in erster Linie ein zuverlässiges Arbeitsgerät haben, bei dem ich mich auskenne. Für jedes einfache Küchen- oder Gartengerät gibt es eine gedruckte Gebrauchsanweisung, aber zu einem neuen Kopiergerät bekommt man eine CD mit gigantischen Texten, in denen sich nicht einmal ein diplomierter Informatiker auskennt, abgesehen davon, dass sie offensichtlich von einem Kongolesen oder Feuerländer (oder von einem Computer) aus dem Koreanischen übersetzt worden sind. Wenn ich Auto fahren will, muss ich nicht Maschinenbau studieren, sondern ich muss wissen, wo das Lenkrad ist, wo ich die Gänge finde und wo die Bremse ist.

Die Welt vieler Zeitgenossen existiert nur mehr in digitalen Kästchen (in Österreich Blechtrottel genannt). Ein Lehrer hat mir diese kleine Geschichte erzählt: In einer Volksschulklasse werden die Vögel besprochen. Ein ausgestopfter Specht wird vorgezeigt. Darauf ruft der kleine Maxi (der Sohn des Försters) ganz aufgeregt: Den kenne ich schon, den habe ich im Fernsehen gesehen!

Die digitale Technik hat eine unvorhersehbare Entwicklung genommen. Ich erinnere mich an einen großen Universitätscomputer. Da liefen in einem großen Saal Dutzende „Waschmaschinen“ mit wagenradgroßen Speicherplatten. Zehn Jahre später bekam ich einen kleinen Computer, der die gleiche Leistung erbrachte und der inzwischen schon als „Steinzeitrelikt“ bezeichnet wird. Heute laufen die Leute mit ihren digitale Kästchen herum und fühlen sich unglücklich, wenn sie nicht dauernd damit spielen können. Andere haben schon genug davon und machen ihren E-Mail-Kasten erst gar nicht mehr auf. Im Internet kann man ungeheuer viel Information aus der ganzen Welt finden, wovon aber nach meiner Schätzung 98 % Mist ist und es mühsam und zeitraubend ist, die brauchbaren 2 % herauszufinden. Uns wird eingeredet, dass wir aus der Gesellschaft ausgeschlossen seien, wenn wir nicht dauernd telefonisch erreichbar sind. In der Zeit, in der ich am Überlegen war, ob ich mir auch eine E-Mail-Adresse zulegen solle, traf ich einen Kollegen, der gerade vom Urlaub zurück war und mir „freudestrahlend“ mitteilte, dass er 1400 E-Mails vorgefunden habe. Das hat meine Entscheidung erleichtert. Heute ist es soweit, dass man sogar bei wissenschaftlichen Kongressen beobachten kann, dass ein Drittel der Zuhörerschaft nicht auf den Vortrag achtet, sondern unter dem Tisch auf die „digitalen Gurken“ starrt. Jetzt will man uns sogar selbstlenkende Autos einreden. So etwas gibt es längst bei Flugzeugen und Schiffen. Ein amerikanischer Admiral sah sich nach einigen tödlichen Kollisionen von Kriegsschiffen genötigt, den Besatzungen zu befehlen, mit Kompass, Bleistift und Papier sowie mit Gehirn zu navigieren und nicht nur auf die Elektronik zu vertrauen.

Was sich so allgemein im wissenschaftlichen Publikationswesen abspielt, kann man z. B. unter https://science.orf.at/stories/2925360 (dort weitere Adressen) nachlesen.

In den letzten Jahren hat die durchschnittliche Zahl der Autoren pro Publikation in der Entomologie von zwei auf drei zugenommen. Gelegentlich gibt es Auswüchse von dreißig, fünfzig oder gar hundert Autoren pro Publikation. Die haben selbstverständlich nicht alle gleichmäßig daran gearbeitet, sondern sie gehören zu einer der zahlreichen

Zitier-Seilschaften, einem der vielen Tricks, um zu möglichst vielen Pluspunkten zu kommen. Das ist aber gar nichts, verglichen mit anderen Wissenschaften. In der Medizin hat man angeblich maximal 1039 Autoren, in der Hochenergiephysik maximal 5140 Autoren pro Publikation gezählt.

Die wissenschaftliche Korrektheit erfordert es, alle Publikationen zu zitieren, die man zu Rate gezogen hat. In vielen Fällen bemerken die Leser bald, dass die Verfasser solche Arbeiten überhaupt nicht gelesen, sondern nur die Zitate aus dem Internet gefischt haben. Das spart natürlich viel Arbeit, und eine Fülle von Zitaten macht sich immer gut. Außerdem spart man das Geld, das man für das Lesen solcher Publikationen zahlen müsste. Solche Papers haben oft eine Einleitung folgender Art:

Köcherfliegen sind eine Gruppe von Insekten mit vier Flügeln und sechs Beinen (Schwejk, Kasperl & Hárijános 2012), die sich im Wasser entwickeln (Tatarin & Baudolino 2011), deren Larven auch sechs Beine, aber keine Flügel haben (Rebbe von Sadagora & Nasreddin Hodscha 2010) und die weltweit verbreitet sind mit Ausnahme von Nauru, der Osterinsel und der Vatikanstadt (Ulenspegel & Don Quixote 2014). Derzeit sind 10.743 Arten von Köcherfliegen weltweit bekannt (Einstein 1886), ... usw.

Diese Darstellung ist natürlich eine Karikatur, aber es geht um Folgendes: Die Leute sind mehr oder weniger gezwungen, in den „angesehenen", „peer-revieweden" Zeitschriften, zu publizieren, wo man ein bestimmtes Schema einhalten muss. Dazu gehört, dass zu kurze Arbeiten nicht angenommen werden. So wird eine Arbeit, die auf einer halben Seite Platz hätte, auf fünf Seiten ausgewalzt, u. a. mit einer schier endlosen (und überflüssigen) Einleitung. Das ergibt zusätzlich eine oder zwei Seiten Literaturzitate am Schluss.

Heutzutage werden Greuelgeschichten über die frühere Diktatur der Ordinarien in den Universitäten verbreitet. „Unter den Talaren der Mief von tausend Jahren." Es ist wahr, man musste im Institut für jede Kleinigkeit den Chef um Erlaubnis fragen. Hatte er aber Ja gesagt, konnte man machen, was man wollte. Jetzt hat der Chef zwar nichts mehr zu reden, aber man muss sich an unendliche Vorschriften halten.

Wie ist Albert Einstein zu seinem Nobelpreis gekommen? Er hat einen Schreibtischposten am Eidgenössischen Patentamt in Bern gehabt und dort offenbar eine ruhige Kugel geschoben. Vermutlich war er unterbeschäftigt und hat sich fadisiert (gelangweilt) und hat Zeit zum Nachdenken und zum Schreiben gehabt. Sein Chef hat sich vermutlich auch fadisiert und hat das toleriert. Im heutigen Universitätsbetrieb hätte der gute Einstein dauernd Projektanträge und Berichte schreiben müssen, jederzeit gewärtig, durch das Telefon unterbrochen zu werden, an Konferenzen teilnehmen, dazu Vorlesungen und Praktika halten. Passend zu der neuen Entwicklung verlangen Politiker, dass das wissenschaftliche Personal mehr Aufgaben übernehmen soll und bei gleichem Lohn mehr Studierende in kürzerer Zeit durchschleusen soll. Dass man für die Forschungsarbeit Ruhe und Muße braucht, haben Politiker und vorgesetzte Dienststellen nie verstanden. Universitäten werden mit unsinnigen Vorschriften gequält. Dienstposten werden nicht nachbesetzt, Verträge werden nur mehr auf wenige Jahre geschlossen. Politiker wollen etwas schaffen, was sie Elite-Universitäten nennen. Als ob man einen Harvard-Professor mit einem Vertrag für zwei Jahre nach St. Pölten locken könnte, nach denen er wieder gehen kann. Man kann sich vorstellen, was letzten Endes an qualitativ wertvollen Lehrkräften noch übrig bleiben wird. Ein noch so erstklassiger Forscher wird nichts Gescheites zusammenbringen, wenn er durch vorgesetzte Dienststellen, Vorschriften und Administration an der Arbeit gehindert wird. Aber für die Entomologie gibt es sowieso keine Nobelpreise.

Früher hat sich niemand darum gekümmert, ob ein Mensch irgendwo Käfer oder Spinnen oder Schmetterlinge gesammelt hat. Inzwischen gibt es überall neue Naturschutzgesetze, die zwar überwiegend wirkungslos, aber in vielen Fällen ganz einfach unsinnig sind. Ausnahmen bestätigen die Regel. Immer mehr Staaten betrachten jetzt sogar Insekten als „nationales Kulturgut" und drohen mit drakonischen Strafen für die „illegale" Ausfuhr, obwohl dort so gut wie niemand an Insekten interessiert ist. Mir ist es einmal in einem solchen Land passiert, dass mir der zuständige Beamte erklärte, in seinem Land gäbe es gar keine Köcherfliegen. Darauf habe ich ihn daran erinnert, dass ich sogar schon eine neue Art beschrieben und zu Ehren seines Vaters benannt hatte.

Das hier geschilderte Bild ist düster, aber wir haben keinen Grund, unsere wissenschaftliche Arbeit einzustellen. Der größte Lichtblick sind die Amateure. Die sind nicht von Vorschriften, Impact-Faktoren und Projektgeldern abhängig, und sie tun ihre Arbeit freiwillig und mit Freude.

Insektensterben?

Derzeit sind die Massenmedien voll mit Berichten zum Thema „Insektensterben", wobei unglaublich viel Unsinn verbreitet wird. Das ist wieder einmal ein Schlagwort, das (so wie das „Waldsterben" in den 1980er-Jahren) so lange abgedroschen wird, bis es niemand mehr hören will. Das gilt auch für den neuen Begriff „Klimawandel".

Das Thema „Insektensterben" wurde jetzt durch eine methodisch höchst anfechtbare, aber umso schlagzeilenträchtigere Studie ausgelöst, nach der angeblich zwischen 1989 und 2016 „die Insekten" um 76 % abgenommen haben sollen (Hallmann et al. 2017). Seriös wissenschaftlich betrachtet, hat diese Studie überhaupt keinen Rückgang nachgewiesen, sondern nur psychologisch nahegelegt, siehe dazu Hausmann (1993). Mit viel bescheidenerem Aufwand hätte man wesentlich fundiertere Ergebnisse bekommen.

Dass bestimmte Insektengruppen seit einiger Zeit stark zurückgehen, ist hinlänglich bekannt. Dazu gibt es Hunderte Studien, die aber von den Massenmedien „nicht einmal ignoriert" werden. Ich selber habe schon früher (Malicky 1970) den Zusammenhang zwischen dem Rückgang der Tagfalter und der Umstellung von Magerwiesen auf Intensivgrünland in der Landwirtschaft aufgezeigt, und später (Malicky 2001) habe ich einen Fall des Rückgangs von Nachtfaltern durch die Auflassung von Brachfeldern in einem bestimmten Gebiet beschrieben, der um 1960 herum begonnen hat.

Die gezielte Vernichtung von Lebensräumen von Insekten wird ganz offen propagiert. In der Zeitschrift *Die Landwirtschaft* vom April 2011 heißt es auf Seite 22:

> „Damit Futterwiesen nicht zu Blumenwiesen werden. – Aus ungedüngten Wiesen werden schnell Blumenwiesen – mit unrentablen Unkräutern, Wild- und Giftpflanzen. Und solche Flächen laufen Gefahr, unter Naturschutz gestellt zu werden. Düngen zahlt sich daher aus vielen Gründen aus."

In verschiedenen unseriösen Berichten kann man sogar lesen, wie viele Insektenarten jedes Jahr – oder sogar jeden Tag – angeblich aussterben. Das ist alles Unsinn. Wir kennen viele konkrete Beispiele dafür, dass bestimmte Arten regional verschwunden sind, in einigen Fällen sogar ganz ausgestorben sind, was immer bestimmte Gründe hatte. Aber ein allgemeines Insektensterben gibt es nicht.

Literatur

Hallmann CH, Sorg M, Jongejans E, Siepel H, Hofland N, Schwan H, Stenmans W, Müller A, Sumser H, Hörren T, Goulson D, de Kroon H (2017) More than 75 percent decline over 27 years in the total flying insect biomass in protected areas. PLoS One. https://doi.org/10.1371/journal.pone.0185809

Hausmann A (1993) Zur Methodik des Großschmetterlings-Fangs in Malaisefallen. Entomofauna 14:233–252

Malicky H (1970) Untersuchungen über die Beziehungen zwischen Lebensraum, Wirtspflanze, Überwinterungsstadium, Einwanderungsalter und Herkunft mitteleuropäischer Lycaenidae. Ent Abh Mus Tierkde Dresden 36:341–360

Malicky H (2001) Schmetterlinge (Lepidoptera) in Lichtfallen in Theresienfeld (Niederösterreich) zwischen 1963 und 1998. Stapfia 77:261–276

Stichwortverzeichnis

H. Malicky, *Vom Handwerk der Entomologie*,
https://doi.org/10.1007/978-3-662-59525-1